高职高专土建专业"互联网+"创新规划教材

建筑构造与识图

（附案例图纸）

主　编　程宗昌　贾少文

副主编　张　平　刘小燕

参　编　张　剑　任卫岗　曾根平

主　审　涂永忠

北京大学出版社

PEKING UNIVERSITY PRESS

内 容 简 介

本书根据高职高专院校专业教学标准中工程造价等专业的基本要求,并按照国家颁布的新规范、新标准编写而成。

本书主要内容包括三大部分,一是建筑识图基础,主要介绍建筑制图基本知识、投影的基本知识、形体的投影、剖面图和断面图;二是建筑构造,主要讲述民用建筑基础与地下室、墙体、楼板与楼地面、楼梯、屋顶及其他构造的构造原理、构造方法、结构知识等,以及工业建筑概述;三是房屋建筑施工图,主要讲述房屋建筑施工图识读与绘制的方法等知识。

本书可作为高职高专院校工程造价、建筑工程管理等专业的教材,也可供高等院校同类专业的师生和工程造价人员学习参考,还可作为岗位培训教材或工程技术人员的参考用书。

图书在版编目(CIP)数据

建筑构造与识图/程宗昌, 贾少文主编 .—北京:北京大学出版社,2021.9
高职高专土建专业"互联网+"创新规划教材
ISBN 978 - 7 - 301 - 32450 - 9

Ⅰ. ①建… Ⅱ. ①程… ②贾… Ⅲ. ①建筑构造—高等职业教育—教材 ②建筑制图—识图—高等职业教育—教材 Ⅳ. ①TU22②TU204

中国版本图书馆 CIP 数据核字(2021)第 176824 号

书　　　　名	建筑构造与识图	
	JIANZHU GOUZAO YU SHITU	
著作责任者	程宗昌　贾少文　主编	
策 划 编 辑	刘健军	
责 任 编 辑	曹圣洁　刘健军	
数 字 编 辑	蒙俞材	
标 准 书 号	ISBN 978 - 7 - 301 - 32450 - 9	
出 版 发 行	北京大学出版社	
地　　　　址	北京市海淀区成府路 205 号　　100871	
网　　　　址	http://www.pup.cn　新浪微博:@北京大学出版社	
电 子 信 箱	pup_6@163.com	
电　　　　话	邮购部 010 - 62752015　发行部 010 - 62750672　编辑部 010 - 62750667	
印 刷 者	北京鑫海金澳胶印有限公司	
经 销 者	新华书店	
	787 毫米×1092 毫米　16 开本　18.25 印张　438 千字	
	2021 年 9 月第 1 版　2022 年 7 月第 2 次印刷	
定　　　　价	52.00 元 (附案例图纸)	

前言
Preface

"建筑构造与识图"是高等职业教育工程造价专业的主干课程之一。本书根据高职高专教育土建类专业教学指导委员会制定的工程造价专业的教学标准、培养方案及教学基本要求编写，课程为 96 学时。

本书在总体结构和内容安排上，在保证投影作图与识图、常见建筑构造及其新发展的学习与训练的前提下，按照教学基本要求和少而精的原则，对理论性强且与专业识图、制图及将来工作关系不大的内容进行删减，增加计算机绘图介绍、新规范、新构造的识读等内容，旨在扩大学生的知识面，提高学生的专业技能和应用能力，注重教材的实用性和时代性。

我们在本书的编写中，注意总结教学和实际应用中的经验，遵循教学规律，在图样选用、文字处理上，注重简明形象、直观通俗。本书有很强的专业针对性，内容循序渐进、由浅入深，图文并茂，易于自学。

本书由江西建设职业技术学院的教师共同编写，程宗昌、贾少文任主编，张平、刘小燕任副主编，张剑、任卫岗、曾根平参编，全书由江西建设职业技术学院涂永忠副教授主审。本书具体分工如下：张平编写第 1 章和第 2 章，刘小燕编写第 3 章和第 6 章，程宗昌编写第 4 章、第 5 章、第 11 章和第 12 章，贾少文和曾根平编写第 7 章和第 8 章，贾少文编写第 9 章和第 10 章，张剑和任卫岗编写第 13 章和第 14 章，张剑负责案例图纸。

由于时间仓促，编者业务水平及教学经验有限，书中难免存在疏漏，恳请各位读者提出批评和改进意见。

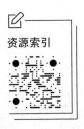

资源索引

编　者
2021 年 4 月

目录
Contents

第1章 建筑制图基本知识

情境导入

图纸是工程师的表达方式，就像音符是音乐家的语言一样，都有一定的规则，这种规则也就是标准，有了标准才能更好地做出产品。建筑也可以看成产品，人们对产品的好坏都有一定的区分能力，能够对产品效果做出评价。制图标准的制定是为了清楚、准确地表达图纸内容，只有在符合标准的前提下进行创作与修饰才能得到较好的建筑效果。

思维导图

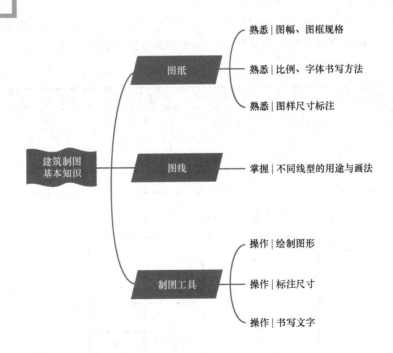

建筑制图基本知识

图纸
- 熟悉│图幅、图框规格
- 熟悉│比例、字体书写方法
- 熟悉│图样尺寸标注

图线
- 掌握│不同线型的用途与画法

制图工具
- 操作│绘制图形
- 操作│标注尺寸
- 操作│书写文字

1.1 图纸的幅面规格与形式

建筑图纸是建筑施工的必备资料，也是设计人员和施工人员之间的交流工具，所以建筑图纸应达到统一的规格和形式，以方便交流使用。

1.1.1 国家制图标准

图纸的幅面
规格、形式、
比例及字体

为了统一房屋建筑制图规则，保证制图质量，提高制图效率，做到图面清晰、简明，符合设计、施工、审查、存档的要求，适应工程建设的需要，制图时必须严格遵守国家颁布的制图标准中规定的内容，如《房屋建筑制图统一标准》（GB/T 50001—2017）、《总图制图标准》（GB/T 50103—2010）、《建筑制图标准》（GB/T 50104—2010）等有关图纸幅面、图线、字体、比例及尺寸标注等的内容。

1.1.2 图幅、图框

图幅是指图纸宽度与长度组成的图面。

图框是指图纸中提供绘图范围的边线。

图幅的基本尺寸有五种，幅面代号为 A0、A1、A2、A3 和 A4。国家制图标准对幅面尺寸、图框形式和图框尺寸都有明确规定，其中幅面及图框规定见表 1-1。

表 1-1 幅面及图框规定　　　　　　　　　单位：mm

尺寸代号	幅面代号				
	A0	A1	A2	A3	A4
$b \times l$	841×1189	594×841	420×594	297×420	210×297
c	10			5	
a	25				

为了便于保存和使用，常对图幅进行裁剪，如图 1-1 所示。

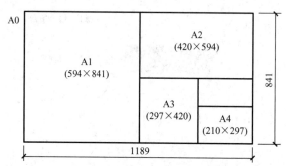

图 1-1 图幅裁剪

尺寸代号 l 为图纸长边长，b 为图纸短边长。图纸的长边可按表 1-2 加长。

表 1-2 图纸长边加长尺寸 单位：mm

幅面代号	长边尺寸	长边加长后的尺寸			
A0	1189	1486(A0+1/4l)	1783(A0+1/2l)	2080(A0+3/4l)	2378(A0+l)
A1	841	1051(A1+1/4l) 1892(A1+5/4l)	1261(A1+1/2l) 2102(A1+3/2l)	1471(A1+3/4l)	1682(A1+l)
A2	594	743(A2+1/4l) 1338(A2+5/4l) 1932(A2+9/4l)	891(A2+1/2l) 1486(A2+3/2l) 2080(A2+5/2l)	1041(A2+3/4l) 1635(A2+7/4l)	1189(A2+l) 1783(A2+2l)
A3	420	630(A3+1/2l) 1471(A3+5/2l)	841(A3+l) 1682(A3+3l)	1051(A3+3/2l) 1892(A3+7/2l)	1261(A3+2l)

注：有特殊需要的图纸，可采用 $b×l$ 为 841mm×891mm 与 1189mm×1261mm 的幅面。

图纸以短边作为垂直边的称为横式，以短边作为水平边的称为立式。一般 A0～A3 幅面宜横式使用，如图 1-2 所示；必要时，也可立式使用，如图 1-3 所示。A4 立式幅面如图 1-4 所示。

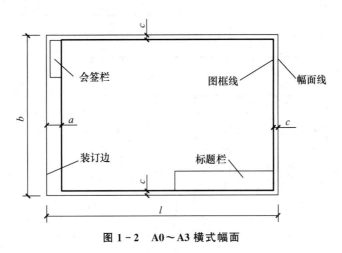

图 1-2 A0～A3 横式幅面

1. 标题栏

为了方便查阅图纸，每张图纸右下角都有标题栏（简称图标），如图 1-5 所示。根据工程需要选择并确定其尺寸、格式及分区，其中签字区应包含实名列和签名列。

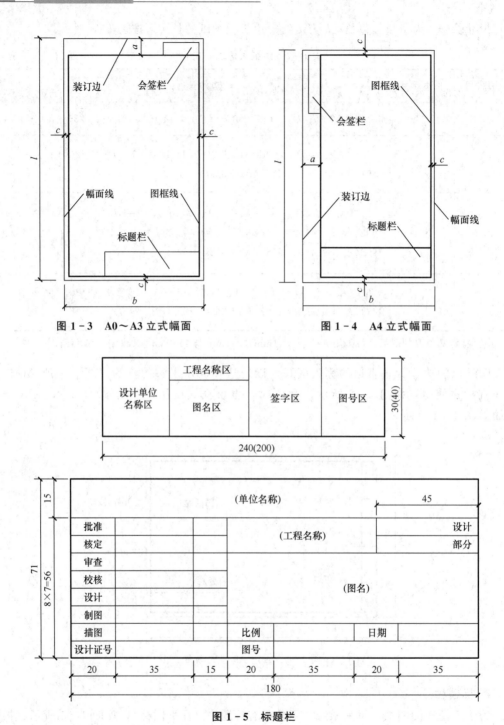

图 1-3 A0～A3 立式幅面　　　　图 1-4 A4 立式幅面

图 1-5 标题栏

学生制图作业用标题栏，可选用图 1-6 所示格式。

2. 会签栏

会签栏是各专业工种负责人的签字区，应按图 1-7 的格式绘制，其尺寸应为 100mm×20mm，栏内应填写会签人员所代表的专业、实名、签名、日期（年、月、日）。会签栏一般宜在标题栏的右上角或左下角。无须会签的图纸，可不设会签栏。

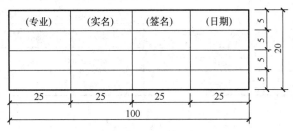

图1-6　学生制图作业用标题栏

图1-7　会签栏

1.2　图线及其画法

1.2.1　线型和线宽

为了在工程图样上表示出图中的不同内容，并且能够分清主次，绘图时，必须选用不同线型和不同线宽的图线。图线是在起点和终点间以任意方式连接的一种几何图形，形状可以是直线或曲线，连续线或不连续线。

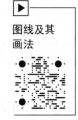

图线及其画法

1. 线型

线型有实线、虚线、单点长画线、双点长画线、折断线和波浪线等，其中有些线型还分粗、中粗、中、细四种。各种线型的规定及用途详见表1-3。

表1-3　各种线型的规定及用途

名　称		线　型	线　宽	用　途
实线	粗		b	主要可见轮廓线
	中粗		$0.7b$	可见轮廓线、变更云线
	中		$0.5b$	可见轮廓线、尺寸线
	细		$0.25b$	图例填充线、家具线

名　称		线　型	线　宽	用　途
虚线	粗	—— —— —— ——	b	见各专业制图标准
	中粗	—— —— —— ——	$0.7b$	不可见轮廓线
	中	— — — — —	$0.5b$	不可见轮廓线、图例线
	细	- - - - - -	$0.25b$	图例填充线、家具线
单点长画线	粗	—— · —— · ——	b	见各专业制图标准
	中	—— · —— · ——	$0.5b$	见各专业制图标准
	细	—— · —— · ——	$0.25b$	中心线、对称线、轴线等
双点长画线	粗	—— ·· —— ·· ——	b	见各专业制图标准
	中	—— ·· —— ·· ——	$0.5b$	见各专业制图标准
	细	—— ·· —— ·· ——	$0.25b$	假想轮廓线、成型前原始轮廓线
折断线	细	——∿——	$0.25b$	断开界限
波浪线	细	∼∼∼∼	$0.25b$	断开界限

2. 线宽

线宽宜从表 1-4 所示的线宽组中选取。制图时先确定图样中所用粗线的宽度 b，再确定中线宽度为 $0.5b$，最后定出细线宽度为 $0.25b$。粗、中、细线形成一组，叫作线宽组。线宽 b 一般取 1.4mm、1.0mm、0.7mm。

表 1-4　线宽组

单位：mm

线宽比	线宽组			
b	1.4	1.0	0.7	0.5
$0.7b$	1.0	0.7	0.5	0.35
$0.5b$	0.7	0.5	0.35	0.25
$0.25b$	0.35	0.25	0.18	0.13

注：① 需要缩微的图纸，不宜采用 0.18mm 及更小的线宽。

② 同一张图纸内，各不同线宽中的细线，可统一采用较小的线宽组的细线。

一般图纸中的图框线、标题栏的线宽可参考表 1-5。

表 1-5　图框线、标题栏的线宽

单位：mm

幅面代号	图框线	标题栏外框线	标题栏分格线、会签栏线
A0、A1	1.4	0.7	0.35
A2、A3、A4	1.0	0.7	0.35

1.2.2 图线的画法

（1）相互平行的图线，其间隙不宜小于其中的粗线宽度，且不宜小于 0.2mm。画法如图 1-8（a）所示。

（2）虚线的线段长度和间隔宜各自相等。画法如图 1-8（b）所示。

（3）单点长画线或双点长画线的线段长度和间隔宜各自相等。画法如图 1-8（c）所示。当在较小图形中绘制有困难时，可用实线代替。

（4）单点长画线或双点长画线的两端，不应是点。点画线与点画线交接或点画线与其他图线交接时，应是线段交接。画法如图 1-8（d）所示。

（5）虚线与虚线交接或虚线与其他图线交接时，应是线段交接。虚线为实线的延长线时，不得与实线连接。画法如图 1-8（e）所示。

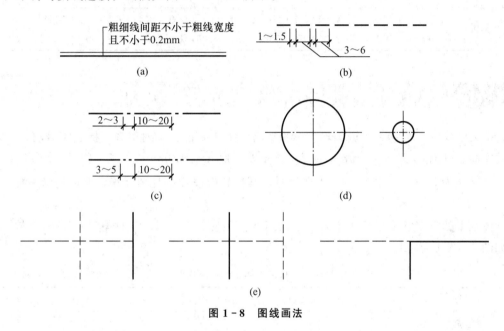

图 1-8 图线画法

1.3 图样的比例及字体

1.3.1 比例

图样的比例是指图形与实物相对应的线性尺寸之比。比例的大小是指其比值的大小，比例越大即比值的数值越大，如某实物尺寸为 10m，图纸中对应的长度为 1cm，那么它的比例为

$$\frac{\text{图纸上的线段长度}}{\text{实物上的线段长度}} = \frac{1\text{cm}}{1000\text{cm}} = \frac{1}{1000}$$

比例应以阿拉伯数字表示,符号为":",如1:1、1:2、1:100。比值大于1的比例,称为放大的比例;比值小于1的比例,称为缩小的比例。

比例宜注写在图名的右侧,字的基准线应取平;比例的字号宜比图名的字号小1号或2号,如图1-9所示。

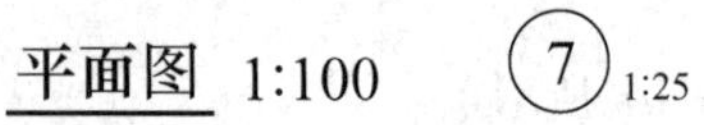

平面图 1:100 ⑦ 1:25

图1-9 比例图示

建筑工程图所用的比例,应根据图样的用途与被绘对象的复杂程度,从表1-6中选用,并优先选用表中的常用比例。建筑工程图常采用缩小的比例。

表1-6 建筑工程图选用比例

常用比例	1:1, 1:2, 1:5, 1:10, 1:20, 1:30, 1:50, 1:100, 1:150, 1:200, 1:500, 1:1000, 1:2000
可用比例	1:3, 1:4, 1:6, 1:15, 1:25, 1:40, 1:60, 1:80, 1:250, 1:300, 1:400, 1:600, 1:5000, 1:10000, 1:20000, 1:50000, 1:100000, 1:200000

1.3.2 字体

图纸中汉字、数字和字母等均应笔画清晰、字体端正、排列整齐、标点符号清楚,正确的字高系列有3.5mm、5mm、7mm、10mm、14mm、20mm等,字高也称字号,如5号字的字高为5mm。当需要写更大的字时,其字高应按$\sqrt{2}$的比值递增,并取毫米整数。

1. 汉字

图纸上的汉字宜采用长仿宋体,字的高宽关系应符合表1-7的规定。长仿宋体字示例如图1-10所示。

表1-7 长仿宋体字的高宽关系　　　　　　　单位:mm

字高	20	14	10	7	5	3.5
字宽	14	10	7	5	3.5	2.5

工业民用建筑厂房屋平立剖面详图
结构施说明比例尺寸长宽高厚砖瓦
木石土砂浆水泥钢筋混凝截校核梯
门窗基础地层楼板梁柱墙厕浴标号
制审定日期一二三四五六七八九十

图1-10 长仿宋体字示例

2. 数字和字母

图纸中表示数量的数字应用阿拉伯数字书写。阿拉伯数字、罗马数字和拉丁字母的字高 h 应不小于 2.5mm。数字和字母有正体和斜体两种写法，若写成斜体字，则应从字的底线逆时针向上倾斜 75°，斜体字的高度与宽度和正体字相等；除此之外，还有一般字体和窄体字两种写法，如图 1-11 所示。在同一张图样上，只能选用一种写法的字体。

拉丁字母 I、O、Z 不宜在图样中使用，以防和数字 1、0、2 混淆。

(a) 一般字体　　　　　　　　　　(b) 窄字体

图 1-11　数字和字母的写法

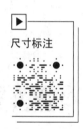

尺寸标注

1.4　尺　寸　标　注

1.4.1　尺寸的组成及一般规定

建筑形体的投影图，虽然清楚地表达了形体的形状和各部分的相互关系，但还必须注明尺寸，才能明确形体的实际大小和各部分的相对位置。在标注建筑形体的尺寸时，要考虑两个问题，即投影图上应标注哪些尺寸，以及尺寸应标注在投影图的什么位置。

1. 尺寸的组成

图样上的尺寸由尺寸界线、尺寸线、尺寸起止符号和尺寸数字四个要素组成，如图 1-12 所示。

2. 尺寸标注的一般规定

（1）尺寸界线应用细实线绘制，一般应与被注长度垂直，其一端应离开图样的轮廓线不小于 2mm，另一端宜超出尺寸线 2～3mm。必要时可利用轮廓线作为尺寸界线。

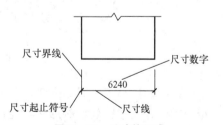

图 1-12　尺寸的组成

（2）尺寸线也应用细实线绘制，并应与被注长度平行，但不宜超出尺寸界线。尺寸线与图样最外轮廓线的间距不宜小于 10mm，平行排列的尺寸线的间距，宜为 7～10mm，图样上任何图线都不得用作尺寸线。尺寸界线与尺寸线如图 1-13 所示。

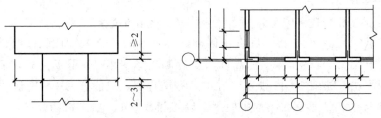

图 1-13　尺寸界线与尺寸线

（3）尺寸起止符号一般应用中粗短斜线绘制，其倾斜方向应与尺寸界线呈顺时针 45°角，长度宜为 2～3mm。

（4）尺寸数字一般应注写在靠近尺寸线的上方中部，如图 1-14 所示。如果没有足够的注写位置，最外边的尺寸数字可注写在尺寸界线的外侧，中间相邻的尺寸数字可错开注写或用引出线引出后再标注。图样上标注的尺寸，除标高及总平面图以米（m）为单位外，其余一律以毫米（mm）为单位，图上尺寸数字都不再注写单位（本书配图中的数字，如没有特别注明单位的，也一律以毫米为单位）。图样上的尺寸，应以所注尺寸数字为准，不得从图上直接量取。

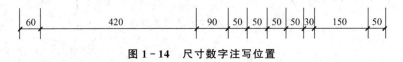

图 1-14　尺寸数字注写位置

1.4.2　圆、圆弧、球的尺寸标注

（1）圆或者大于半圆的圆弧，一般标注直径，尺寸线通过圆心，用箭头作为尺寸起止符号，并在直径数字前加注直径代号"ϕ"，如图 1-15 所示。

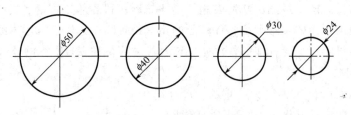

图 1-15　直径的标注

（2）半圆或小于半圆的圆弧，一般标注半径，尺寸线的一端从圆心开始，另一端用箭头指向圆弧，在半径数字前加注半径代号"R"，如图 1-16 所示。

图 1-16　半径的标注

（3）球的尺寸标注应在其直径或半径代号前加注字母"S"，如图1-17所示。

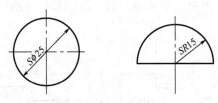

图1-17 球的尺寸标注

（4）角度的尺寸线用圆弧表示，其圆心为角的顶点，角的两边为尺寸界线，如图1-18（a）所示。

（5）弧长的尺寸线应采用与圆弧同心的圆弧线表示，在尺寸数字上方加注符号"⌒"，如图1-18（b）所示。

（6）标注弦长时，尺寸线应与弦长方向平行，如图1-18（c）所示。

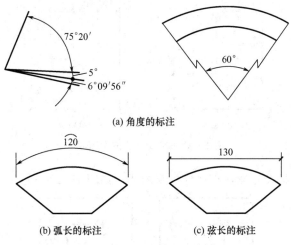

（a）角度的标注

（b）弧长的标注　　　　（c）弦长的标注

图1-18 角度、弧长、弦长的标注

1.4.3 特殊情况尺寸标注及注意事项

1. 坡度

斜边需标注坡度时，坡度平缓的可以标注坡度的百分数，并应加注单箭头的坡度符号；坡度较大时一般以由斜边构成的直角三角形的对边与底边之比来表示，如图1-19所示。

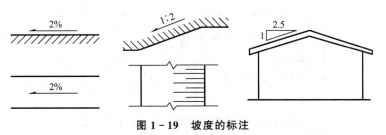

图1-19 坡度的标注

2. 注意事项

（1）轮廓线、中心线可用作尺寸界线，但不能用作尺寸线，如图1-20所示。

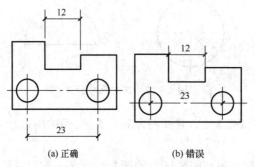

(a) 正确　　　　　　　　　(b) 错误

图1-20　尺寸标注注意事项1

（2）尺寸界线不能用作尺寸线，如图1-21所示。

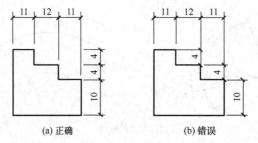

(a) 正确　　　　　　　　　(b) 错误

图1-21　尺寸标注注意事项2

（3）应将大尺寸标在外侧，小尺寸标在内侧，如图1-22所示。

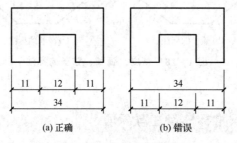

(a) 正确　　　　　　　　　(b) 错误

图1-22　大小尺寸标注

（4）水平方向和竖直方向的尺寸标注，如图1-23所示。

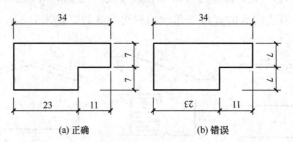

(a) 正确　　　　　　　　　(b) 错误

图1-23　水平方向和竖直方向的尺寸标注

（5）倾斜方向的尺寸标注，正确的方法如图 1-24（a）所示，错误的方法如图 1-24（b）所示。尽可能避免在图 1-24（a）和图 1-24（b）所示的 30°角阴影范围内标注尺寸，当无法避免时，可按图 1-24（c）所示的形式标注。

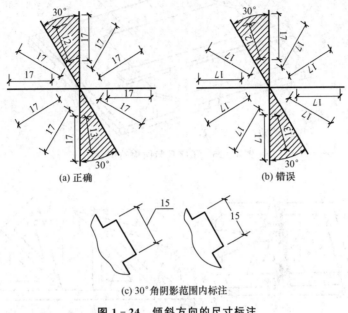

(a) 正确　　　　　　　　　　　(b) 错误

(c) 30°角阴影范围内标注

图 1-24　倾斜方向的尺寸标注

1.5　制图工具简介

1.5.1　制图工具

常用的制图工具和仪器有图板、丁字尺、三角板、比例尺、建筑模板、曲线板、圆规、分规、绘图铅笔、图纸、绘图机等。

1. 图板与丁字尺

图板用来固定图纸，图板规格有 0 号（900mm×1200mm）、1 号（600mm×900mm）、2 号（450mm×600mm）等几种，根据需要选用。

丁字尺是与图板配合画水平线的长尺，由尺头和尺身构成。丁字尺与图板的配合如图 1-25 所示。

2. 三角板

绘图用的三角板与丁字尺配合，主要用来画垂直线，也可以从 0°开始画间隔 15°的倾斜线，如图 1-26 所示。用三角板画垂直线时，三角板的一边应紧贴在丁字尺的尺身上，从下至上进行绘制。

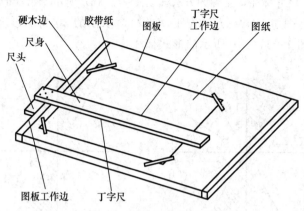

图 1-25　丁字尺与图板的配合

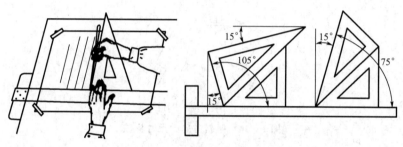

图 1-26　三角板和丁字尺的配合

3. 比例尺

比例尺有三棱尺和比例直尺，如图 1-27 所示。尺上刻有几种不同比例的刻度，可直接用它在图纸上绘出物体在该比例下的实际尺寸，无须计算。

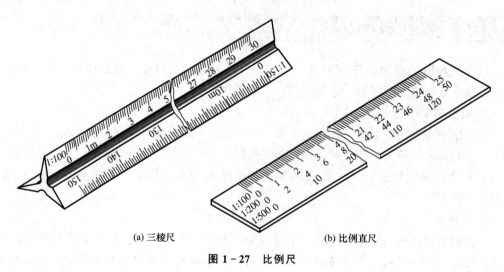

(a) 三棱尺　　　　　　　　　　　(b) 比例直尺

图 1-27　比例尺

4. 建筑模板

建筑模板上刻有多种方形孔、圆形孔、建筑图例、轴线号、详图索引号等，如图1－28所示，可用来直接绘出模板上的各种图样和符号。

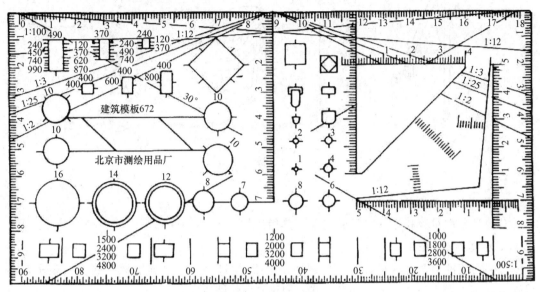

图1－28　建筑模板

5. 曲线板

曲线板如图1－29所示，可用来画非圆曲线。

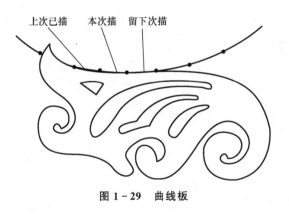

图1－29　曲线板

6. 圆规及其附件

圆规是用来绘制圆和圆弧的工具。一般圆规有三种插脚：钢针插脚、铅芯插脚、鸭嘴笔插脚，通过延长杆与圆规连接，如图1－30（a）所示。

绘图时，针尖固定在圆心位置上，使圆心插脚与针尖等长。画圆和圆弧时，应使用圆规按顺时针方向转动，并稍向画线方向倾斜；画较大的圆和圆弧时，应使圆规的两条腿垂直于纸面，如图1－30（b）、图1－30（c）所示。

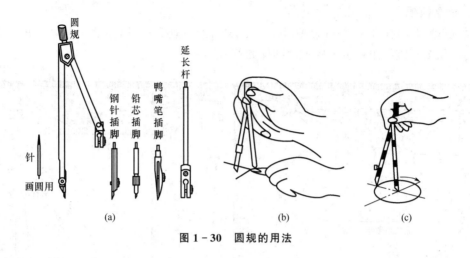

图 1-30 圆规的用法

7. 分规

分规是量取线段和等分线段的工具，其用法如图 1-31 所示。

8. 绘图铅笔

绘图铅笔的铅芯有软硬之分，分别用字母 B 和 H 表示，B 前的数字越大，表示铅芯越软；H 前的数字越大，表示铅芯越硬；HB 表示软硬适中。

铅笔应削成圆锥形，削去 25～30mm，铅芯露出 6～8mm。HB 铅笔可在砂纸上将铅芯磨成圆锥形，B 铅笔可将铅芯磨成四棱锥形，如图 1-32 所示。前者用来画底稿、加深细线和写字，后者用来描粗线。

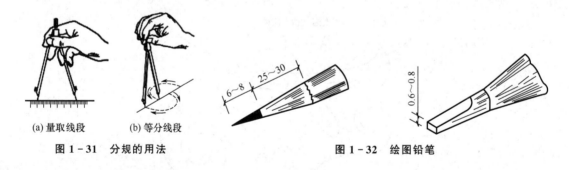

图 1-31 分规的用法   图 1-32 绘图铅笔

1.5.2 计算机制图

随着计算机的普及，人们在各个领域都离不开计算机。在工程制图方面，计算机制图的出图率几乎为 100%。计算机制图大大提高了工作效率和出图质量。

1. 硬件

计算机的硬件有绘图仪、打印机等。计算机配置应符合软件的最低要求，应尽可能选择内存大、显示速度快的硬件，以满足制图特别是三维制图的要求。

2. 软件

AutoCAD（Autodesk Computer Aided Design）是 Autodesk（欧特克）公司于 1982

年首次开发的自动计算机辅助设计软件，用于二维绘图、详细绘制、设计文档和基本三维设计，现已经成为国际上广为流行的绘图工具。AutoCAD 具有良好的用户界面，通过交互菜单或命令行方式可以简便地进行各种操作，其多文档设计环境让非计算机专业人员也能很快学会使用。同时，AutoCAD 还具有广泛的适应性，可以在各种操作系统支持的微型计算机和工作站上运行。

AutoCAD 软件广泛应用于土木建筑、装饰装潢、工业制图、工程制图、电子工业、服装加工等各个领域。通过 AutoCAD，用户无须懂得编程，即可自动制图。

土木建筑专业方面的软件还有天正建筑、AutoCAD Civil 3D、中望 CAD 等。

本 章 小 结

本章主要介绍了我国制图标准部分内容、常用的制图工具、简单的作图方法等，具体内容如下。

（1）图幅是指图纸宽度与长度组成的图面，图框是指图纸中提供绘图范围的边线，图纸的形式包括横式和立式。了解标题栏、会签栏设置位置及内容。

（2）图线及其画法，包括图线的线型、线宽及分组，以及图线的画法等。

（3）图样的比例及字体，包括比例的概念、常用的比例等。图纸中汉字一般采用长仿宋体。

（4）尺寸标注介绍，包括尺寸界限、尺寸线、尺寸起止符号，尺寸标注的一般规定等。

（5）常用的制图工具介绍。掌握制图工具的使用方法，能简单介绍计算机制图的软件。

思考题与实践题

一、思考题

1. 图纸的幅面代号有几种？尺寸分别是多少？图样上的尺寸由哪几部分组成？

2. 常用的制图工具有哪些？

3. 简述绘制图样的方法和步骤。

二、实践题

1. 等分线段。

在工程中经常将直线段等分成若干份，请按下列步骤将直线段五等分。

（a）已知直线段 AB	（b）过点 A 作任意直线 AC，用直尺在 AC 上从点 A 起截取任意长度进行五等分，得 1、2、3、4、5 五个点	（c）连接 B、5 两点，过其余点分别作平行于 B5 的直线，交 AB 于四个等分点

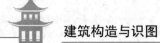
2. 等分圆周及作正五边形。

请按下列步骤作圆的内接正五边形。

（a）已知圆 O	（b）作半径 OF 的二等分点 G，以点 G 为圆心、GA 为半径作圆弧，交直径于点 H	（c）以 AH 为半径，将圆周五等分，按顺序将 A、B、C、D、E 五个等分点连接起来，即为所求圆的内接正五边形

3. 圆弧连接。

圆弧连接是指用一个已知半径但未知圆心位置的圆弧，把已知两条直线段光滑地连接起来。所谓光滑连接，即连接圆弧要与相邻线段相切。因此在作图时要解决两个问题：一是求出连接圆弧的圆心位置；二是找出连接点，即切点的位置。请按如下步骤作圆弧连接。

（a）已知两直线段 AB 和 CD，以 R 为半径作两者之间的连接圆弧	（b）分别作与 AB 和 CD 距离为 R 的平行线，交于点 O	（c）以点 O 为圆心、R 为半径作圆弧交 AB 和 CD 于切点 K_1、K_2，该圆弧即为所求连接圆弧

第2章 投影的基本知识

情境导入

　　物体在日光灯照射下，会在地面或墙面留下影子；用投影仪放幻灯片，光源会把胶片图像投射在荧幕上；传统照相机摄影，光线透过镜头会在感光胶片上成像。投影在我们的日常生活中无处不在。投影知识是所有工程图样的理论基础，也是我们进行工程制图的基础，所有从事工程建设的人员都应掌握投影的基本知识。

思维导图

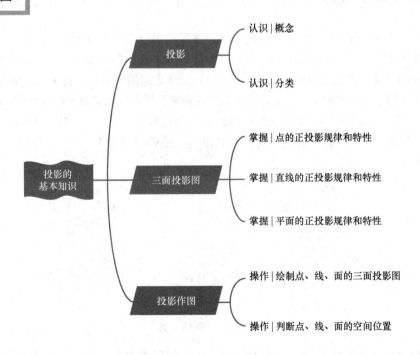

2.1 投影概述

2.1.1 投影的概念

在制图中，光源称为投影中心，光线称为投射线，光线的射向称为投射方向，落影的平面（如地面、墙面等）称为投影面，影子的轮廓称为投影，用投影表示物体的形状和大小的方法称为投影法，用投影法画出的物体图形称为投影图，如图 2-1 所示。

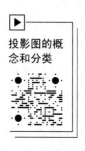
投影图的概念和分类

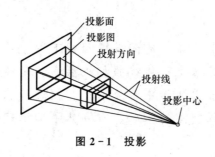

图 2-1 投影

2.1.2 投影的分类

按投射线的不同情况，可将投影分为中心投影和平行投影两大类。

（1）中心投影：由一点放射线所产生的投影称为中心投影，如图 2-2（a）所示。

（2）平行投影：当点光源向无限远处移动时，光线之间的夹角逐渐变小，直至为0°，这时光线与光线互相平行，使形体产生投影，叫作平行投影。平行投影又分为斜投影和正投影。

① 斜投影：平行投射线倾斜于投影面的称为斜投影，如图 2-2（b）所示。

② 正投影：平行投射线垂直于投影面的称为正投影，如图 2-2（c）所示。

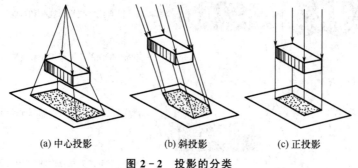

(a) 中心投影　　　　　(b) 斜投影　　　　　(c) 正投影

图 2-2 投影的分类

正投影具有作图简单、度量方便的特点，在工程制图中广泛应用；其缺点是直观性较差，投影图的识读较难。用正投影法绘制出的图形称为正投影图，正投影过程如图 2-3 所示。

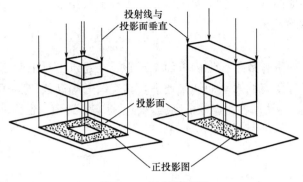

图 2 - 3　正投影过程

2.1.3　工程中常用的四种图示法

1. 透视投影图

图 2-4 所示是按中心投影法画出的透视投影图，画图时只需一个投影面。

优点：图形逼真，直观性强。

缺点：作图复杂，形体的尺寸不能直接在图中度量，故不能作为施工依据，仅能用于建筑设计方案的比较及工艺美术和宣传广告画等。

2. 轴测投影图

图 2-5 所示是轴测投影图，也称立体图，它是平行投影的一种，画图时只需一个投影面。

优点：立体感强，直观性强。

缺点：作图复杂，表面形状在图中往往失真，度量性差，只能作为工程上的辅助图样。

3. 正投影图

采用相互垂直的两个或两个以上的投影面，按正投影方法在每个投影面上分别获得同一物体的正投影，然后按规则展开在一个平面上，便得到物体在多个面上的正投影图，如图 2-6 所示。

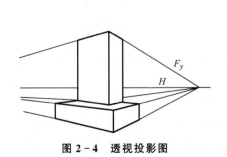

图 2 - 4　透视投影图

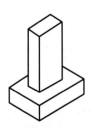

图 2 - 5　轴测投影图

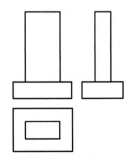

图 2 - 6　正投影图

优点：作图较其他图示法简便，便于度量，工程上应用最广。

缺点：缺乏立体感。

4. 标高投影图

标高投影图是一种带有数字标记的单面正投影，在建筑工程上常用它来表示地面的形状。作图时，用一组等距离的水平面切割地面，其交线为等高线。将不同高程的等高线投影在水平的投影面上，并注出各等高线的高程，即为标高投影图，也称等高线图，如图2-7所示。

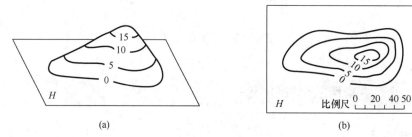

(a)   (b)

图 2-7 标高投影图

2.1.4 正投影的基本特性

正投影的基本特性及三面正投影

正投影的基本特性有三个，分别是积聚性、显实性、类似性。

（1）积聚性：线段和平面图形垂直于投影面，其投影积聚为一点或一直线段，如图2-8所示。

（2）显实性：线段和平面图形平行于投影面，其投影反映实长或实形，如图2-9所示。

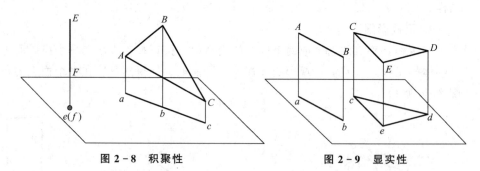

图 2-8 积聚性   图 2-9 显实性

（3）类似性：线段和平面图形倾斜于投影面，其投影短于实长或小于实形，但与空间图形类似，如图2-10所示。

只靠一面的正投影图会有一定的局限性，并不能准确确定形体的空间形状。从图2-11中不难发现，三种不同形状的形体，在一个面上的正投影图是相同的，如果我们仅从这一个正投影图去判断这个形体，可能会产生不同的理解。因此要掌握一个形体的形状必须从多个面来观察，也就是我们接下来需要学习的三面投影图。

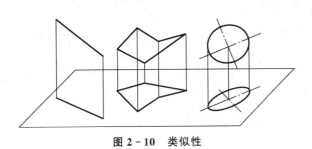

图 2 - 10 类似性

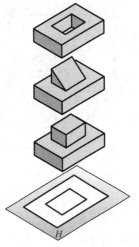

图 2 - 11 三种形体的正投影图

2.2 三面投影图

2.2.1 三面投影图的形成

建立三面投影体系，如图 2 - 12 所示。投影面 H、V、W 分别是水平投影面、正立投影面、侧立投影面，水平投影面水平放置，正立投影面立在正面，侧立投影面立在侧面，三面两两相交，交线称为投影轴，分别为 OX、OY、OZ，O 点为原点。

形体在三面投影体系中的投影称为三面投影图，如图 2 - 13 所示。三面投影图能唯一确定形体的形状。

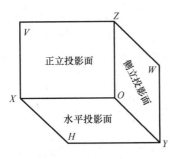

图 2 - 12 三面投影体系

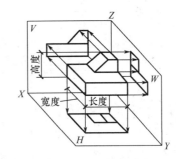

图 2 - 13 三面投影图

（1）水平投影图。

在水平投影面（H 面）上的投影图为形体的水平投影图，它反映形体的长度和宽度。

（2）正面投影图。

在正立投影面（V 面）上的投影图为形体的正面投影图，它反映形体的长度和高度，如图 2 - 14 所示。

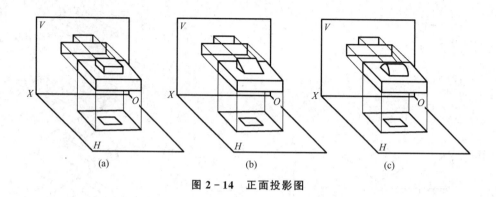

图 2 - 14　正面投影图

（3）侧面投影图。

在侧立投影面（W 面）上的投影图为形体的侧面投影图，它反映形体的高度和宽度。

2.2.2　三面投影图的展开

规定 V 面不动，将 H 面绕 OX 轴向下旋转 $90°$，W 面绕 OZ 轴向右旋转 $90°$，可将三面投影图展开，得到如图 2-15 所示的在同一平面上的展开三视图体系。

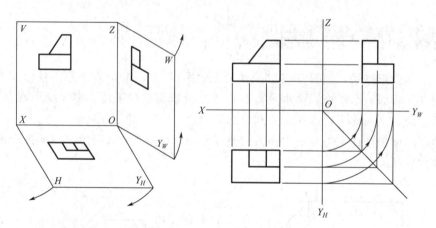

图 2 - 15　展开三视图体系

2.2.3　三面投影图的规律

作形体的三面投影图时，形体的位置不变，三面投影图展开后，同时反映形体长度的水平投影图和正面投影图左右对齐（即"长对正"），同时反映形体高度的正面投影图和侧面投影图上下对齐（即"高平齐"），同时反映形体宽度的水平投影图和侧面投影图前后对齐（即"宽相等"）。

"长对正、高平齐、宽相等"是形体三面投影图的规律（三等关系）。无论是整个形体，还是形体的局部，都符合这条规律。三等关系图如图 2-16 所示。

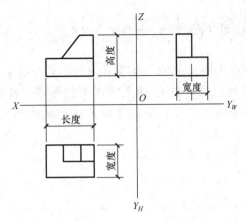

图 2 - 16　三等关系图

2.2.4　三面投影图的方位

　　对于观察者而言，水平投影图反映形体的前、后、左、右的关系，正面投影图反映形体的上、下、左、右的关系，侧面投影图反映形体的上、下、前、后的关系，如图 2 - 17 所示。

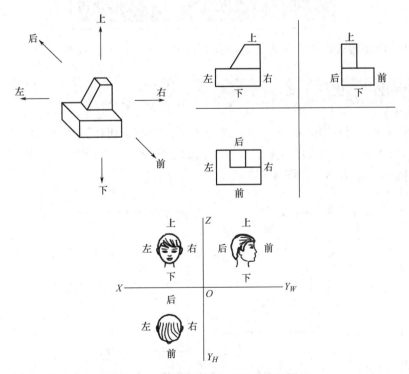

图 2 - 17　三面投影图与形体的方位关系

2.2.5　三面投影图的作图步骤

在作三面投影图时，应先画投影轴，H 面在下方，V 面在上方，W 面在 V 面的正右方；然后量取形体的长度和宽度，在 H 面上作水平投影图；接着量取形体长度和高度，根据"长对正"的关系作正面投影图；最后量取形体的宽度和高度，根据"高平齐"和"宽相等"的关系作侧面投影图。

三面投影图的作图步骤示意如图 2-18 所示。

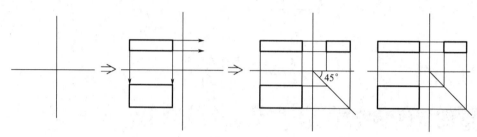

图 2-18　三面投影图的作图步骤示意

2.3　点的正投影规律

点、线、面是构成形体的基本元素，我们首先来学习点的正投影。

2.3.1　点的三面投影图

将点 A 置于三面投影体系中，过点 A 分别向三个投影面作投影线，投影线与投影面的交点，形成点 A 在三个投影面的投影图，分别用点 A 的同名小写字母 a、a'、a'' 表示，如图 2-19 所示。

点、线、面投影的识读规律

点的正投影规律

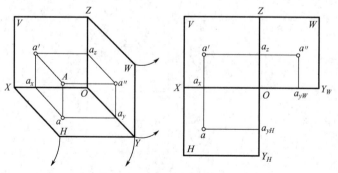

图 2-19　点的三面投影图

（1）点的水平投影（H 面投影）与正面投影（V 面投影）的连线垂直于

OX 轴。

（2）点的正面投影（V 面投影）与侧面投影（W 面投影）的连线垂直于 OZ 轴。

（3）点的水平投影（H 面投影）到 OX 轴的距离等于侧面投影（W 面投影）到 OZ 轴的距离。

（4）点到某个投影面的距离等于其在另外两个投影面上的投影到相应投影轴的距离。

以上为点的正投影规律，前三条是形体三面投影图规律"长对正、高平齐、宽相等"的理论根据。

2.3.2 点的坐标及空间位置

如果把三面投影体系看作直角坐标系，则 H 面、V 面、W 面称为坐标面，投影轴 OX、OY、OZ 称为直角坐标轴。点到三个投影面的距离也可以用坐标值表示，其中坐标值 X 表示点到 W 面的距离 Aa''，坐标值 Y 表示点到 V 面的距离 Aa'，坐标值 Z 表示点到 H 面的距离 Aa，如图 2-20 所示。

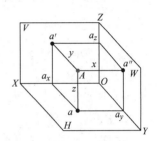

图 2-20 点在直角坐标系中的位置

因此，点的空间位置可用直角坐标表示为

$$A(X,Y,Z)$$

1. 点的相对位置

空间内两点有左、右、前、后、上、下的相对位置关系，这种位置关系可在其三面投影图中反映出来，如图 2-21 所示。

其中，坐标值 X 确定左、右相对位置（数值大者在左）；坐标值 Y 确定前、后相对位置（数值大者在前）；坐标值 Z 确定上、下相对位置（数值大者在上）。

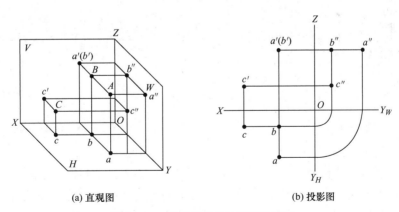

(a) 直观图　　　　　　　　　　　　(b) 投影图

图 2-21 空间内两点的三面投影图

2. 特殊位置的点

如果点位于投影面上、投影轴上或原点，则称其为特殊位置的点，如图 2-22 中的点 A、B、C、D、E。

各种位置的点的投影特性如下。

（1）一般位置的点的三面投影分别在三个投影面上。

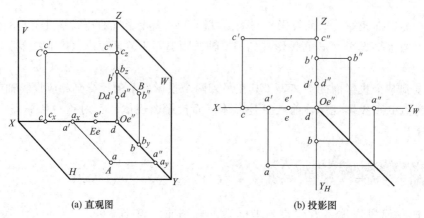

(a) 直观图   (b) 投影图

图 2-22　特殊位置的点

（2）投影面上的点，一个投影在投影面上，另两个投影在相应的投影轴上。

（3）投影轴上的点，一个投影在原点，另两个投影在同一投影轴上。

（4）原点上点的三面投影都在原点。

3. 重影点

若两点位于同一条垂直于某投影面的投射线上，则这两点在该投影面上的投影重合，这两点称为该投影面的重影点，如图 2-23 所示的点 A、B 和点 C、D。

【例 2-1】　已知点 B 的 V 面与 W 面投影，如图 2-24 所示，求点 B 的 H 面投影。

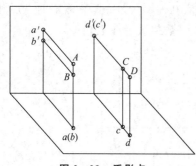

图 2-23　重影点

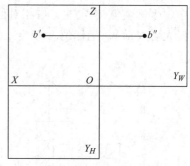

图 2-24　例 2-1 图

【解】　作图步骤如下。

第一步，在第四象限作 45°斜线，以 b' 和 b'' 向下作垂直线，如图 2-25（a）所示。

第二步，以 b'' 向下的垂直线与 45°斜线的交点向左作水平线，水平线与 a' 的垂直线的交点即点 B 的 H 面投影 b，如图 2-25（b）所示。

【例 2-2】　已知 $A(28,0,20)$、$B(24,12,12)$、$C(24,24,12)$、$D(0,0,28)$ 四点，试画出其直观图与投影图。

【解】　作图步骤如下。

第一步，建立三面投影体系，点 A 坐标 Y 为 0，必在 V 面上，点 D 坐标 X、Y 均为 0，必在 OZ 轴上，点 B、C 为一般位置的点，在坐标轴上找出相应位置确定空间点，画出直观图，如图 2-26（a）所示。

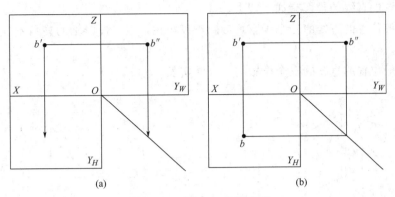

图 2-25　例 2-1 作图步骤

第二步，将直观图沿 OY 轴展开，形成三面投影图，a、b、c、d 为 H 面投影，a'、b'、c'、d' 为 V 面投影，a''、b''、c''、d'' 为 W 面投影，如图 2-26（b）所示。

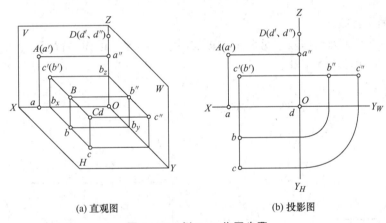

(a) 直观图　　　　　　　　　(b) 投影图

图 2-26　例 2-2 作图步骤

2.4　直线的正投影规律

直线的正投影规律

在学习了点投影的基础上，我们再来认识直线的正投影。直线是点沿一定方向运动的轨迹，两点可以确定一直线的位置。因此，作直线的投影，只要作出直线上两点的投影，再将同面投影连接起来即可。也就是说，作直线的投影，实际上是作点的投影。

2.4.1　各种位置直线的投影

1. 一般位置的直线

与三个投影面都倾斜的直线为一般位置的直线。一般位置的直线的三面投影图如图 2-27 所示。

一般位置的直线的投影有如下特点。

（1）一般位置的直线的三个投影均倾斜于投影轴，但与投影轴的夹角不反映直线与投影面的倾角。

（2）一般位置的直线的三个投影均不反映实长。

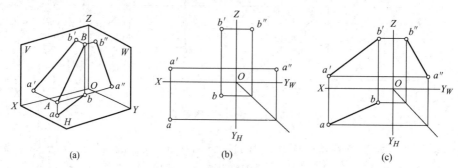

（a）　　　　　　　　（b）　　　　　　　　（c）

图 2-27　一般位置的直线的三面投影图

2. 投影面平行线

平行于一个投影面而倾斜于另两个投影面的直线称为投影面平行线。投影面平行线可分为水平线、正平线和侧平线。

（1）水平线。

水平线平行于 H 面，如图 2-28 所示。

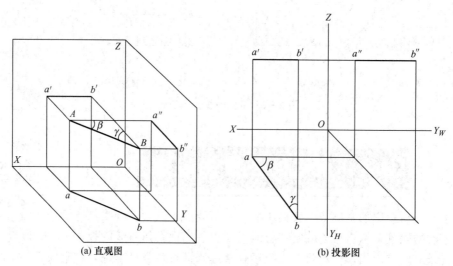

（a）直观图　　　　　　　　　　　（b）投影图

图 2-28　水平线

直线与水平投影面的倾角用 α 表示，与正立投影面的倾角用 β 表示，与侧立投影面的倾角用 γ 表示。水平线投影有如下特性。

① $ab = AB$。

② $a'b' \parallel OX$；$a''b'' \parallel OY_W$。

③ 反映 β、γ 角的真实大小。

（2）正平线。

正平线平行于 V 面，如图 2-29 所示。

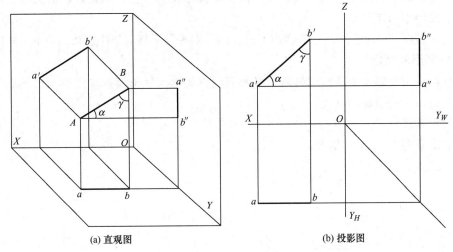

(a) 直观图　　　　　　　(b) 投影图

图 2-29　正平线

正平线投影有如下特性。

① $a'b'=AB$。

② $ab/\!/OX$；$a''b''/\!/OZ$。

③ 反映 α、γ 角的真实大小。

（3）侧平线。

侧平线平行于 W 面，如图 2-30 所示。

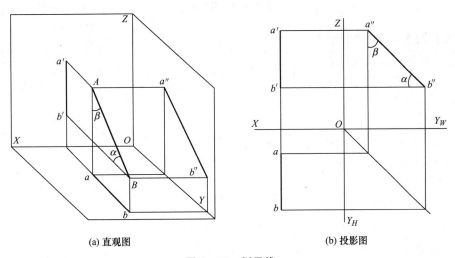

(a) 直观图　　　　　　　(b) 投影图

图 2-30　侧平线

侧平线投影有如下特性。

① $a''b''=AB$。

② $a'b'/\!/OZ$；$ab/\!/OY_H$。

③ 反映 α、β 角的真实大小。

综上所述，投影面平行线的投影有如下特性。

（1）投影面平行线在与其平行的投影面上的投影反映实长，与投影轴的夹角反映直线与另两个投影面的倾角。

（2）投影面平行线在另两个投影面上的投影分别平行于相应的投影轴，但不反映实长。

3. 投影面垂直线

垂直于一个投影面而平行于另两个投影面的直线称为投影面垂直线。投影面垂直线可分为铅垂线、正垂线和侧垂线。

（1）铅垂线。

铅垂线垂直于 H 面，如图 2-31 所示。

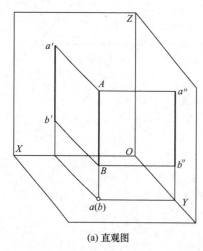
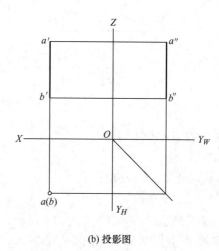

(a) 直观图　　　　　　　　　　　　(b) 投影图

图 2-31　铅垂线

铅垂线投影有如下特性。

① a、b 积聚成一点。

② $a'b' \perp OX$；$a''b'' \perp OY$。

③ $a'b' = a''b'' = AB$。

（2）正垂线。

正垂线垂直于 V 面，如图 2-32 所示。

正垂线投影有如下特性。

① a'、b' 积聚成一点。

② $ab \perp OX$；$a''b'' \perp OZ$。

③ $ab = a''b'' = AB$。

（3）侧垂线。

侧垂线垂直于 W 面，如图 2-33 所示。

侧垂线投影有如下特性。

① a''、b'' 积聚成一点。

② $ab \perp OY$；$a'b' \perp OZ$。

③ $ab = a'b' = AB$。

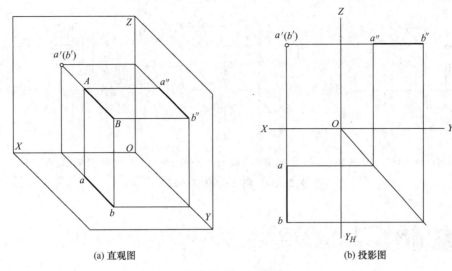

(a) 直观图 (b) 投影图

图 2 - 32 正垂线

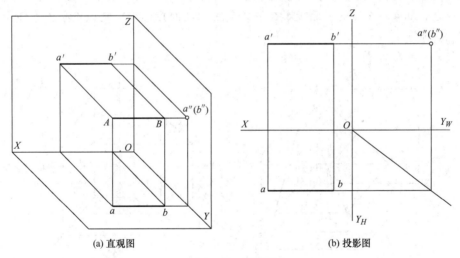

(a) 直观图 (b) 投影图

图 2 - 33 侧垂线

从投影面垂直线在三面投影体系中的投影图，可以得出投影面垂直线的投影特性。

（1）投影面垂直线在垂直的投影面上的投影积聚成一个点。

（2）投影面垂直线在另两个投影面上的投影分别垂直于相应的投影轴，且反映实长。

【例 2-3】 已知正垂线 AB 长 20mm，点 A 的坐标是（15，0，20），求正垂线 AB 的三面投影。

【解】 AB 是正垂线，由投影面垂直线的投影规律可知，AB 的 V 面投影积聚成一点，而 H 面投影和 W 面投影应分别垂直于 OX 轴和 OZ 轴，且反映实长，即 $ab = a''b'' = 20$mm，ab 垂直于 OX 轴，$a''b''$ 垂直于 OZ 轴。已知点 A 的坐标，因此可以作出点 A 的三面投影，再根据上面的分析，即可作出正垂线 AB 的三面投影，作图步骤如图 2-34 所示。

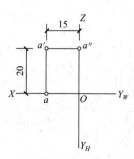

(a) 根据点A的坐标作点A的投影

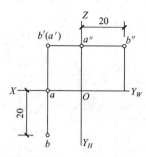

(b) 根据正垂线AB的特性作AB的投影

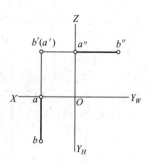

(c) 完成并加深图

图 2 - 34　例 2 - 3 作图步骤

2.4.2　直线上的点

1. 直线上点的投影

直线的投影是直线上所有点投影的集合，因此，直线上点的投影，必在直线的同面投影上。反之，如果一个点的三面投影在一条直线的同面投影上，则该点必为直线上的点，如图 2 - 35 所示。

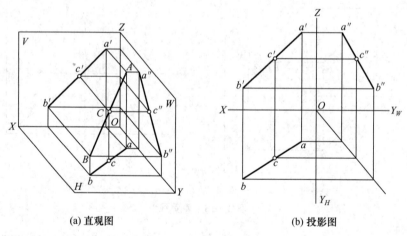

(a) 直观图 　　　　　　　　　　(b) 投影图

图 2 - 35　直线上的点

识图分析如下。

对于一般位置的直线，判别点是否在直线上，可由它们的任意两个投影面上的投影决定。

对于投影面平行线，判断点是否在直线上，还应根据直线在所平行的投影面上的投影，判别点是否在直线上。

2. 直线上点的定比性

直线上的一点把直线分成两段，这两段线段的长度之比等于它们相应的投影之比。这种比例关系称为定比关系，即直线上点的定比性。

【**例2-4**】 已知直线段AB的投影ab和$a'b'$，在AB上取点C，使$AC:CB=3:2$，求点C的投影。

【**解**】 根据直线上点的定比性，空间直线段$AC:CB=3:2$，则其H面投影和W面投影的相应比例也应为$3:2$的关系，因此，在AB的H面投影和V面投影中，将其投影按$3:2$的关系进行分配，再根据投影关系作另一投影，作图步骤如图2-36所示。

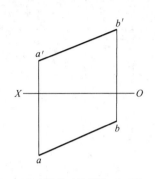

(a) 已知直线段AB的投影ab和$a'b'$

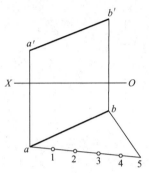

(b) 过a作任一直线，在其上任取等长的五个单位，连接$5b$

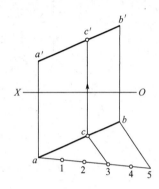

(c) 过3作$5b$的平行线交ab于c，过c作OX轴的垂直线交$a'b'$于c'，c、c'即为点C的两个投影

图2-36 例2-4作图步骤

2.5 平面的正投影规律

在了解了点和直线的投影以后，接下来可以认识一下组成形体基本元素的最后一个元素——平面，以及它的正投影规律。

2.5.1 平面的表示法

1. 几何元素表示法

根据平面的几何元素，平面有五种形式：不在一直线上的三点、直线和直线外一点、相交两直线、平行两直线、平面图形，如图2-37所示。

(a) 不在一直线上的三点

(b) 直线和直线外一点

(c) 相交两直线

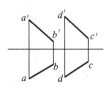

(d) 平行两直线

(e) 平面图形

图2-37 几何元素表示法

2. 迹线表示法

平面是无限广阔的，必然会与投影面产生交线。平面与投影面的交线称为迹线，平面的迹线表示法如图 2-38 所示。

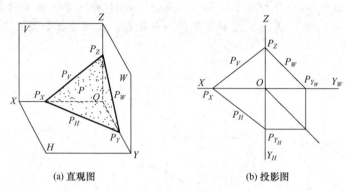

(a) 直观图　　　　　　　　　　　(b) 投影图

图 2-38　平面的迹线表示法

2.5.2　各种位置平面的投影

平面按其与投影面的相对位置，分为一般位置的平面和特殊位置的平面，特殊位置的平面又分为投影面平行面和投影面垂直面。

平面与投影面的倾角分别用 α、β、γ 表示，α 表示平面与 H 面的倾角，β 表示平面与 V 面的倾角，γ 表示平面与 W 面的倾角。下面我们来依次学习各种位置平面的特性。

1. 一般位置的平面

倾斜于三个投影面的平面称为一般位置的平面。

一般位置的平面在三个投影面上的投影都不反映实形，也不积聚成直线，均为平面的类似形，如图 2-39 所示。

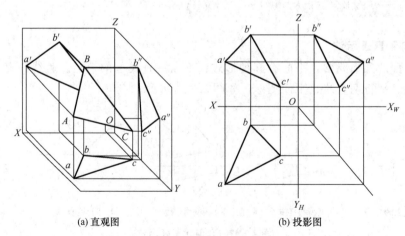

(a) 直观图　　　　　　　　　　　(b) 投影图

图 2-39　一般位置的平面

一般位置的平面的投影特性为"三框"，具体如下。

(1) abc、$a'b'c'$、$a''b''c''$ 均为 $\triangle ABC$ 的类似形。

(2) 不反映 α、β、γ 的真实角度。

2. 投影面平行面

平行于一个投影面而垂直于另两个投影面的平面，称为投影面平行面。投影面平行面的三个投影，只有一个投影是几何图形（反映实形），另两个投影都是直线，且分别平行于相应的投影轴。

投影面平行面又可分为水平面、正平面和侧平面。

(1) 水平面。

平行于 H 面的平面称为水平面，如图 2-40 所示。

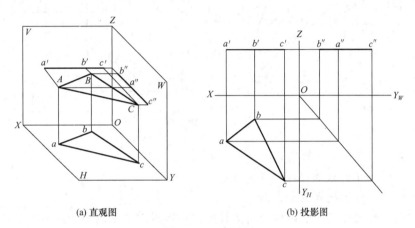

(a) 直观图 (b) 投影图

图 2-40 水平面

水平面投影特性为"一框两线"，具体如下。

① H 面投影 abc 反映 $\triangle ABC$ 的实形。

② $a'b'c'$、$a''b''c''$ 分别积聚为一条线。

(2) 正平面。

平行于 V 面的平面称为正平面，如图 2-41 所示。

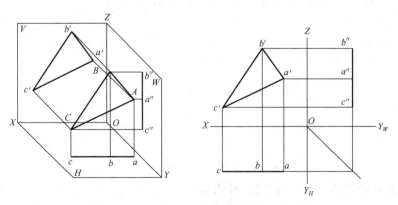

图 2-41 正平面

正平面投影特性为"一框两线"，具体如下。

① V 面投影 $a'b'c'$ 反映△ABC 的实形。

② abc、$a''b''c''$ 分别积聚为一条线。

（3）侧平面。

平行于 W 面的平面称为侧平面，如图 2 - 42 所示。

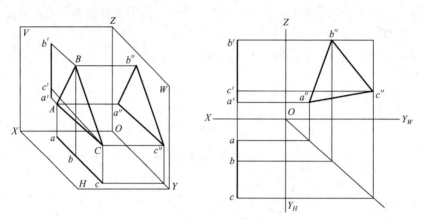

图 2 - 42 侧平面

侧平面投影特性为"一框两线"，具体如下。

① W 面投影 $a''b''c''$ 反映△ABC 的实形。

② abc、$a'b'c'$ 分别积聚为一条线。

从投影面平行面在三面投影体系中的投影，可以得出投影面平行面的投影特性如下。

（1）投影面平行面在平行的投影面上的投影反映实形。

（2）投影面平行面在另两个投影面上的投影积聚成直线，且分别平行于相应的投影轴。

3. 投影面垂直面

垂直于一个投影面而倾斜于另两个投影面的平面，称为投影面垂直面。投影面垂直面的投影有两个投影是几何图形，一个投影是倾斜于投影轴的线。

投影面垂直面又可分为铅垂面、正垂面和侧垂面。

（1）铅垂面。

垂直于 H 面的平面称为铅垂面，如图 2 - 43 所示。

铅垂面投影特性为"一线两框"，具体如下。

① $a'b'c'$、$a''b''c''$ 为△ABC 的类似形。

② H 面投影 abc 积聚为一条线。

③ abc 与 OX、OY 的夹角反映 β、γ 角的真实大小。

（2）正垂面。

垂直于 V 面的平面称为正垂面，如图 2 - 44 所示。

正垂面投影特性为"一线两框"，具体如下。

① abc、$a''b''c''$ 为△ABC 的类似形。

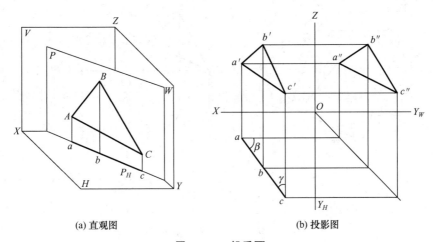

(a) 直观图   (b) 投影图

图 2 – 43 铅垂面

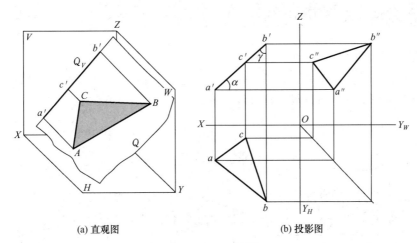

(a) 直观图   (b) 投影图

图 2 – 44 正垂面

② V 面投影 $a'b'c'$ 积聚为一条线。

③ $a'b'c'$ 与 OX、OZ 的夹角反映 α、γ 角的真实大小。

（3）侧垂面。

垂直于 W 面的平面称为侧垂面，如图 2 – 45 所示。

侧垂面投影特性为"一线两框"，具体如下。

① abc、$a'b'c'$ 为 $\triangle ABC$ 的类似形。

② W 面投影 $a''b''c''$ 积聚为一条线。

③ $a''b''c''$ 与 OY、OZ 的夹角反映 α、β 角的真实大小。

从投影面垂直面在三面投影体系中的投影，可以得出投影面垂直面的投影特性如下。

（1）投影面垂直面在与其垂直的投影面上的投影积聚成一条倾斜于投影轴的直线，该直线与投影轴的夹角反映该平面与另两个投影面的倾角。

（2）投影面垂直面在另两个投影面上的投影是平面的类似形。

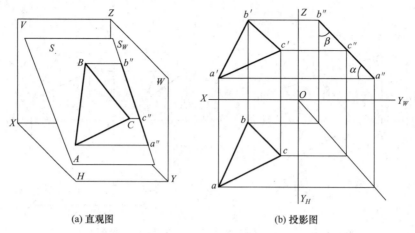

(a) 直观图   (b) 投影图

图 2 - 45　侧垂面

2.5.3　平面上直线和点的判定

1. 判定直线在平面上

直线在平面上的判定条件：如果一条直线通过平面上的两个点，或通过平面上的一个点，但平行于平面上的一条直线，则直线在平面上，如图 2 - 46 中的 DE、BG。

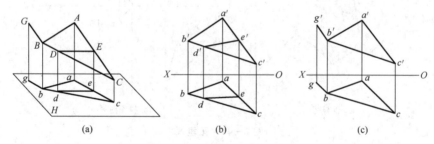

(a)   (b)   (c)

图 2 - 46　平面上的直线

【例 2 - 5】　已知△ABC，其 H 面投影与 V 面投影如图 2 - 47（a）所示，在该三角形上作一正平线 DE，使其距 V 面的距离等于 15mm。

【解】　要作的直线段 DE 为正平线，其 H 面投影应平行于 OX 轴，并与 OX 轴的距离等于 15mm，V 面投影与 OX 轴倾斜。作图步骤如下。

（1）在△ABC 的 H 面投影 abc 上作一条与 OX 轴平行的直线，并且与 OX 轴的距离为 15mm，与 ab、bc 的交点的连线为正平线 DE 的 H 面投影 de。

（2）由直线上点的投影规律作出 DE 的 V 面投影，如图 2 - 47（b）所示。

2. 判定点在平面上

点在平面上的判定条件：如果点在平面内的一条直线上，则点在平面上，如图 2 - 48 中的点 D、E、F。

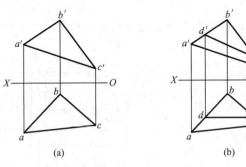

图 2-47　例 2-5 图

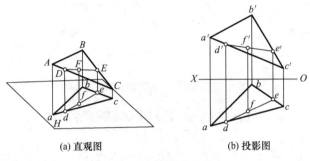

(a) 直观图　　　　　(b) 投影图

图 2-48　平面上的点

【例 2-6】　已知△ABC 上点 D 的 V 面投影 d′，如图 2-49（a）所示，求点 D 的 H 面投影 d。

【解】　因点 D 在平面上，则其投影一定在平面上的一条直线上。作图步骤如下。

（1）先过点 D 的 V 面投影作一辅助线 AE。

（2）作 AE 的 H 面投影，如图 2-49（b）所示。

（3）过点 D 的 V 面投影作 OX 轴的垂线，与 AE 的 H 面投影的交线即点 D 的 H 面投影，如图 2-49（c）所示。

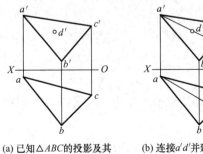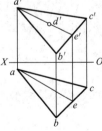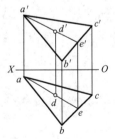

(a) 已知△ABC 的投影及其　　　(b) 连接 a′d′ 并延长交 b′c′　　　(c) 过 d′ 作 OX 轴垂线交 ae 于 d，
　　平面上点 D 的 V 面投影　　　　　于 e′，并作 ae　　　　　　　　d 即点 D 的 H 面投影

图 2-49　例 2-6 图

【例 2-7】　试判断图 2-50 中立体表面Ⅰ、Ⅱ、Ⅲ的空间位置。

【解】　从投影图中可以看出，平面Ⅰ的 V 面投影积聚成一条倾斜于投影轴的直线 a′b′（f′g′），而另两个投影都是几何图形，因此，平面Ⅰ为正垂面；平面Ⅱ的 H 面投影和 W

面投影都积聚成平行于投影轴的线，而V面投影为几何图形，说明平面Ⅱ为正平面；平面Ⅲ的三面投影都是几何图形，因此，平面Ⅲ是一般位置的平面，即倾斜面。

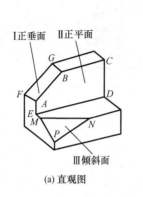

(a) 直观图

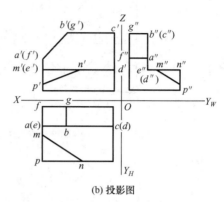

(b) 投影图

图 2-50　例 2-7 图

本 章 小 结

本章介绍了三面投影图的形成及投影特性，点、直线、平面的正投影规律，建筑中常见的基本形体的投影特性。

(1) 正投影的基本特性包括积聚性、显实性、类似性。

(2) 在三面投影体系中，投影面 H、V、W 分别是水平投影面、正立投影面、侧立投影面。三面投影图展开后，同时反映形体长度的水平投影图和正面投影图左右对齐（即"长对正"），同时反映形体高度的正面投影图和侧面投影图上下对齐（即"高平齐"），同时反映形体宽度的水平投影图和侧面投影图前后对齐（即"宽相等"）。"长对正、高平齐、宽相等"是形体三面投影图的规律（三等关系）。

(3) 点的投影：点 A 置于三面投影体系中，过点 A 分别向三个投影面作投影线，投影线与投影面的交点，形成点 A 在三个投影面的投影，分别用空间点 A 的同名小写字母 a、a′、a″表示。点的空间位置用直角坐标表示为 A(X, Y, Z)。

(4) 直线的投影：直线是点沿一定方向运动的轨迹，两点可以确定一直线的位置，作直线的投影，实际是作点的投影。各种位置直线的投影包括一般位置的直线、投影面平行线、投影面垂直线的投影。

(5) 平面的投影：包括一般位置的平面、投影面平行面、投影面垂直面的投影。

思考题与实践题

一、思考题

1. 投影分为几类？各有何特点？

2. 正投影有哪些投影特性？

3. 三面投影体系是怎样展开的？

4. 三面投影之间有怎样的投影关系？三个投影面分别反映哪几个方向的投影？

二、实践题

1. 根据图 2-51 中给定的点的投影，确定点的其他面的投影。

2. 补出图 2-52 中各线段的第三个投影，并注明是何种线段。

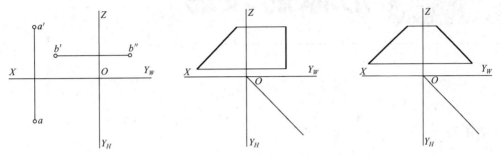

图 2-51　实践题 1　　　　　　　　　图 2-52　实践题 2

3. 补出图 2-53 中各线段及平面的第三个投影，并注明是何种线段及平面。

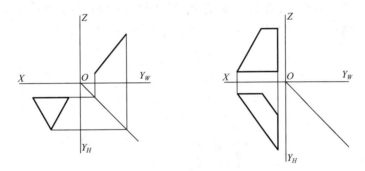

图 2-53　实践题 3

第3章 形体的投影

情境导入

我们看到的建筑形体或其他工程形体，都可以看成是由简单的几何体组成的。理解形体分析的方法、线面分析的方法，识读及读懂组合体投影图，想象出立体形态，这是识图能力训练和提高空间方位感和想象力的重要途径。为了便于读图和表达，在工程中常用立体感较强的轴测图来表达形体，作为辅助图样。

思维导图

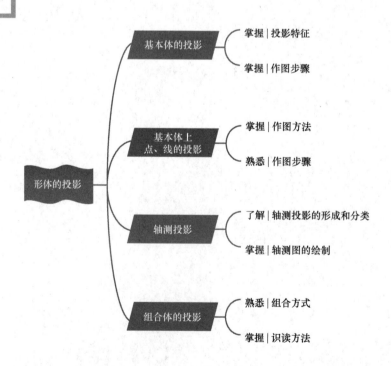

3.1　平面体的投影

如图 3-1 所示的建筑形体，可以看成是由 3 个五棱柱和 1 个四棱柱的简单几何体组成的。我们把这些组成建筑物最简单的几何体称为基本几何体或基本体。

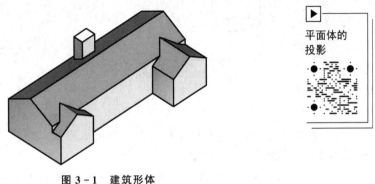

图 3-1　建筑形体

常见的基本体包括平面体和曲面体两大类。基本体的表面由平面围成的形体，称为平面体，例如，四棱柱、三棱锥、三棱台等。

3.1.1　棱柱体的投影

棱柱体是指有两个互相平行的多边形平面，其余各面都是四边形，且每相邻两个四边形的公共边都互相平行的形体。这里两个互相平行的多边形平面称为棱柱体的顶面和底面，其余各平面称为棱柱体的侧面，侧面的公共边称为棱柱体的侧棱，两底面之间的距离称为棱柱体的高。常见的棱柱体有三棱柱、四棱柱、五棱柱和六棱柱等，如图 3-2 所示。

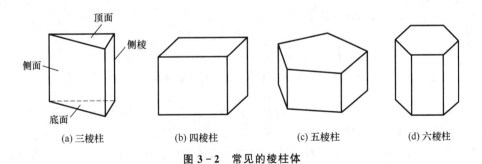

(a) 三棱柱　　　　(b) 四棱柱　　　　(c) 五棱柱　　　　(d) 六棱柱

图 3-2　常见的棱柱体

以正六棱柱为例来学习棱柱体在三面投影体系中的投影。为了作图简单且美观，应将形体以尽量端正的姿态放入三面投影体系中，这里我们让正六棱柱的底面平行于水平投影面（H 面），前后两个侧面平行于正立投影面（V 面），如图 3-3（a）所示。

具体作图步骤如下。

（1）用点画线画出 H 面投影的中心线、V 面投影和 W 面投影的对称线。

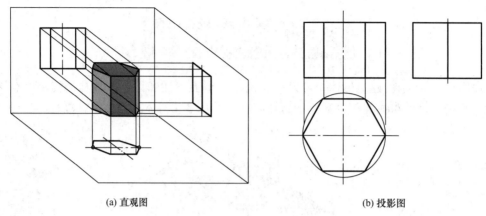

(a) 直观图　　　　　　　　　　　　　　(b) 投影图

图 3 - 3　正六棱柱的投影

（2）画出正六棱柱的 H 面投影，为一个正六边形，并根据正六棱柱的高度画出顶面和底面的 V 面投影和 W 面投影。

（3）根据投影规律，连接顶面和底面对应顶点的 V 面投影和 W 面投影，即为棱线、棱面的投影。这一步要注意的是形体的宽度应相等。

（4）检查并清理底稿，按规定线型加深，得到正六棱柱的投影图，如图 3 - 3（b）所示。

用同样的方法，我们可以得到正三棱柱和正五棱柱的投影图，如图 3 - 4 所示。

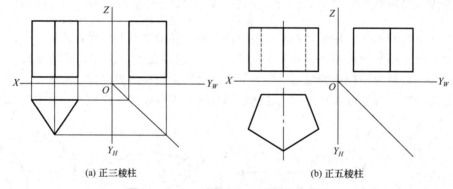

(a) 正三棱柱　　　　　　　　　　　　　(b) 正五棱柱

图 3 - 4　正三棱柱和正五棱柱的投影图

通过作棱柱体的投影图，可以得到棱柱体的投影特征：棱柱体的一个投影为多边形，另两个投影为矩形。反之可以得出棱柱体的判定方法：当一个形体的三面投影中有一个投影为多边形，另两个投影为矩形时，就可判定该形体为棱柱体，从多边形的边数可得出棱柱体的棱数。

3.1.2　棱锥体的投影

有一个面是多边形，其余各面是有一个公共顶点的三角形的多面体称为棱锥体。这里的多边形称为棱锥体的底面，其余各面称为棱锥体的侧面，相邻侧面的公共边称为棱锥体的侧棱，各侧面的公共顶点称为棱锥体的顶点，顶点到底面的距离称为棱锥体的高。常见的棱锥体有三棱锥、四棱锥和五棱锥等，如图3-5所示。

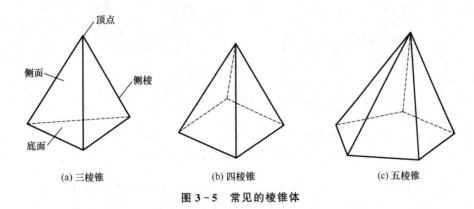

(a) 三棱锥　　　　　　　　(b) 四棱锥　　　　　　　　(c) 五棱锥

图3-5　常见的棱锥体

下面以正三棱锥为例，作棱锥体的投影。为了作图方便，我们将正三棱锥的底面 ABC 平行于 H 面，后侧面 SAC 垂直于 W 面，如图3-6（a）所示。

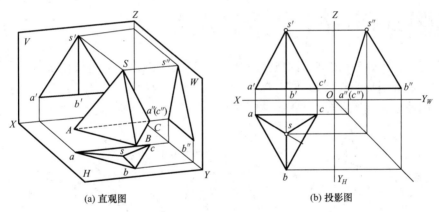

(a) 直观图　　　　　　　　　　　　(b) 投影图

图3-6　正三棱锥的投影

由于底面 ABC 平行于 H 面，所以底面的 H 面投影反映实形，即△abc，V 面投影和 W 面投影分别积聚成线段；侧面 SAC 为侧垂面，W 面投影积聚成线段，另两面投影为类似形；侧面 SAB 和 SBC 为一般位置的平面，三面投影均为不反映实形的类似形。

具体作图步骤如下。

（1）绘制出底面△ABC 的三面投影。先画反映实形的底面的 H 面投影（等边△abc），再画出△ABC 的 V 面投影和 W 面投影，它们分别积聚成水平线段 $a'b'c'$ 和 $a''b''c''$。

（2）根据锥高，画顶点 S 的三面投影。

（3）将顶点 S 与点 A、B、C 的同面投影相连，即得到正三棱锥的投影图。

（4）检查并清理底稿，按规定加深线型，得到正三棱锥的投影图，如图3-6（b）所示。

用同样的方法，我们可以得到正四棱锥和正五棱锥的投影图，如图3-7所示。

通过作棱锥体的投影图，可以得到棱锥体的投影特征：棱锥体的一个投影外轮廓为多

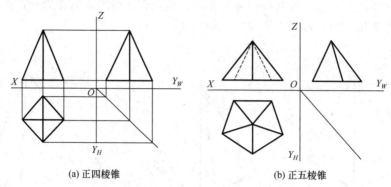

(a) 正四棱锥   (b) 正五棱锥

图 3 - 7 正四棱锥和正五棱锥的投影图

边形，其内部是以该多边形为各边的多个三角形，另两个投影为有公共顶点的三角形。反之可以得出棱锥体的判定方法：当一个形体的三面投影中有一个投影外轮廓为多边形，内部是以该多边形为各边的多个三角形，另两个投影为有公共顶点的三角形时，就可以判定该形体为棱锥体，从多边形的边数可得出棱锥体的棱数。

3.1.3 棱台体的投影

用平行于棱锥体底面的平面切割棱锥体后，底面和截面之间剩余的部分称为棱台体。截面与原底面分别称为上底面和下底面，其余各面称为侧面，相邻侧面的公共边称为侧棱。常见的棱台体有三棱台、四棱台和五棱台等，如图 3-8 所示。

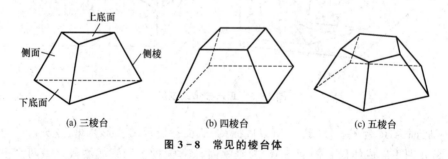

(a) 三棱台   (b) 四棱台   (c) 五棱台

图 3 - 8 常见的棱台体

下面以四棱台为例，作棱台体的投影。为了作图方便，我们将四棱台的上、下底面平行于 H 面，底边 EH 垂直于 W 面，EF 垂直于 V 面，如图 3-9（a）所示。

具体作图步骤如下。

（1）作 H 面投影。上、下底面为水平面，其 H 面投影为两个相似的矩形，再将各侧棱投影相连，形成以上、下底面 H 面投影相应边为上、下底边的四个梯形。

（2）作 V 面投影。上、下底面分别积聚成线段 $a'd'$、$e'h'$，侧面 $ABFE$ 和 $CDHG$ 为正垂面，其 V 面投影分别积聚成线段 $a'e'$、$d'h'$，所以四棱台的 V 面投影为一个梯形。

（3）作 W 面投影。同理，其 W 面投影也为一个梯形。

（4）检查并清理底稿，按规定线型加深。得到四棱台投影图，如图 3-9（b）所示。

用同样的方法，我们可以得到三棱台和五棱台的投影图，如图 3-10 所示。

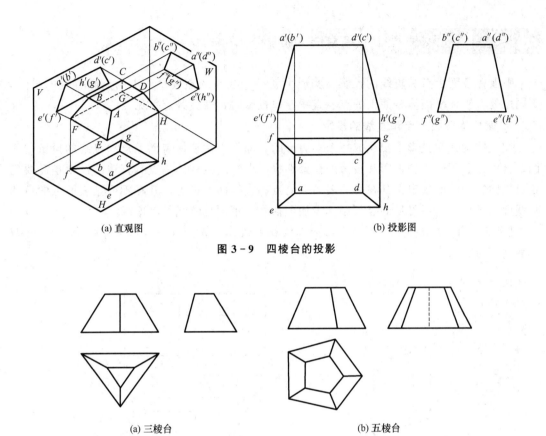

(a) 直观图　　　　　　　　　　　　　　(b) 投影图

图 3 - 9　四棱台的投影

(a) 三棱台　　　　　　　　　　(b) 五棱台

图 3 - 10　三棱台和五棱台的投影图

　　通过作棱台体的投影图，可以得到棱台体的投影特征：棱台体的一个投影中有两个相似的多边形，且各相应顶点连接构成梯形，另两个投影为一个或若干个梯形。反之可以得出棱台体的判定方法：若一个形体的三面投影中有一个投影为两个相似的多边形且其相应顶点相连构成梯形，另两个投影也为梯形时，就可以判定该形体为棱台体，从多边形的边数可判定出棱台体的棱数。

　　以上棱柱体、棱锥体、棱台体的投影，都是在作出平面体表面的投影后得到的，而作表面的投影实质是把各表面的边线和顶点投影相连而成，因此平面体投影具有以下特点。

　　（1）平面体的投影实质上是点线面的投影。

　　（2）投影图中线段的交点，可能是基本体表面上顶点的投影，也可能是基本体表面上线段的积聚投影。

　　（3）投影图中的线段，可能是侧棱或底边的投影，也可能是侧面、底面的积聚投影。

　　（4）任何一个投影图都由若干个封闭的线框组成，每个封闭的线框都是一个侧面或底面的投影。

　　（5）投影图中实线组成的线框都表示可见的平面，凡线框有虚线，则表示该平面不可见。

3.1.4 平面体表面上点和直线的投影

平面体表面上点和直线的投影，实质上就是直线上的点或平面上的点和直线的投影，不同之处在于，平面体表面上的点和直线在作投影时，需要判定可见性。

1. 棱柱体表面上点和直线的投影

棱柱体的一面投影是积聚成一个多边形的，那么在棱柱体表面上点和直线的投影的作图，就可以利用棱线的投影和棱面的积聚性投影求解。棱柱体上点和直线的投影是需要判定可见性的，一般规定：凡在可见表面上的点和直线即为可见，凡在不可见表面上的点和直线即为不可见，不可见的点投影标记加上括号，不可见的线段画虚线。

【例 3-1】 如图 3-11 所示，已知三棱柱表面上点 M、N 的 V 面投影，求它们的 H 面和 W 面投影。

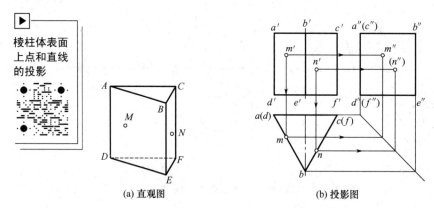

棱柱体表面
上点和直线
的投影

(a) 直观图   (b) 投影图

图 3-11 三棱柱表面上的点

【解】 三棱柱的 H 面投影积聚为三角形。首先看点 M，由已知的可见投影点 m'，可以得出点 M 是在左侧面上，如图 3-11 (a) 所示。根据棱柱体的积聚性投影特征，左侧面的 H 面投影积聚为线段 ab，那么左侧面上所有点的 H 面投影都在线段 ab 上，点 m' "长对正"下来与 ab 的交点即为点 m。判定可见性，一般规定积聚面上的点的投影为可见，那么点 m 可见。再由点的投影规律，可以作出点 m''，并判定可见性，左侧面在 W 面上是可见的，所以点 m'' 也可见。

用同样的作图方法和步骤来分析点 N。点 n' 可见，说明点 N 在右侧面上，并且根据积聚性投影特征，做出其 H 面投影点 n，点 n 可见。再由点的投影规律作出点 n''，因右侧面在 W 面上不可见，则点 n'' 不可见，所以 n'' 要加上括号。点 M、N 的 H 面和 W 面投影图如图 3-11 (b) 所示。

【例 3-2】 如图 3-12 所示，已知三棱柱表面线段 MN 的 V 面投影，求它的 H 面和 W 面投影。

【解】 作图步骤如下。

(1) 判定线段所在的面。这里通过可见线段 $m'n'$ 可以判定出线段 MN 在右侧面上，如图 3-12 (a) 所示。

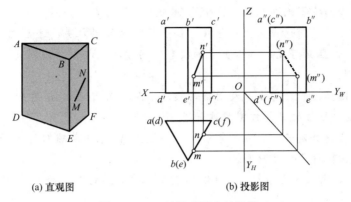

(a) 直观图　　　　　　(b) 投影图

图 3 - 12　三棱柱表面上的线段

（2）求出积聚面的投影。该三棱柱在 H 面上积聚成三角形，且右侧面 $BCFE$ 在 H 面上积聚成线段 bc，那么线段 MN 的 H 面投影必在 bc 上，点 m'、n' "长对正" 下来分别与 bc 的交点即为点 m、n，且 m、n 可见。将 m、n 用实线连接，即为线段 MN 的 H 面投影。

（3）由投影规律分别作出点 m''、n''。因右侧面在 W 面上不可见，则点 m''、n'' 均不可见，m''、n'' 都要加上括号，将 m''、n'' 用虚线相连，线段 $m''n''$ 即为线段 MN 的 W 面投影。线段 MN 的 H 面和 W 面投影图如图 3 - 12（b）所示。

2. 棱锥体表面上点和直线的投影

棱锥体的三视图，均为一个或多个三角形，且多数棱面无积聚性投影，那么在棱锥体表面上点和直线的投影，在作图时我们可以做出区分：在棱线上的点，可利用棱线的投影求解；在棱面上的点和直线，若该棱面在某一投影面积聚，则利用棱面的积聚性投影求解，否则可利用辅助线法求解。棱锥体上点和直线的投影也是需要判定可见性的，可见性判定与棱柱体相同：凡在可见表面上的点和直线即为可见，凡在不可见表面上的点和直线即为不可见；不可见的点投影标记加上括号，不可见的线段画虚线。

【例 3 - 3】　如图 3 - 13 所示，已知三棱锥表面上点 K、M 的 V 面投影，求它们另外两面的投影。

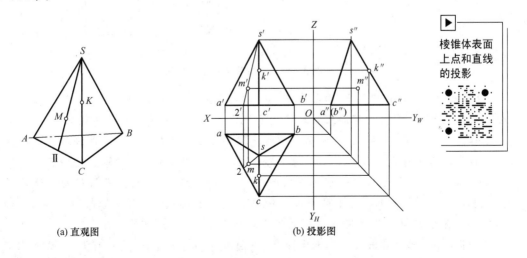

(a) 直观图　　　　　　(b) 投影图

图 3 - 13　三棱锥表面上的点

【解】 由已知的投影点 k' 可知，点 K 为棱线 SC 上的点，如图 3-13 (a) 所示，那么点 K 的投影必在 SC 的同面投影上。根据"高平齐"的作图方法，过 k' 向右作垂线，其与 $s''c''$ 的交点即为 k''，且 k'' 可见；再根据点的投影作图方法，过 k'' 作垂线，其与 sc 的交点即为 k，且 k 也可见。

对于在一般位置棱面上的点，利用辅助线法求解。由可见点 m' 可知，空间点 M 在侧面 SAC 上，用辅助线法的具体作图步骤如下。

(1) 连接 s'、m' 并延长，与 $a'c'$ 交于 $2'$，即过点 M 作一条辅助线 $S\mathrm{II}$，那么点 M 的投影必在辅助线 $S\mathrm{II}$ 的同面投影上。

(2) 在投影 ac 上求出点 II 的 H 面投影点 2，即过 $2'$ 向下作垂线，其与 ac 的交点即为 2。

(3) 连接 s、2，求出直线 $S\mathrm{II}$ 的 H 面投影。

(4) 根据在直线上的点的投影规律，求出点 M 的 H 面投影 m，即为过 m' 向下作垂线与 $s2$ 的交点，且 m 可见。

(5) 根据点的投影作图方法，求出 m''，且 m'' 可见。点 K、M 的 H 面和 W 面投影图如图 3-13 (b) 所示。

【例 3-4】 如图 3-14 所示，已知三棱锥表面上线段 MN 的 V 面投影，求它的 H 面和 W 面投影。

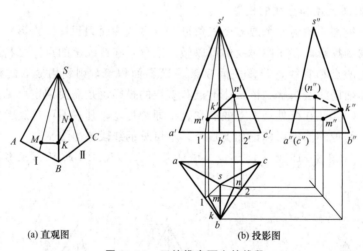

(a) 直观图 (b) 投影图

图 3-14 三棱锥表面上的线段

【解】 由线段 MN 的 V 面投影可知，点 M 在侧面 SAB 上，点 N 在侧面 SBC 上，$m'n'$ 与侧棱 SB 有交点，实际上，这是两条线段，我们需要将这两条线段的转折点 K 的投影也作出来，如图 3-14 (a) 所示。空间线段实际上是 MK、KN 两条线段。求线段的另两面投影，只需将 M、N、K 三点的投影分别找出，再将其同名投影相连即可。这里先作点 M 的投影，由于点 M 在一般位置的侧面上，用辅助线法作出另两面投影。连接 s'、m' 并延长，与 $a'b'$ 交于 $1'$，过 $1'$ 的垂线与 ab 交于 1；连接 s、1，过 m' 向下作垂线与 $s1$ 的交点即 m，且 m 可见。再根据 m、m' 的投影，作出 m''，且 m'' 可见。

同样用辅助线法作出点 N 的两面投影，可得到 n、n''，n 可见，n'' 不可见，n'' 需加上括号。

K 为棱线 SB 上的点，过 k' 向右作垂线与 $s''b''$ 的交点即 k''，且 k'' 可见；再根据点的投

影求出 k，k 也可见。线段 MK、KN 在 H 面上均可见，因此将 m、k 与 k、n 用实线连接，mk、kn 即线段的 H 面投影；线段 MK 在 W 面上可见，因此将 m''、k'' 用实线连接，KN 在 W 面上不可见，因此将 k''、n'' 用虚线连接，$m''k''$、$k''n''$ 即线段的 W 面投影。线段 MK、KN 的 H 面和 W 面投影图如图 3-14（b）所示。

3.2 曲面体的投影

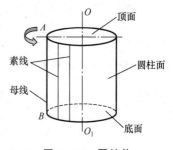

3.2.1 圆柱体的投影

由曲面或曲面和平面围合而成的形体称为曲面体，如圆柱体、圆锥体、圆台体、球体等。这里的曲面是指回转曲面，是由一条母线（运动的直线或曲线）绕一轴线（直线）回转而形成的曲面。由回转曲面围合而成的立体也称为回转体。

圆柱体表面由圆柱面和上、下两个平面组成，圆柱面是由直线 AB 绕与它平行的轴线 OO_1 等距旋转一周形成的，AB 是母线，AB 的运动轨迹均为素线，如图 3-15 所示。

作圆柱体的三面投影时，为了作图方便，令圆柱体上、下平面与 H 面平行，如图 3-16（a）所示，则上、下平面为水平面，其 H 面投影反映实形，为一个圆；其 V 面和 W 面投影积聚成一条线段。圆柱面则用曲面投影的转向轮廓线表示。

图 3-15 圆柱体

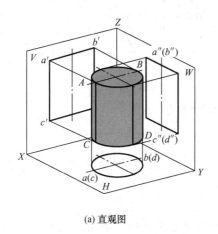

(a) 直观图

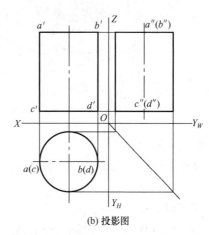

(b) 投影图

图 3-16 圆柱体的投影

在作曲面体的投影时，一般规定：曲面体对某投影面的转向轮廓线，只能在该投影面上画出，而在其他投影面上不再画出。作图步骤如下。

（1）画出圆柱体的对称线、回转轴线。

（2）画出圆柱体的顶面和底面投影，即在 H 面上为一个圆，在 V 面和 W 面上积聚成线段。

（3）画出轮廓线，最左、最右轮廓线在 V 面画出，在 W 面不再画出；最前、最后轮廓线在 W 面画出，在 V 面不再画出。

（4）得出圆柱体的三面投影为一个圆和两个全等的矩形，如图 3-16（b）所示。

3.2.2　圆锥体的投影

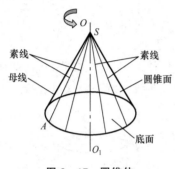

图 3-17　圆锥体

圆锥体是由圆锥面和底面围成的。圆锥面可以看成是直线 SA 绕与它相交的轴线 OO_1 回转一周而形成的，SA 为母线，SA 的运动轨迹均为素线，如图 3-17 所示。

作圆锥体的三面投影时，为了作图方便，令圆锥体底面与 H 面平行，如图 3-18（a）所示，则圆锥底面为水平面，其 H 面投影反映实形，为一个圆；V 面和 W 面投影积聚成一条线段。对于圆锥面，需要分别画出其 V 面和 W 面的转向轮廓线，即最左、最右轮廓线和最前、最后轮廓线。作图步骤如下。

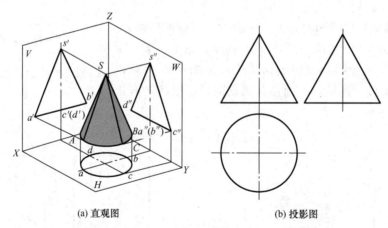

(a) 直观图　　　　(b) 投影图

图 3-18　圆锥体的投影

（1）画出对称线。

（2）画出圆锥体的底面投影，即在 H 面上为一个圆，在 V 面和 W 面上分别积聚成线段。

（3）画出轮廓线。

（4）得出圆锥体的三面投影为一个圆和两个全等的三角形，如图 3-18（b）所示。

3.2.3　圆台体的投影

圆锥体被平行于底面的平面截去锥顶部分，剩余的部分称为圆台体，其上、下底面为半径不同的圆，如图3-19所示。

作圆台体的三面投影时，令其上、下底面平行于 H 面，如图3-20（a）所示，则圆台体的 H 面投影为两个同心圆，V 面和 W 面投影分别为两个等腰梯形。

将三面投影展开，可得出圆台体的三面投影图：一组同心圆，两个等腰梯形，如图3-20（b）所示。

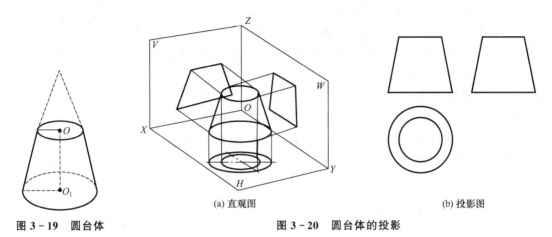

图3-19 圆台体	(a) 直观图	(b) 投影图
	图3-20 圆台体的投影	

3.2.4 球体的投影

球体可看作是一个圆围绕其直径回转一周而成的。球体的母线是一个圆，母线圆的运动轨迹均为素线圆，如图3-21所示。

将球体置于三面投影体系当中，其 H 面投影为俯视轮廓圆，V 面投影为主视轮廓圆，W 面投影为左视轮廓圆，如图3-22（a）所示。球体的三面投影为三个圆，回转圆的另两面投影在中心线上，如图3-22（b）所示。

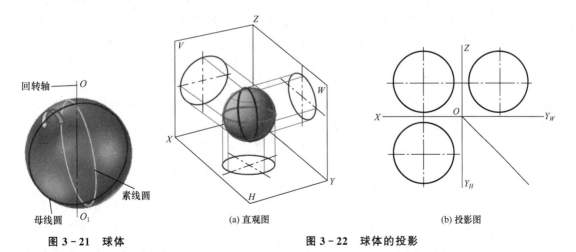

图3-21 球体	(a) 直观图	(b) 投影图
	图3-22 球体的投影	

3.2.5　曲面体表面上点和线的投影

1. 圆柱体表面上点和线的投影

圆柱体的一面投影积聚成一个圆形，那么在圆柱体表面上点和线的投影的作图方法，就可以利用圆柱面的积聚性投影求解。同样，圆柱体上点和线的投影是需要判定可见性的，一般规定：凡在可见表面及轮廓线上的点和线即为可见，凡在不可见表面及轮廓线上的点和线即为不可见；不可见的点投影标记加上括号，不可见的线画虚线。

圆柱体表面上点的投影作图步骤如下。

（1）根据已知投影点的位置和可见性判断空间点所在位置。

（2）根据圆柱面的积聚性投影特性，求出其积聚面的投影。

（3）根据点的投影规律作出第三面的投影，并判断可见性。

【例 3 - 5】　如图 3 - 23（a）所示，已知圆柱体表面上点 A、B、C 的一面投影，求它们的另两面投影。

圆柱体表面上点和线的投影

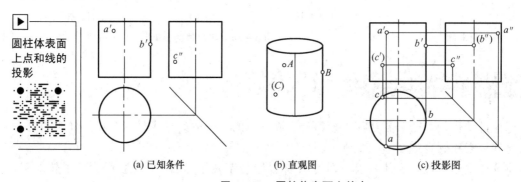

(a) 已知条件　　　　(b) 直观图　　　　(c) 投影图

图 3 - 23　圆柱体表面上的点

【解】　圆柱体的 H 面投影积聚成圆形。首先看点 A，根据给定的 a′ 的位置，可判定点 A 在前半圆柱体的左半部分，如图 3 - 23（b）所示。因圆柱体的 H 面投影有积聚性，故 a 在前半圆周的左部，a″ 可由 a′ 和 a 求得，且 a″ 可见。同理，根据 b′ 可判定点 B 在最右轮廓线上，因圆柱体的 H 面投影有积聚性，故 b 在圆柱体的最右轮廓线上，由 b′ 和 b 可求得 b″，且 b″ 不可见，b″ 需加上括号。再看点 C，由已知条件 c″ 得知，点 C 在后半圆柱体的左部，故 c 在后半圆周的左部，由 c″ 和 c 可求得 c′，且 c′ 不可见，c′ 加上括号。圆柱体表面上点 A、B、C 的三面投影图如图 3 - 23（c）所示。

这里需要注意的是，曲面体表面上的线段，除了圆柱体、圆锥体上的素线为直线外，其余全部为曲线。在作图时，为了准确，应在曲线上多作几个点（至少三个点）的投影，再用光滑的曲线将这些点连接起来，并判断可见性。

【例 3 - 6】　如图 3 - 24（a）所示，已知圆柱体表面上的线段 AD 的 V 面投影，求其另两面投影。

【解】　由已知条件可知，AD 不是素线，所以 AD 是曲线。为了作图准确，在 a′d′ 上再取 b′、c′ 两点（b′ 为转折点，在最前轮廓线上，c′ 为中间点）。利用圆柱面的积聚性，先作出 AD 的 H 面投影。由已知条件可判定，点 A 在前半圆柱体的左半部分，点 B 在最前

建筑构造与识图

案例图纸

北京大学出版社
PEKING UNIVERSITY PRESS

图纸目录

建设单位	永丰县康安米厂		工程名称	永丰县康安米厂-办公楼			
子项名称			工程号			专业	建施

序号	图号	图名	图幅		备注
01	01	图纸目录	A3		
02	02	建筑设计说明1	A1		
03	03	建筑设计说明2　建筑装饰装修材料做法表	A1		
04	04	建筑节能设计说明(公建)	A1		
05	05	一层平面图、二层平面图	A1		
06	06	三层平面图、屋顶平面图	A1		
07	07	屋顶构架层平面图、Ⓖ～Ⓐ轴立面图、①～⑤轴立面图、Ⓐ～Ⓖ轴立面图	A1		
08	08	⑤～①轴立面图、1—1剖面图、门窗表、门窗大样	A1		
09	09	1#楼梯大样	A1		
10	10	墙身大样1、墙身大样2、屋顶出入口雨篷大样、卫生间大样	A1		
11					
12					
13					
14					
15					
16					
17					

说明：1. 本目录(大工程)由各工种或(小工程)以单位工程在设计结束时填写，以图号为次序，每格填写一张；
　　　2. 如利用标准图集，可在备注栏内注明；
　　　3. 末端的"工程负责"等姓名不必本人签字，可由填写目录者直接填写或打印。

工程负责			工种负责			日期	2021.03

建筑设计说明

地上部分建筑设计说明1

1. 总则

1.1 凡本项目的施工说明书或设计文件所涉及的国家标准和其他类似标准的地方，均应使用现行的最新版本或修订本的标准。

1.2 不管工程图纸是否涉及建筑、结构或机电专业，本施工说明所用的"工程图纸"一词应被看作是包括设计师绘制的所有图纸。

1.3 一旦发现建筑、结构或机电专业工程图纸有任何差异的地方，应立即告知设计师，由设计师确定设计变更。

1.4 如果承包商对本施工说明描述的任何项目的确切意义有疑议，应立即告知设计师，以澄清。

1.5 所有使用的材料应是新的、质量好的，并应适用于其预期的用途，并应有质检部门的合格证书。

1.6 除特别注明之外，本项目工程图纸总平面图的标注尺寸单位以米为单位，其余图纸标注尺寸单位以毫米为单位。所有尺寸均以图纸标注的数值为准，不应从图上量取。

1.7 幕墙、室内二次装修部位。室外景观、屋顶花园、室内水景、泛光照明、厨房工艺等需由专业公司进行专项设计，经设计师确认后方可实施。

2. 设计依据

2.1 厂区规划项目设计任务书及宗地图。

2.2 主管部门审核意见。

2.3 设计所采用的主要规范、标准。
《民用建筑设计统一标准》(GB 50352—2019)
《建筑设计防火规范(2018年版)》(GB 50016—2014)
《办公建筑设计标准》(JGJ/T 67—2019)
《建筑内部装修设计防火规范》(GB 50222—2017)
《无障碍设计规范》(GB 50763—2012)
《屋面工程技术规范》(GB 50345—2012)
《建筑玻璃应用技术规程》(JGJ 113—2015)
《建筑工程建筑面积计算规范》(GB/T 50353—2013)
《建筑地面设计规范》(GB 50037—2013)
《民用建筑隔声设计规范》(GB 50118—2010)
《民用建筑工程室内环境污染控制标准》(GB 50325—2020)
《工程建设标准强制性条文(房屋建筑部分)(2013年版)》
《建筑工程设计文件编制深度规定(2016年)》
《民用建筑热工设计规范》(GB 50176—2016)
《公共建筑节能设计标准》(GB 50189—2015)
《建筑内部装修设计防火规范》(GB 50222—2017)

2.4 主体所在省及规划设计条件，其他相关的建筑资料集，南昌地区的气候特点及气象资料。

3. 工程概况

3.1 项目名称：××县米厂一办公楼。

3.2 子项名称：办公楼。

3.3 建设单位：××县米厂。

3.4 建设地点：。

3.5 建筑分类和耐火等级：本项目属于多层办公建筑，设计耐火等级为二级。

3.6 设计使用年限：50年。

3.7 结构形式：框架结构。

3.8 抗震设防烈度：6度。

3.9 主要使用功能。

3.10 主要技术经济指标：详见总图。

3.10.1 面积汇总表见表1。

表1 层高及分层建筑面积表

楼层	主要使用功能	层高/m	建筑标高/m	建筑面积/m²	设计建筑面积/m²	备注
屋顶层	楼梯间	3.0	10.40～13.40	35.20	35.20	
3F	办公	3.2	7.20～10.40	204.12	204.12	
2F	办公	3.2	4.00～7.20	204.12	204.12	
1F	办公	4.0	0.00～4.00	210.80	210.80	
				654.24	654.24	

3.10.2 建筑高度：10.70m(入口室外地面至屋面高度)。

3.10.3 建筑层数：地上3层，地下1层。

4. 设计标高与建筑定位

4.1 本工程设计标高和建筑定位应根据红线图以及方案进行准确定位，竖向定位详见总平面图。

4.2 本图除标高及总平面尺寸以米计外，其余均以毫米为单位，图面尺寸均以所注尺寸为准。

4.3 建筑平、剖面图上所注标高，均为建筑完成面标高，仅屋面标高为结构面标高，单位为米。

4.4 本工程设计标高为+0.000，相对应绝对标高详见总图(具体情况根据实际现场定)。

4.5 建筑水平定位详见建施总平面图，轴线水平定位详见地下室柱网定位图。

5. 墙体工程

5.1 墙体的基础部分、承重钢筋混凝土墙体见结施，建筑图仅作示意。

5.2 60mm墙身防潮层设在室内地面下60处，做60厚C20钢筋混凝土，内配3Φ6通长，分布筋Φ4@200水平防潮层。有高差地面分别做防潮，在靠土的墙面做同样材料的垂直防潮层。

5.3 墙体砌筑构造和技术要求见相关技术规范和结构总说明。填充墙材料如下。

5.3.1 外墙。
200厚烧结多孔砖(非黏结烧结多孔砖墙)。

5.3.2 内隔墙：全部采用加气混凝土砌块。
100厚加气混凝土砌块：主要用于管道竖井、卫生间等局部隔墙，耐火极限要求不低于3.00h。
200厚加气混凝土砌块：主要用于防火分区的隔墙(防火墙)、楼梯间及卫生间等大部分部位的内隔墙，耐火极限要求不低于3.00h。

5.3.3 填充墙体采用加气混凝土砌块。

5.3.4 混凝土防水墙。
卫生间等有水的房间和设备机房的隔墙下浇筑250高C20细石混凝土，高度完成面墙厚度与墙体相等。
高出屋面的属于泛水部位的墙体下应设钢筋混凝土墙坎，墙坎完成面厚度与墙体相等，高度应比屋面完成面高出300阻挡屋面雨水。
高出屋面的管井周边应设200厚钢筋混凝土墙坎，高度应比屋面完成面高出300。

5.3.5 墙体构造柱。
烧结多孔砖填充墙采用配套专用砂浆砌筑，墙体构造柱、梁及填充墙与钢或钢筋混凝土墙、柱的构造搭接详见结构专业施工图。墙体与不同材料的界面、接缝处，应用专用砂浆增强玻纤网格布加强。此外，仍需供应商根据混凝土等级提供针对墙体强度、稳定性、防水、隔声等方面的具体施工方案，经设计方确认后方可施工。

5.3.6 除特别注明外，所有填充隔墙均应做至结构板底或梁底。

5.3.7 填充墙在不同材料连接处，应按构造配置拉接钢筋，具体详见结施；两种材料的墙体交接处，应根据墙面材料的材质，在做饰面前加钉或施工中加贴玻璃纤维布，防止裂缝。

5.4 墙体预留洞及其他。

(1) 钢筋混凝土墙上的预留洞、砌筑墙上的预留洞详见建施、结施和结构总说明。

(2) 门窗预留洞及其他墙上预留洞详见梁及结施。

(3) 混凝土墙预留洞的封堵见结施，其余砌筑墙预留洞除特别注明外，待设备安装完毕后，用C15细石混凝土填充。

(4) 预留洞在钢筋混凝土墙上预埋钢套管，在砌筑墙上预埋柔性套管，预留洞由室内向室外按1%坡设，具体位置见建施。

(5) 凡墙体、柱上尺寸洞宽度＜100时，用素混凝土与墙一起浇筑。

5.5 门洞和经常碰撞部位的阳角，除图注和装修采取保护措施外，一律用1:2水泥砂浆做护角，其高度不小于2000，每侧宽度不小于60，面粉刷同阳出墙面。

6. 屋面工程

6.1 屋面做法应符合下列规范规定。
《屋面工程技术规范》(GB 50345—2012)
《屋面工程质量验收规范》(GB 50207—2012)

6.2 屋面防水设计按Ⅱ级，采用一道防水设防。

6.3 屋面防水材料为3BAC自粘防水卷材一道，防水层应具有适应基层变形的能力，并应为环保、耐温、耐潮、无毒的材料。经建筑师和业主确认后方可使用。如需要变更防水材料的类型，需经建筑师和业主确认；保温隔热上人屋面材料采用70厚挤塑聚苯板等。

6.4 屋面均采用有组织排水，当相邻高屋面往低屋面有组织排水时，低屋面上受冲淋部位须加铺一层防水并在出口处加铺500×500宽C15(厚35)混凝土防护板，水落管采用Φ110UPVC管(明)(暗)敷设，接口严密，具体位置及屋面排水组织见平面图。

6.5 屋面天沟纵坡按1%设计，在水落斗周围500范围内坡度不小于5%，并应涂防水涂料或密实材料。

6.6 凡突出屋面的构件(女儿墙、变形缝、烟囱、管道等)与墙体连接处，以及天沟、屋脊等转角处，均做半径为50的圆角或钝角再做泛水。

6.7 屋面保温层与保温层之间须一隔汽层，隔汽层应整体连续，隔汽层与墙体垂直处应向上延伸，高出保温层150，并与防水黏结。

6.8 屋面防排水做法应由专业公司提供施工方案，并经建筑师审核后确定。

6.9 屋面具体做法。

(1) 各屋面具体做法详见建筑设计说明中建筑装饰装修材料做法表及平面标注。

(2) 所有与屋面相交的外墙均做泛水，做法参照国标11J930的第20页所示；另女儿墙泛水、压顶详国标11J930⑥⑦⑧及12J201⑭⑮。

(3) 天沟泛水参06J202⑩。

(4) 屋面透气管泛水参国标11J930第J30页。

(5) 所有雨篷均加铺10厚油膏。

(6) 平屋面分隔缝参国标11J930第J23页。

(7) 屋面保温层(气)出屋面做法参09ZJ908第14页。

(8) 屋顶与外墙交界处，屋顶开口部位四周的保温层，应采用宽度不小于500的A级保温材料设置水平防火隔离带。

(9) 坡屋面做法参10ZJ212⑯，坡屋顶瓦材与屋面基层应采取加强固定措施，用双股18号铜丝将瓦与钢挂瓦条绑牢。

7. 门窗工程

7.1 门窗立面形式、颜色、开启方式、门窗用料及门窗玻璃五金的选用参见工程详图并根据材料要求确定；门窗数量及门窗数量统计表，所有外门、外窗均采用铝合金框，门窗主要材料壁厚应经计算或试验确定，其门型材截面主要受力部位最小实测壁厚应不小于2，窗型材截面主要受力部位最小实测壁厚不小于1.4。门窗加工厂商参照门窗详图出深化设计构造详图，玻璃应由厂商提供样板，经设计单位及甲方确认后方可施工，施工时须核准出玻璃洞口尺寸及数量。玻璃厚度由厂家按风压计算后确定。

7.2 门窗立樘位置：外门窗立樘位置及墙身节点图中，未注明者居墙中，内门窗立樘位置除注明外，双向平开门立樘居墙中，单向平开立樘与开启方向墙面平。凸窗距窗台外沿边120立樘管道井、竖井门设门槛100高，窗立樘居墙中。

7.3 门窗玻璃的选用应遵照《建筑玻璃应用技术规程》(JGJ 113—2015)和《建筑安全玻璃管理规定》(发改[2003]2116号)及地方主管部门的有关规定。

7.4 建筑物1～33层的外窗及阳台外窗的水密性等级，不应低于现行国家标准《建筑外门窗气密、水密、抗风性检测方法》(GB/T 7106—2019)规定的6级；外窗及阳台外窗的气密性等级1～6层的建筑不应低于现行国家标准6级；7～33层的外窗及阳台外窗的气密性等级不应低于现行国家标准6级。

7.5 门窗平、立面均表示洞口尺寸，门窗加工尺寸要按照装修厚度由承包商调整。

7.6 门窗材质(见门窗表)，颜色(见门窗表)，卫生间采用磨砂玻璃，所有玻璃采用本色处理。

7.7 窗台高低于900的外墙，应设1100高(高度从可踏面算起)防护栏杆，具体见建施大样。

7.8 所有构件门均应设闭门器，而防火卷帘则应根据工程需要设置启闭装置，并应根据要求设置自动、手动和机械控制的功能。

7.9 底层及上人屋面处窗户均设防盗栅栏，外门装防盗锁，用户自理。

8. 室外装修及做法

8.1 建筑外墙装修如玻璃幕墙，应由专业公司进行幕墙专项设计并应经设计方认可。

8.2 外墙涂料墙面：适用于出屋面管室外部分墙面及出屋面机房外墙。

8.3 外装修设计和做法索引见各立面图及外墙详图。

8.4 采用设计的二次设计轻钢结构、装饰物等，经确认后，向建筑设计单位提供预埋件的二次设计要求。

8.5 外装修选用的各项材料其材质、规格、颜色等，均由施工单位提供样板，经建设和设计单位确认后施工，并据此验收。

地上部分施工说明2

9. 室内装修及做法

9.1 内装修应满足下列规范和要求。
《建筑内部装饰装修设计防火规范》(GB 50222—2017)
《建筑装饰装修工程质量验收标准》(GB 50210—2018)
《建筑内部装修防火施工及验收规范》(GB 50354—2005)
《民用建筑工程室内环境污染控制标准》(GB 50325—2020)
《建筑地面工程施工质量验收规范》(GB 50209—2010)
《建筑地面工程规范》(GB 50037—2013)

9.2 一般室内装修工程详见建筑材料做法一览表；特殊室内装修工程由建设单位委托有关装修公司另行设计，内装修选用各项材料，均由施工单位制作样板和选择，经确认后方可施工，并据此进行验收。

9.3 楼地面。

9.3.1 楼地面预留面层厚度。

9.3.2 公共卫生间完成面应比相邻楼地面低50，楼地面均须注意做好排水坡度，不得出现倒坡或局部积水，除特别注明外，排水坡度应不小于0.5%，并坡地面漏，地漏位置以给排水专业施工图为准；凡设有地漏的房间应找坡，超出装饰要求部分采用泡沫混凝土(容重600～700kg/m)垫出。

9.3.3 有水房间的楼地面应低于相邻房间或做挡水门槛，卫生间、浴室等有水房间的防水。
A. 楼地面防水层应做在找坡层上，并延伸至四周墙体边角，高出地面至墙坎顶。
B. 浴室地面防水层沿墙上翻至上层结构板底。
C. 楼地面及混凝土墙防水采用2厚聚合物水泥基防水涂料防水层，总用料量不低于2kg/m²。
D. 楼地面应坡向地漏方向，排水坡度不小于0.5%。

9.3.4 厕所在现浇钢筋混凝土楼地上刷30厚1:2.5水泥砂浆(内掺水泥质量10%的1191防腐剂)找平层至墙上延伸至墙面1800高，厕所地面设置隔离层，隔离层采用防水涂膜三道。

9.3.5 楼地面构造交接处和地坪高度变化处，除图中另有注明外均位于齐平开门开启面处。

9.3.6 排水地沟防水。
A. 设备机房排水地沟采用15厚1:2水泥砂浆掺5%防水剂。
B. 排水地沟采用2厚聚合物水泥基防水涂料防水层，总用料量不低于2kg/m²。

9.3.7 楼板部位楼板留洞四周或管线穿越部位均沿洞口设置150宽C20混凝土翻边止水挡至非降板结构楼板面。

9.4 内门窗。

9.4.1 内门窗要求见门窗立面大样图和门窗表，内门立面大样图仅表示开启方式或洞口尺寸，门的开启方向以平面图为准。二次装修部位的门尺寸、形式、料和数量参照二次装修设计确定。装修暗门材质及其具体做法应根据二次装修设计确定。

9.5 建筑阳角保护与防撞设施。

9.5.1 墙面、柱面、门窗、洞口和楼梯梁等室内全部阳角均做1:2水泥砂浆暗护角，宽度均为60。

9.5.2 轻钢龙骨石膏板隔墙阳角金属护角条，用小钉将其固定在石膏板阳角上，钉距≤300，在护角表面抹嵌缝石膏将金属护角条完全入膏中，使其不外露，嵌缝宽度上护角宽两边各30，待完全干硬后，用细砂纸打磨平整。

9.6 油漆及防腐。

9.6.1 木门、楼梯木扶手均漆树脂漆两遍，面色栗色，做法详赣03J00⑩。

9.6.2 所有预埋铁件均做二度防锈漆打底。

9.6.3 本工程中所有室外及潮湿环境内明露铁件、管道均应加热浸法镀锌保护，其余一律刷防锈木质漆两遍，调合漆罩面。除不锈钢及铝合金扶手和特别注明外，金属栏杆扶手刷防锈漆及底漆各一道，磁漆两遍，颜色另详。凡与砖(砌块或)混凝土接触的木材表面均应刷焦油聚氨酯防水漆膜，防潮、防腐处理禁用沥青类防腐剂。木门、框等均匀木构件和木板均应有预埋木构件和木洞内应做防腐处理(不得采用沥青类防腐剂)。

9.6.4 室内敞开楼梯应进行钢结构基层处理(钢材表面除锈、底漆、中间漆等)，具体要求见结施，亚光氟碳树脂漆面和面漆，厚度不小于60，或饰面漆应根据室内定。

9.6.5 各项油漆均由施工单位制作样板，经确认后封样，并据此验收。

9.6.6 室内装修所采用的油漆涂料见《建筑装饰装修材料做法表》。

9.7 其他。

9.7.1 厕所隔板按二次装修设计。

9.7.2 凡沉降缝、伸缩缝及其他隐蔽工程中遗留的杂物和垃圾必须清理干净。

备注栏

协作设计单位

建设单位　××县米厂

工程名称　××县米厂一办公楼

子项

图纸名称　建筑设计说明1

类别	实名	签名	日期
审定			
审核			
工程负责			
工种负责			
校对			
设计			
制图			

会签栏

建筑	电气
结构	暖通
给排水	工艺

盖章栏　未盖出图专用章无效

工程号

图别　建施

修改版次　2021.03　图号　02

1

10. 楼梯、设备工程

10.1 楼梯详见大样，楼梯水平段栏杆长度大于500时，其扶手净高应为1050。

10.2 卫生洁具、成品隔断由建设单位与设计单位商定，并应与施工图配合。

10.3 灯具影响美观的器具须经建设单位与设计单位确认样品后，方可批量加工、安装。

10.4 室内消火栓。

10.4.1 室内消火栓预留洞，洞顶设过梁，过梁形式见结施。

10.4.2 消火栓分布详见水施单项图。

10.4.3 一般嵌墙消防箱穿透墙体时，背后设置衬墙保护。衬墙厚度与做法同消防箱所在墙体。

11. 无障碍设计

11.1 本工程执行《无障碍设计规范》(GB 50763—2012)。

11.2 本工程建筑一层入口设有休息平台和缓坡，缓坡坡度为1:12。

11.3 无障碍通道宽度不小于1.2m。

11.4 内装饰材料应满足无障碍通行防护与防撞要求。

11.5 所有无障碍设施均设置国际通用无障碍标志。

12.安全防护设计

12.1 幕墙及门窗玻璃的安全使用应符合《玻璃幕墙工程技术规范》(JGJ 102—2003)、《建筑玻璃应用技术规程》(JGJ 113—2015)和《建筑安全玻璃管理规定》(发改[200]2116号)的要求。

12.2 以下部位的玻璃应使用安全玻璃7层及7层以上建筑外开窗，面积大于1.5m²的窗玻璃或玻璃底边离完成面小于500的落地窗；玻璃幕墙；天窗及雨篷；玻璃电梯井道；室内隔断、浴室围护和屏风；楼梯、阳台、平台走廊栏板和中庭栏板；出入口、门厅等部位；易遭受撞击、冲击而造成人体伤害的，如落地门、落地窗、落地玻璃隔断等部位。

12.3 玻璃厚度应根据使用部位、分隔尺寸等，由专业厂家经计算确定，并不低于下列要求：无框玻璃门应使用厚度不小于12的钢化玻璃；有框室内隔断玻璃应使用厚度不小于5的钢化玻璃或厚度不小于6.38的夹层玻璃；无框室内隔断玻璃应使用厚度不小于10的钢化玻璃。

12.4 有人员活动区域的透明玻璃应加设安全警示标记。

12.5 室外平台立面栏板采用316拉丝不锈钢立杆+夹胶钢化玻璃栏板，厚度≥16.76，净高不低于1100。

12.6 室内回廊、上人屋面、室外楼梯等临空处设置防护栏杆，净高不低于1050。

12.7 不承受水平荷载的栏板玻璃应使用公称厚度不小于5的钢化玻璃或公称厚度不小于6.38的夹层玻璃。承受水平荷载的栏板玻璃应使用公称厚度不小于12的钢化夹层玻璃或公称厚度不小于16.76的钢化夹层玻璃。当栏板玻璃最低点离一侧地面高度在3m或3m以上，5m或5m以下时，应使用公称厚度不小于16.76的钢化夹层玻璃。当栏板玻璃最低点离一侧楼地面高度大于5m时，不得使用承受水平荷载的栏板玻璃。

13.其他

13.1 施工单位应严格按施工图中所选用的国家和地方标准图集要求施工，未详尽处施工时应严格遵照国家和当地的有关规定和标准执行。若遇施工技术难点，施工单位应与设计院及甲方联系，共同解决问题。

13.2 总平面图上城市道路标高，用地红线定位均按市政测量控制坐标网中X轴和Y轴的坐标值定位，并复核总平面图上所注建筑距红线尺寸，待征得有关部门批准并经设计师确认后方可施工。

13.3 所有楼梯靠楼梯井一侧水平扶手长度大于500时，净高不得低于1050。

13.4 外围护各部位的百叶为防雨百叶，且均需内村不锈钢防虫网(20目)。

13.5 图中墙面、栏面、门窗洞口和楼梯梁等室内全部阳角均做1:2水泥砂浆护角，宽60，高2000(装有门窗套的洞口除外)。

13.6 内装饰及各处玻璃幕墙等需与有资质的专业公司配合施工的地方另详单项设计。

13.7 部分装修材料应进行选样，经建设、设计、施工、监理四方认可后方可施工。

13.8 未注明室外台阶平台外找坡为0.5%~1%。

13.9 所有女儿墙压顶板、窗台、线脚、雨篷等突出部位，均做滴水及流水线；未注明的素混凝土均为C20。

13.10 雨水管采用φ110UPVC管，空调冷凝水管采用φ50UPVC管，颜色与墙面相同，位置见平面图，做法详见水施。

13.11 两种材料的墙体交接处，应根据饰面材质在做饰面前加钉金属网或在施工中加贴玻璃丝网格布，防止裂缝。

13.12 建筑物四周设散水，见底层平面图(宽度按600)。

13.13 所有防护栏杆均应满足安全和牢固要求。

13.14 门窗过梁见结施。

13.15 屋顶空调机房设备均采取隔声减震措施。

13.16 剪力墙等部位的留洞详见结构和机电专业施工图。

13.17 本工程与其他设备专业预埋件、预留孔洞位置及尺寸详见各工种有关图纸，各有关专业工程如给排水、电气、空调、燃气、设备安装和土建等项目的施工程序必须密切配合，合理分配设计空间，核对标高。

13.18 图中所选用标准图中有对结构工种的预埋件、预留洞，如楼梯、平台钢栏杆、门窗、建筑配件等，本图所注的各种预留洞与预埋件应与各工种密切配合后，确认无误方可开凿，不得事后开凿。主体结构施工应查对有关各工种图纸的预埋管线、预留洞孔及预埋铁件，应现场复核；如与设计矛盾，应及时反馈到我院，对防水要求较高的水池、落水头、卫生间及厨房等，应按需要将有关零件预先埋入。

13.19 水管检修口、清扫口应按设备图纸在墙体、地面部位相应预留，检修门饰面同所在部位的墙面装饰。

13.20 本专业施工图需与其他专业密切配合施工，墙体、楼板上的预埋件和预留洞均应留全，一般应以先安装设备管道，后砌非承重墙的顺序施工。

13.21本工程所选材料均应符合环保标准。

13.22 所有主要材料、设备等均需经业主和设计确认后方可施工。所有饰面材料均应在施工前由供货商或总承包商现场做样后由业主及建筑师审定。

13.23 本工程设计文件如有不明之处，建设单位、施工单位与监理单位应立即通知设计单位；未经设计单位同意，不得擅自变更设计文件。

13.24 本工程施工及验收应严格执行国家现行的建筑安装工程施工及验收规范。施工中各工种应密切配合，有问题及时与设计单位协商解决。

13.25 本说明未详尽处应严格遵照国家现行施工验收规范执行。

14. 工程做法表

楼梯靠墙栏杆做法详见国标06J403—1⑭	无障碍坡道参见国标11J930⑭
护窗栏杆做法详见国标06J403—1⑭	排水暗沟参见04J701⑭
楼梯栏杆做法详见国标06J403—1⑭	不上人平屋面做法详见国标11J930⑭
楼梯踏步防滑条做法详见国标06J403—1⑭	上人平屋面做法详见国标11J930⑭
钢梯做法参见国标02J401—T5A12	女儿墙压顶做法详见国标11J930⑭
地面做法参见国标12J304⑭	泛水做法详见12J201⑭
楼面做法参见国标12J304⑭	屋面做法详见国标12J201⑭
室外踏步做法参见国标12J003⑭	屋面出入口做法详见国标12J201⑭
雨篷加铺10厚油膏，其余详见赣04J701⑭	屋面人孔做法详见12J201⑭
	屋面水落口详见07ZJ105⑭

15. 室内装修选用表

楼层	房间名称	楼地面	内墙面	踢脚	顶棚	备注
一~三层	除卫生间、楼梯间、公共走道外	楼2	内1	同地面	棚1	内装修做法仅供参考
	卫生间	楼3	内2		棚2	
	楼梯间	详楼梯大样说明	内3	同地面	棚3	
	公共走道	楼1	内3	同地面	棚3	

16. 附表

建筑装饰装修材料做法表

一、楼面做法	三、外墙	五、顶棚做法
楼1 高级地砖地面(适用于大厅)	填充墙与钢筋混凝土、柱交接处外墙加300宽钢丝网，当基层为钢筋混凝土时先刷一道素水泥浆，外墙外保温各节点做法详见07ZJ105相应节点位置做法	注：所有顶棚材料应为A级不燃烧材料
1 10厚铺地砖地面，干水泥擦缝(由装修公司设计)		棚1 刮瓷顶棚(适用于办公室、走道)
2 撒素水泥面、洒适量清水	注：外墙颜色由厂家提供样板待定	1 钢筋混凝土板
3 20厚1:3干硬性水泥砂浆结合层	外1 仿石漆涂料墙面(加保温)	2 素水泥浆一道(内掺建筑胶)
4 水泥浆一道(内掺建筑胶)	1 面层涂料+罩面涂膜 (适用于高层所有外墙，含阳台内墙)	3 水泥浆一道(内掺建筑胶)
5 结构楼板	2 柔性水腻子	4 刮白色腻子2遍
楼2 水泥砂浆楼面(适用于办公室、走道等)	3 4厚抗裂砂浆(压入一层加强型网格布)	棚2 适用于卫生间
1 20厚1:2.5水泥砂浆抹面压实赶光	4 AJ保湿砂浆(节能部分详节能说明)	1 刮一道素水泥浆
2 水泥浆一道(内掺建筑胶)	5 高分子界面剂	2 详见二次装修
3 AJ保温砂浆20厚找平保温层	6 外墙结构	
4 现浇钢筋混凝土楼板	7 刷内墙涂料(面层详不同部位内墙具体做法)	棚3 乳胶漆顶棚
楼面(适用于卫生间)	外3 主楼部分凸窗顶板	1 钢筋混凝土楼板
楼3	1 面层涂料+罩面涂膜	2 5厚1:3水泥砂浆打底
1 面层由业主自理	2 柔性水腻子	3 3厚1:2.5水泥砂浆罩面
2 20厚1:3水泥砂浆结合层	3 4厚抗裂砂浆(压入一层加强型网格布)	4 满刮2厚耐水腻子分遍找平
3 水泥焦渣填充垫层(以下沉式卫生间有此层)(业主自理)	4 AJ保湿砂浆(节能部分详节能说明)	5 乳胶涂料面层三道
4 1.5厚SPU聚氨酯防水涂料，遇墙翻起高度不小于300，前门外伸300	5 高分子界面剂	
5 15厚1:3水泥砂浆找平层	6 钢筋混凝土凸窗顶板	
6 水泥浆一道(内掺建筑胶)(业主自理)		
7 结构楼板		

二、屋面做法	四、内墙构造做法	六、踢脚做法
屋1 Ⅰ、Ⅱ级防水(15年)有隔热层不上人屋面(适用于楼梯间等屋面)(详国标1J930第J8页屋7做法)	内1 钢筋混凝土墙与砌块墙交界处钉钢丝网，网格宽20×20×1，300宽沿缝居中 水泥砂浆内墙(适用于管道井、二次装修房间内墙)	1 所有踢脚做法同相应地面
面层：60厚15~20卵石保护层 干铺无纺聚酯纤维堆布一层	1 8厚1:2.5水泥砂浆罩面，压光	2 详见二次装修
2 防水层：3厚BAC自粘防水卷材一层	2 12厚1:3水泥砂浆打底扫毛或划出纹道	
3 找平层：20厚1:3水泥砂浆找平抹光	3 墙体	
4 保温层：70厚挤塑聚苯板	内2 防水墙面(适用于卫生间)(注：饰面层由用户装修自理)	
5 合成高分子防水涂膜>1.2	1 腻子一道平，表面擦成细相同条纹	
6 基层处理剂一遍	2 5厚1:2.5水泥砂浆压光	
6 找坡层：粉煤灰陶粒混凝土(ρ=1100)找坡，平均厚度30，坡度2%	3 12厚1:3水泥砂浆找平拉毛(内掺水重3%的氯化铁防水剂)	
7 找平层：20厚1:3水泥砂浆找平抹光	4 墙体	
8 隔汽层：钢筋混凝土现浇屋面板，表面扫清干净	内3 乳胶漆墙面(适用于大堂、电梯厅)	
9 粉刷层：20厚水泥砂浆	1 白色乳胶漆三道	
	2 满刮腻子一道	
	3 5厚1:2.5水泥砂浆压光	
	4 12厚1:3水泥砂浆打底扫毛或划出纹道	
	5 墙体	
	备注：所有顶棚材料、AJ保温砂浆、粉煤灰陶粒混凝土等所有外墙保温材料均为A级不燃烧材料。	

备注栏

协作设计单位

建设单位 ××县米厂

工程名称 ××县米厂办公楼

子项

图纸名称 建筑设计说明2 建筑装饰装修材料做法表

类别	实名	签名	日期
审定			
审核			
工程负责			
工程负责			
校对			
设计			
制图			

会签栏
建筑		电气	
结构		暖通	
给排水		工艺	

盖章栏 未盖出图专用章无效

工程号		图别	建施
修改版次 2021.03		图号	03

2

建筑节能设计说明(公建)

一、设计依据
1. 《民用建筑热工设计规范》(GB 50176—2016)
2. 《公共建筑节能设计标准》(GB 50189—2015)
3. 《建筑外门窗气密、水密、抗风压性能检测方法》(GB/T 7106—2019)
4. 《建筑幕墙》(GB/T 21086—2007)
5. 其他相关标准、规范

二、建筑概况
建筑方位:北向 25.83 ° 结构类型:框架结构
建筑面积:884 m² 建筑层数:地上 3 层
建筑高度:地上 15.0 m

三、总平面设计节能措施
1. 总体布局:单排式
2. 朝向:25.83°
3. 间距:大于1:1.1h
4. 通风:自然通风
5. 绿地率

四、围护结构节能措施

1. 屋顶

简图	工程做法(从上往下)	传热系数K
(例)平屋面	1. 20厚水泥砂浆 2. 3厚BAC自粘防水卷材一道 3. 20厚水泥砂浆 4. 70厚挤塑聚苯板(ρ=25~32) 5. 30厚黏土陶粒混凝土(ρ=1600) 6. 100厚钢筋混凝土 7. 18厚石灰砂浆	设计传热系数K:0.47 规范要求传热系数K:0.5

2. 外墙

简图	工程做法(从外往里)	传热系数K
(例)外墙 外|内	1. 4厚抗裂砂浆 2. 30厚AJ保温砂浆 3. 200厚加气混凝土砌体 4. 18厚石灰砂浆	设计传热系数K:0.75 规范要求传热系数K:0.8

3. 底层接触室外空气的架空或外挑楼板

简图	工程做法(从上往下)	传热系数K
—	—	—

4. 地面

简图	工程做法(从上往下)	热阻R
(例)	1. 20厚水泥砂浆 2. 40厚C20细石混凝土(ρ=2300) 3. 60厚碎石、卵石混凝土(ρ=2300) 4. 600厚夯实黏土(ρ=1800)	设计传热热阻R:0.90 规范要求传热热阻R:1.20

5. 保温材料性能

材料名称	燃烧性能等级	导热系数/[W/(m·k)]	导热/蓄热修正系数	密度ρ/(kg/m³)	蓄热系数/[W/(m²·k)]
AJ保温砂浆	A级不燃	0.07	1.15	300	1.59
挤塑聚苯板	B1级	0.03	1.20	29	0.32

6. 外门窗(含透明幕墙)
(1) 外门窗(透明幕墙)汇总表。

类别	编号	门窗面积/m² 洞口面积	可开启面积	材料 框料	材料 玻璃	开启方式	传热系数K	遮阳系数SC	玻璃可见光透射比
外窗	东	0.00	0%	断热铝合金	LOW-E5+9A+5中空	推拉和平开	1.9	0.25	
	南	146.45	40%	断热铝合金	LOW-E5+9A+5中空	推拉和平开	1.9	0.25	
	西	0.00	0%	断热铝合金	LOW-E5+9A+5中空	推拉和平开	1.9	0.25	
	北	94.50	26%	断热铝合金	LOW-E5+9A+5中空	推拉和平开	1.9	0.25	
外门									

(外门窗汇总表-续)

类别	门窗编号	门窗洞口尺寸宽×高/mm×mm	樘数	单扇门窗面积/m² 门窗洞口面积	可开启面积	材料	开启方式	传热系数K	遮阳系数SC
透明幕墙									

右上部分

(2) 外门窗安装中,其门窗框与洞口之间均采用发泡填充剂堵塞,以避免形成冷桥。

(3) 外窗气密需达到GB/T 7106—2019规定的6级,透明幕墙的气密性需达到GB/T 7106—2019规定的3级。

(4) 以上所用各种材料,须在材料和安装工艺上把好关,并经过必要的抽样检测,方可正式制作安装。

7. 屋顶透明部分(天窗)

屋顶透明部分面积/m²	$\frac{屋顶透明部分面积}{屋顶总面积}×100\%$	材料	传热系数K	遮阳系数SC
0.00			—	—

五、节点大样做法(或图集索引编号)

设计部位	构造做法(或图集索引编号)
外墙	赣07ZJ105
檐口	赣07ZJ105
女儿墙	赣07ZJ105
外墙阴角、阳角	赣07ZJ105
外门窗洞口	赣07ZJ105
带窗套窗洞口	赣07ZJ105
挑窗洞口	赣07ZJ105
阳台	赣07ZJ105
雨篷	赣07Z710
空调机搁板	赣07ZJ105
水落管卡子、穿墙管	赣07ZJ105
装饰线、滴水线	赣07ZJ105
勒脚	赣07ZJ105
变形缝	赣07ZJ105

备注:其他部位的做法详见赣07ZJ105相关节点构造做法。

六、建筑节能设计汇总表

设计部位		规定性指标	计算数值	保温材料及节能措施	备注
屋顶	实体部分	$K≤0.5$	0.47	70厚挤塑聚苯板	
	透明部分	面积≤20% $K≤2.6$ $SC≤0.3$	面积=— $K=—$ $SC=—$		
外墙		$K≤0.8$	0.75	30厚AJ保温砂浆	
架空楼板		$K≤0.7$	—		
外挑楼板		$K≤0.7$	—		
地面		$R≥1.2$	0.90	水泥砂浆地面	
地下室外墙		$R≥1.2$			

单一朝向(外窗包括透明幕墙部分)	窗墙面积比	K	SC(东西南向/北向)	窗墙面积比	K	SC	可开启面积≥30%	可见光透射比≥0.4
	≤0.2	≤4.7						
	>0.2~≤0.3	≤3.5	≤0.55/—	东	0.00	—	—	—
	>0.3~≤0.4	≤3.0	≤0.50/0.60	西	0.00	—	—	—
	>0.4~≤0.5	≤2.8	≤0.45/0.55	南	0.40	1.90	0.25	0.30
	>0.5~≤0.7	≤2.5	≤0.40/0.40	北	0.26	1.90	0.25	0.30

气密性等级	外窗	≥6级	6	外窗材料 断热铝合金 LOW-E5mm+9A+5mm 中空玻璃窗
	透明幕墙	≥3级	—	

权衡判断	能源种类	设计建筑		参照建筑		节能率
		能耗	单位面积能耗	能耗	单位面积能耗	
	空调年耗电量	21.60		26.23		57.01%
	采暖年耗电量	8.34		8.59		
	总计	29.93		34.81		

注:K为传热系数[W/(m²·k)],R为热阻[(m²·k)/W],SC为遮阳系数。
能耗单位:kW·h,单位面积能耗单位:kW·h/m²。

备注栏

协作设计单位

建设单位
××县米厂

工程名称
××县米厂一办公楼

子项

图纸名称
建筑节能设计说明(公建)

类别	实名	签名	日期
审定			
审核			
工程负责			
工种负责			
校对			
设计			
制图			

会签栏

建筑	电气
结构	暖通
给排水	工艺

盖章栏 未盖出图专用章无效

工程号	图别	建施
修改版次 2021.03	图号	04

3

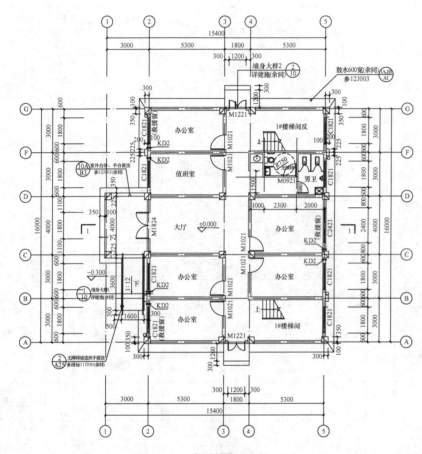

一层平面图 1:100
本层面积: 210.80m²
总建筑面积: 654.24m²

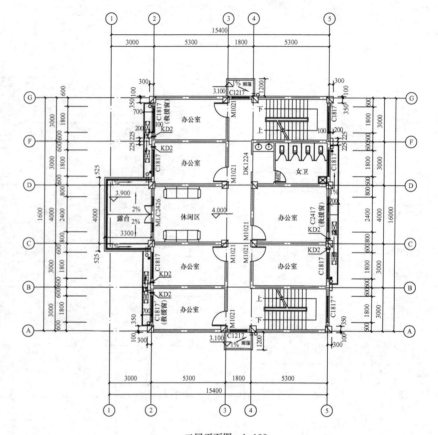

二层平面图 1:100
本层面积: 204.12m²

图例
■ 钢筋混凝土柱
▭ 200厚烧结多孔砖(非黏土烧结多孔砖墙)(外墙)
▭ 200厚加气混凝土砌块(内墙)
▭ 100厚加气混凝土砌块(内墙)
● 地漏
○ 雨水管
▣ 消火栓
▭ 空调室外机

附注:
1. 窗台低于0.80m,采取防护措施,具体做法详见大样(低窗台、凸窗等下部<450高能上人窗台面,栏杆高从台面算起,所有临空栏杆距相应楼地面100内不得留空)。
2. 卫生间结构板比同层下降50,卫生间向地漏或过水孔方向找坡1%,最薄处15厚,卫生间地漏位置详见水施。
3. 除注明外,其余门垛均为100或门居中。
4. 空调洞除特殊标注外均为洞中距墙边100,外墙所留空调洞向外倾斜5%,有立管的应避开立管。其中KD1为φ80空调预留孔洞,中心距地200,KD2为φ80空调预留孔洞,中心距地2300。
5. 各专业管线混凝土墙体预留洞详结施图,其他墙体预留洞详各专业图纸。
6. 所有外包水管需在距地1000处预留150×150的检修口。
7. 所有穿楼板及防火分区的管道井均采用防火封堵,耐火极限不小于3h。
8. 消火栓预留洞位置及尺寸详见水施。
9. 未注明线脚标注凸出墙面100。

北

备注栏

协作设计单位

建设单位 ××县米厂

工程名称 ××县米厂一办公楼

子项

图纸名称 一层平面图、二层平面图

类别	实名	签名	日期
审定			
审核			
工程负责			
工种负责			
校对			
设计			
制图			

会签栏

建筑		电气	
结构		暖通	
给排水		工艺	

盖章栏 未盖出图专用章无效

工程号		图别	建施
修改版次	2021.03	图号	05

4

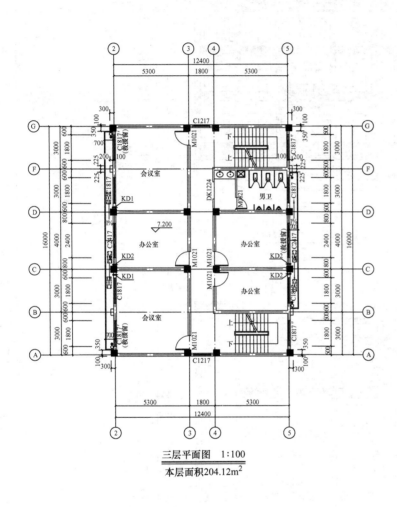

三层平面图 1:100
本层面积204.12m²

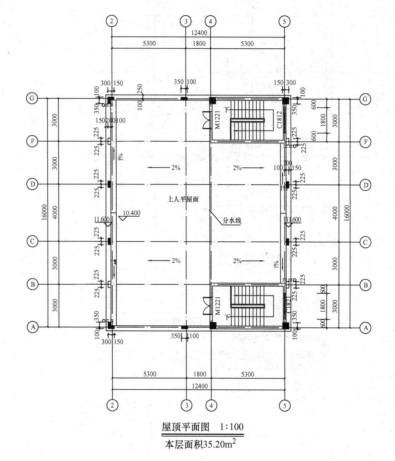

屋顶平面图 1:100
本层面积35.20m²

图例:
■ 钢筋混凝土柱
▭ 200厚烧结多孔砖(非黏土烧结多孔砖墙)(外墙)
▭ 200厚加气混凝土砌块(内墙)
▭ 100厚加气混凝土砌块(内墙)
• 地漏
○ 雨水管
▤ 消火栓
▥ 空调室外机

附注:
1. 窗台低于0.80m,采取防护措施,具体做法详见大样(低窗台、凸窗等下部<450高能上人窗台面,栏杆高从台面算起,所有临空栏杆距相应楼地面100内不得留空)。
2. 卫生间结构板比同层下降50,卫生间向地漏或过水孔方向找坡1%,最薄处15厚,卫生间地漏位置详见水施。
3. 除注明外,其余门垛均为100或门居中。
4. 空调洞除特殊标注外均为洞中距墙边100,外墙所留空调洞向外倾斜5%,有立管的应避开立管。其中KD1为φ80空调预留孔洞,中心距地200,KD2为φ80空调预留孔洞,中心距地2300。
5. 各专业管线混凝土墙体预留洞详结施图,其他墙体预留洞详各专业图纸。
6. 所有外包水管需在距地1000处预留150×150的检修口。
7. 所有穿楼板及防火分区的管道井均采用防火封堵,耐火极限不小于3h。
8. 消火栓预留洞位置及尺寸详见水施。
9. 未注明线脚标注凸出墙面100。

备注栏

协作设计单位

建设单位
××县米厂

工程名称
××县米厂—办公楼

子项

图纸名称
三层平面图、屋顶平面图

类别	实名	签名	日期
审定			
审核			
工程负责			
工种负责			
校对			
设计			
制图			

会签栏

建筑	电气
结构	暖通
给排水	工艺

盖章栏   未盖出图专用章无效

工程号		图别	建施
修改版次	2021.03	图号	06

5

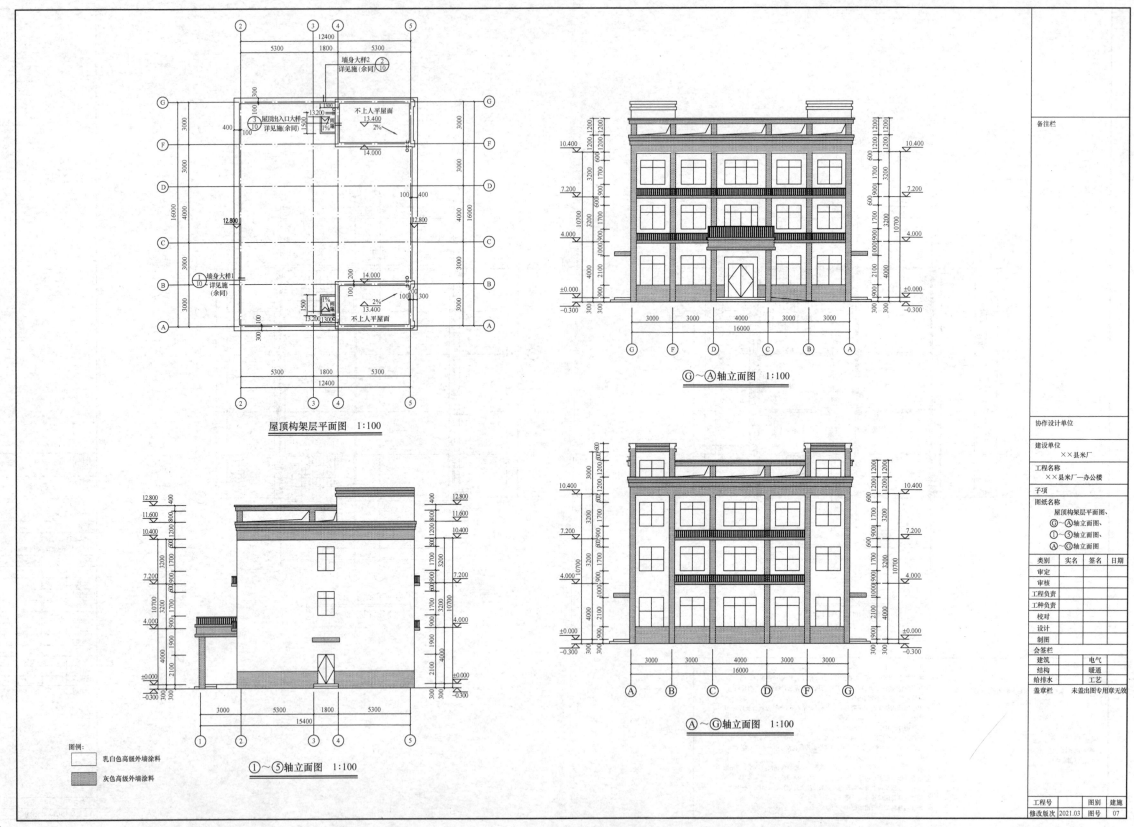

屋顶构架层平面图 1:100

G～A轴立面图 1:100

①～⑤轴立面图 1:100

A～G轴立面图 1:100

图例：
乳白色高级外墙涂料
灰色高级外墙涂料

协作设计单位

建设单位
××县米厂

工程名称
××县米厂一办公楼

子项

图纸名称
屋顶构架层平面图、
G～A轴立面图、
①～⑤轴立面图、
A～G轴立面图

类别	实名	签名	日期
审定			
审核			
工程负责			
工种负责			
校对			
设计			
制图			

会签栏
建筑		电气	
结构		暖通	
给排水		工艺	

盖章栏　未盖出图专用章无效

| 工程号 | | 图别 | 建施 |
| 修改版次 | 2021.03 | 图号 | 07 |

6

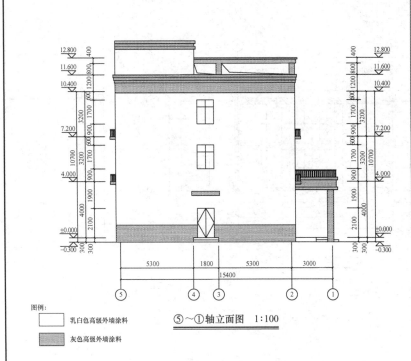

图例：

⬜ 乳白色高级外墙涂料

▨ 灰色高级外墙涂料

⑤～①轴立面图 1:100

门窗表

类型	设计编号	洞口尺寸/mm	数量	图集名称	选用型号	备注
普通门	M0821	800×2100	3			木质平开夹板门
	M0921	900×2100	1			
	M1021	1000×2100	17			
	M1221	1200×2100	4			
	M1824	1800×2400	1			防盗门
门联窗	MLC2426	2400×2600	1			
普通窗	C1217	1200×1700	4	参赣07J604	详大样	铝合金中空玻璃窗
	C1817	1800×1700	6			
	C1821	1800×2100	6			
	C2421	2400×2100	4			
楼梯间窗	C1812	1800×1200	2			
	C1821″	1800×2100	2			
	C1817″	1800×1700	4			
救援窗	C1817′	1800×1700	6			
	C2417′	2400×1700	3			
洞口	DK1224	1200×2200				

附注：
1. 所有窗台尺寸，数量均需实测核实后方可施工。
2. 铝合金门窗参赣07J604详图制作，主体竣工后门窗尺寸以实际丈量为准。
3. 门窗中所示均为洞口尺寸，加工制作时四周均预留25空隙，用专业发泡剂填塞空隙，在门窗框料与外墙接触处留10×5凹槽用耐候硅酮密封胶嵌缝。外墙颜色同铝合金型材颜色。
4. 大于1.5㎡的玻璃应采用安全玻璃；距楼地面1200以下均为安全玻璃。
5. 门窗的安全强度、气密性、水密性、隔声量等性能指标必须符合国家有关标准及所规定的技术性能质量等级和检验规则等要求。
6. 外门窗采用铝合金无色透明中空玻璃，玻璃厚度为LOW-E5+9A+5，铝合金型材采用深褐色。
7. 铝合金门窗设计依据《建筑玻璃应用技术规程》(JGJ 113—2015)、《建筑安全玻璃管理规定》(改发[2003]2016号)、《广东省铝合金门窗工程设计、施工及验收规范》(DBJ 15—30—2002)。
8. 护窗栏杆参国标06J403—1。
9. 铝合金推拉窗用于外墙时，必须按《广东省铝合金门窗工程设计、施工及验收规范》(DBJ15—30—2002)中4.10.3的规定采取防止窗扇在负风压下向室外脱落的装置，以及《建筑玻璃应用技术规程》(JGJ 113—2015)。
10. 所有门窗尺寸应准确核实无误后，方可下料施工。
11. 所有卫生间窗玻璃均为磨砂玻璃。
12. 救援窗口净高和净宽不应小于1.0m，间距不宜大于20m且每个防火分区不应少于2个，窗口玻璃应易于破碎，并应设置可在室外易于识别的明显标示。

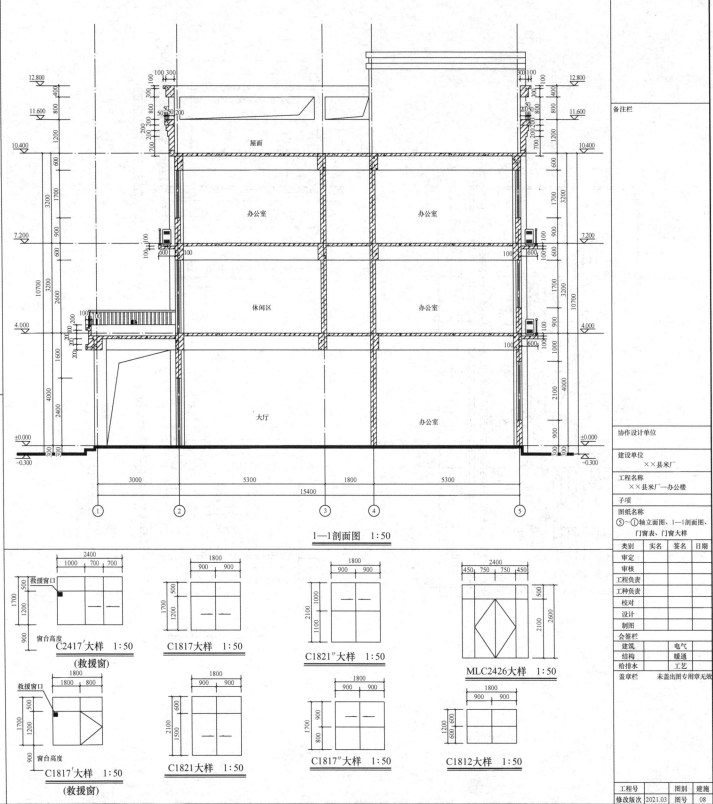

1—1剖面图 1:50

屋面

办公室

办公室

休闲区

办公室

大厅

办公室

C2417′大样 1:50（救援窗）

C1817大样 1:50

C1821″大样 1:50

MLC2426大样 1:50

C1817′大样 1:50（救援窗）

C1821大样 1:50

C1817″大样 1:50

C1812大样 1:50

备注栏

协作设计单位

建设单位 ××县米厂

工程名称 ××县米厂—办公楼

子项

图纸名称 ⑤～①轴立面图、1—1剖面图、门窗表、门窗大样

类别	实名	签名	日期
审定			
审核			
工程负责			
工种负责			
校对			
设计			
制图			

会签栏

建筑	电气
结构	暖通
给排水	工艺

盖章栏 未盖出图专用章无效

工程号		图别	建施
修改版次	2021.03	图号	08

7

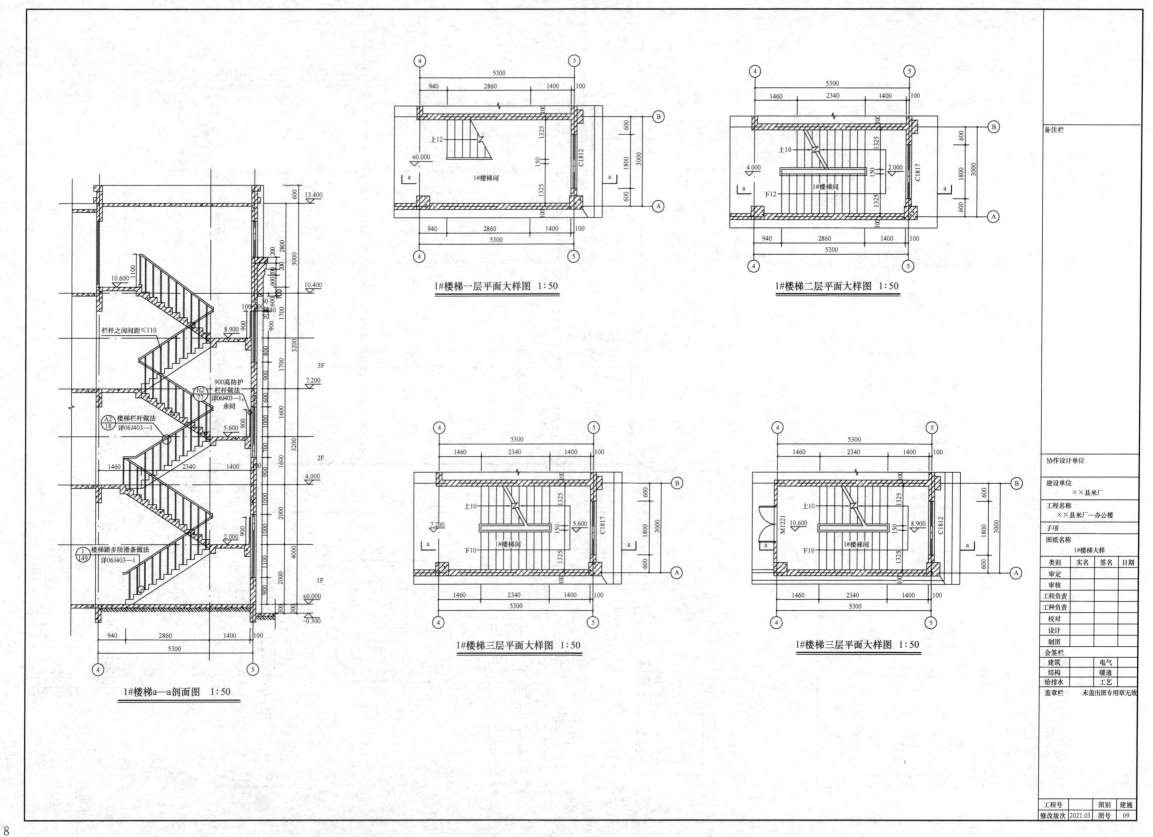

1#楼梯一层平面大样图 1:50

1#楼梯二层平面大样图 1:50

1#楼梯三层平面大样图 1:50

1#楼梯三层平面大样图 1:50

1#楼梯a—a剖面图 1:50

8

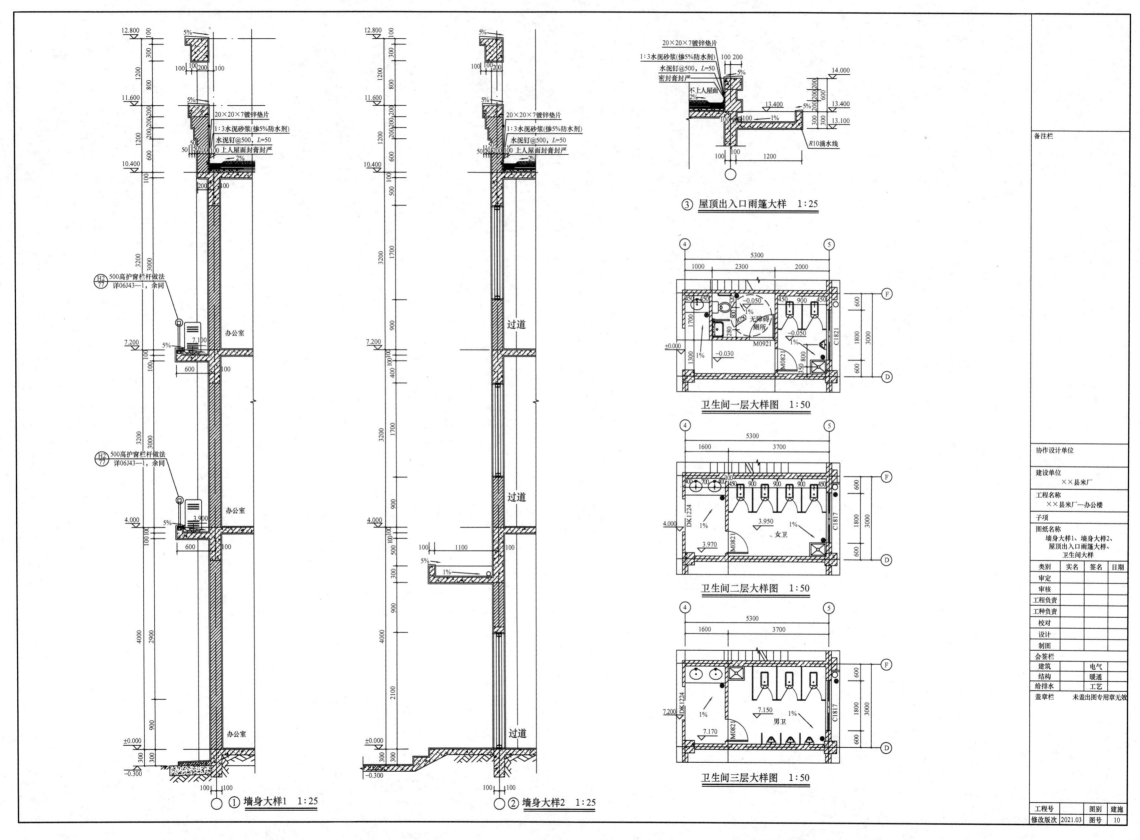

③ 屋顶出入口雨篷大样 1:25

卫生间一层大样图 1:50

卫生间二层大样图 1:50

卫生间三层大样图 1:50

① 墙身大样1 1:25

② 墙身大样2 1:25

备注栏

协作设计单位

建设单位
××县米厂

工程名称
××县米厂一办公楼

子项

图纸名称
墙身大样1、墙身大样2、
屋顶出入口雨篷大样、
卫生间大样

类别	实名	签名	日期
审定			
审核			
工程负责			
工种负责			
校对			
设计			
制图			

会签栏

建筑		电气	
结构		暖通	
给排水		工艺	

盖章栏 | 未盖出图专用章无效

工程号		图别	建施
修改版次	2021.03	图号	10

9

轮廓线上，点 C 在前半圆柱体的右半部分，点 D 在最右轮廓线上。分别过 a'、b'、c'、d' 向下作垂线，与前半圆周的左部交点为点 a，与圆周的最前部交点为 b，与前半圆周的右部交点为 c，与圆周的最右部交点为 d，且 a、b、c、d 均可见。将 a、b、c、d 用平滑的实曲线连接起来，即为该线段的 H 面投影，如图 3-24（b）所示。

再根据点的投影特征，可以作出 a''、b''、c''、d''，其中 a''、b'' 可见，c''、d'' 不可见，c''、d'' 应加上括号，如图 3-24（c）所示。a''、b'' 用实曲线连接，b''、c''、d'' 用虚曲线连接，$a''b''c''d''$ 即该线段的 W 面投影，如图 3-24（d）所示。

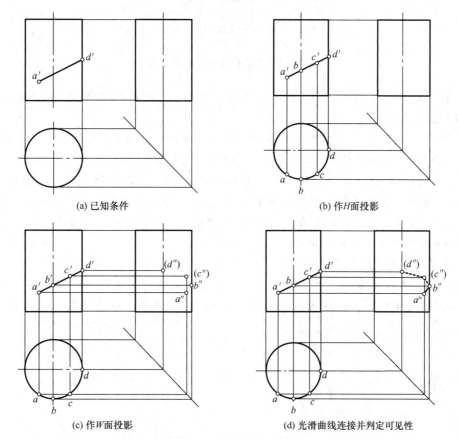

(a) 已知条件 (b) 作H面投影

(c) 作W面投影 (d) 光滑曲线连接并判定可见性

图 3-24 圆柱体表面的线段

2. 圆锥体表面上点和线的投影

圆锥体的三面投影图，为一个圆形和两个全等的三角形，且圆锥面无积聚性投影。因此，在圆锥体表面上点和线的投影作图通常有两种方法：素线法和纬圆法。

（1）素线法。素线法是用素线作为辅助线求圆锥体表面上点和线的投影的方法。

（2）纬圆法。纬圆法是用纬圆作为辅助线求回转体表面上点和线的投影的方法。

圆锥体母线绕着轴线，母线上任意一点随着母线转动，其转动轨迹是垂直于圆锥体轴线的圆，称为纬圆。纬圆的 H 面投影与圆锥底面的 H 面投影是同心圆，V 面和 W 面投影是平行于 OX 轴与 OY 轴的直线，线长是纬圆的直径。

【例 3-7】 如图 3-25 所示，已知圆锥体表面上的点 M 的 V 面投影，求它的另两面投影。

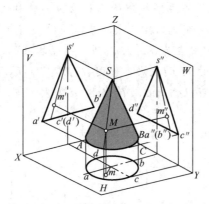

图 3-25　圆锥体表面上点的投影

【解】　如图 3-25 所示，由已知的投影点 m' 可知，空间点 M 在圆锥体的一般位置上，首先用素线法求解。

作图时，先过点 M 及锥顶 S 作一条素线 $S\text{I}$，求出素线 $S\text{I}$ 的各面投影，则点 M 的各面投影必在 $S\text{I}$ 的同面投影上，从而求出素线上点 M 的投影。

如图 3-26 (a) 所示，先过 s'、m' 作圆锥体表面上的素线，即连接 s'、m' 并延长，交底圆于 $1'$；再求出素线的 H 面投影 $s1$ 及 W 面投影 $s''1''$；最后，因点 M 的各面投影必在 $S\text{I}$ 的同面投影上，故求出点 M 的 H 面投影和 W 面投影，并判定可见性，由已知的 m' 可知点 M 在前半圆锥体的左半部分，故 m 可见，m'' 也可见。

点 M 的投影也可以采用纬圆法求得。

已知点 M 的 H 面投影，过点 M 作一平行于底面的纬圆，该圆的 V 面投影为过 m' 且平行于 $a'b'$ 的直线 $2'3'$，其 H 面投影为一直径等于 $2'3'$ 的圆，m 在圆周上，由此可求出 m、m''，如图 3-26 (b) 所示。

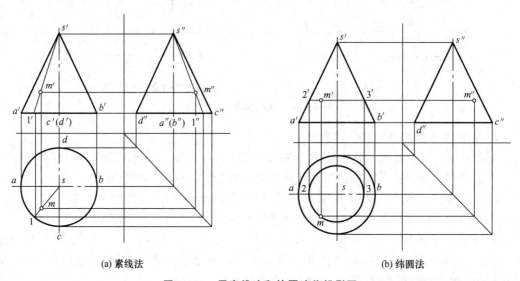

(a) 素线法　　　　　　　　　　　　　　　(b) 纬圆法

图 3-26　用素线法和纬圆法作投影图

【例 3-8】　如图 3-27 (a) 所示，求圆锥体表面上线段 AB 的 H 面和 W 面投影。

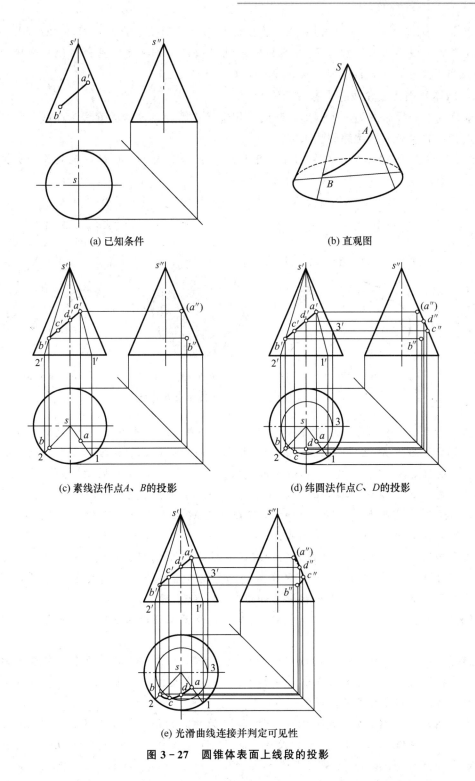

(a) 已知条件　　　　　　　　　　(b) 直观图

(c) 素线法作点A、B的投影　　　　(d) 纬圆法作点C、D的投影

(e) 光滑曲线连接并判定可见性

图 3 - 27　圆锥体表面上线段的投影

【解】　圆锥体表面上的线段除素线是直线外，其余均为曲线，因此线段 AB 是一条曲线，且该曲线跨越前半圆锥体的左半部分和右半部分，如图 3 - 27（b）所示。为了作图准确，在 AB 上另取点 C（中间点）、D（转折点，在最前轮廓线上），点 A、B 的投影用素

线法求出，如图 3-27（c）所示；点 C、D 的投影用纬圆法求出，如图 3-27（d）所示；再用光滑的曲线将 A、B、C、D 四点的同名投影相连，并判定可见性。这里线段 AD 的 W 面投影不可见，用虚线表示，如图 3-27（e）所示。

3. 球体表面上点和线的投影

球体的三面投影图为三个圆形，球面无积聚性投影，且球体的素线为曲线，因此其表面上点和线的投影只能用纬圆法求解。

【例 3-9】 如图 3-28（a）所示，已知球体表面上点 M、D 的一面投影，求另两面投影。

球体表面上的点和线的投影

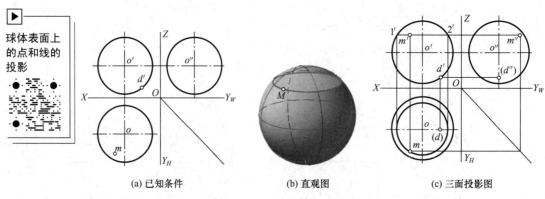

（a）已知条件 （b）直观图 （c）三面投影图

图 3-28 球体表面上点的投影

【解】 由已知条件得，点 M 在球体左前上方一般位置，如图 3-28（b）所示。作点 M 的投影时，过点 M 在球面上作一平行于投影面的辅助圆，点的投影必在辅助圆的同面投影上。这里过点 M 作平行于 H 面的水平圆，即在 H 面以 o 为圆心、om 为半径画圆；再作水平圆的 V 面投影，其 V 面投影为过 m' 且平行于 OX 轴的直线段 $1'2'$，过 m 向上作垂线，与 $1'2'$ 的交点为 m'。由已知的 m 可知，点 M 在上半球体的左前半部分，故 m' 可见；再根据 m 和 m' 求出 m''，m'' 也可见。

由已知的 d' 可知，点 D 在最右轮廓线的下方，过 d' 向下作垂线，垂线与水平中心线的交点即为 d，d 不可见；过 d' 向右作垂线，垂线与垂直中心线的交点即为 d''，d'' 不可见，球体表面上点 M、D 的三面投影图如图 3-28（c）所示。

【例 3-10】 如图 3-29（a）所示，已知球体表面上线段 AD 的 V 面投影，求另两面投影。

【解】 由已知条件可得，线段 AD 为曲线，且跨越前上半球体的左半部分和右半部分，作其投影时，利用纬圆法求出点 A、B、C、D 的投影，再将 A、B、C、D 四点的同名投影相连，并判定可见性。

点 A 在球面左前上方。过点 A 作平行于 V 面的正面圆，即在 V 面以 o' 为圆心，$o'a'$ 为半径画圆，再作出正面圆的 H 面投影，其 H 面投影为过 a' 且平行于 OX 轴的直线段 12，过 a' 向下作垂线，与 12 的交点为 a，a 可见，根据 a 和 a' 求出 a''，a'' 可见。由已知的 b' 可知，点 B 在最前轮廓线的上半部分，过 b' 向右作垂线，与右半圆周的交点即为 b''，b'' 可见；再根据 b' 和 b'' 可求得 b，b 也可见。作点 A、B 的投影，如图 3-29（b）所示。

点 C 也为一般位置点，在球面右前上方，需用纬圆法求解。过点 C 作平行于 V 面的

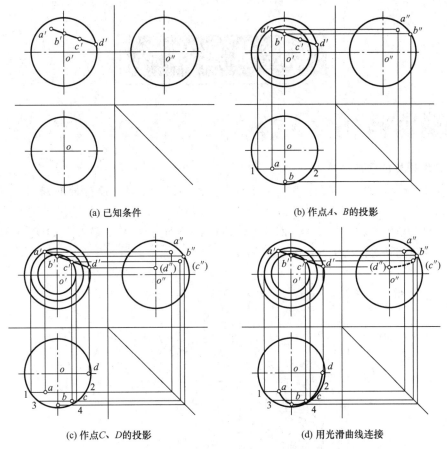

(a) 已知条件　　　　　　　　　　　　　(b) 作点A、B的投影

(c) 作点C、D的投影　　　　　　　　　　(d) 用光滑曲线连接

图 3 - 29　球体表面上线段的投影

正面圆，即以 o' 为圆心，$o'c'$ 为半径画圆，再作出正面圆的 H 面投影为直线段34，过 c' 向下作垂线与直线段34的交点为 c，c 可见。根据 c 和 c' 求出 c''，c'' 不可见。点 D 在最右轮廓线的上半部分上，过 d' 向右作垂线，与垂直中心线的交点即为 d''，d'' 不可见。根据 d' 和 d'' 可求得 d，d 可见。作点 C、D 的投影，如图 3 - 29（c）所示。

在 H 面投影中，a、b、c、d 均可见，最后将 a、b、c、d 用实曲线连接，实曲线 $abcd$ 即 AD 的 H 面投影；线段 AB 在左半部分，其在 W 面上可见，故将 a''、b'' 用实曲线连接；BCD 在右半部分，其在 W 面上不可见，故将 b''、c''、d'' 用虚曲线连接，$a''b''c''d''$ 即为 AD 的 W 面投影，如图 3 - 29（d）所示。

从作曲面体上的点和线的过程中可以看出，作图时应先分析点或线所在位置，再进行作图，同时应注意以下几点。

（1）如果点在曲面体特殊素线上，如在圆柱体、圆锥体、圆台体的四条特殊素线和球体的三个特殊圆周上，则按线上点作图。

（2）如果点不在特殊线上，则应用积聚性投影法（圆柱体）、素线法（圆锥体）、纬圆法（圆锥体、圆台体和球体）作图。

（3）如求曲面体上的线段，为了作图准确，应在曲线首尾点之间取若干点（一般至少应在特殊线上取一点或中间取一点），用光滑曲线连接起来，并判定可见性。

3.3　轴测投影

3.3.1　轴测投影的基本知识

1. 轴测投影的形成

轴测投影是将物体连同其参考直角坐标系，沿不平行于任一坐标面的方向，用平行投影法将其投射在一个投影面上所得到的图形，如图 3-30 所示。通常用 P 代表轴测投影面，形体的直角坐标轴 OX、OY、OZ 的轴测投影分别为 O_1X_1、O_1Y_1、O_1Z_1，称为轴测轴。相邻两轴测轴之间的夹角，称为轴间角。

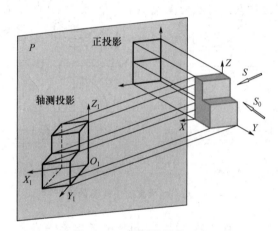

图 3-30　轴测投影的形成

2. 轴测投影的分类

在轴测投影中，投射方向 S 与形体的角度不同，得到的轴测投影图也不相同。根据投射方向是否垂直于轴测投影面，可将轴测投影分为两类。

（1）正轴测投影，即投射方向垂直于轴测投影面所形成的轴测投影，如图 3-31（a）所示。

（2）斜轴测投影，即投射方向倾斜于轴测投影面所形成的轴测投影，如图 3-31（b）所示。

3. 轴测投影的性质

由于空间直角坐标轴与轴测投影面 P 的角度不同，其投影长度也会随之变化。轴测轴上某段长度与它在空间直角坐标轴上的实际长度之比，称为该轴的轴向伸缩系数，OX、OY、OZ 轴的轴向伸缩系数分别为 $p=O_1X_1/OX$、$q=O_1Y_1/OY$、$r=O_1Z_1/OZ$。

轴测投影属于平行投影，所以其具有平行投影的所有特性，具体如下。

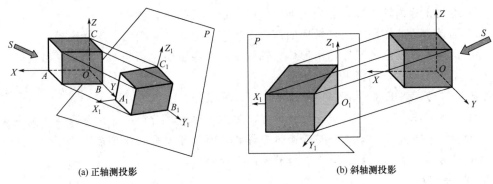

(a) 正轴测投影　　　　　　　　　　　(b) 斜轴测投影

图 3 - 31　轴测投影

（1）直线的轴测投影仍是直线。

（2）空间平行线段的轴测投影仍平行。

（3）空间平行于坐标轴的直线段的轴测投影仍与相应的轴测轴平行。

（4）空间两平行线段或同一直线上的两线段长度之比，在其轴测投影中保持不变。

3.3.2　正等测的画法

分别使空间形体的三个坐标轴与轴测投影面 P 的倾角均相等，且投射方向垂直于轴测投影面 P 所得到的投影为正等测轴测投影，简称正等测。由于三个坐标轴与轴测投影面 P 的倾角相等，它们的轴向伸缩系数也相等，经计算得：$p=q=r\approx0.82$，为作图方便，实际应用中常简化为 1，即与轴平行的线段按实际长度量取画出。

由于 OX、OY、OZ 轴与轴测投影面 P 的倾角相等，则三个轴间角也相等，即轴间角均为 $120°$。正等测轴测轴和正等测如图 3 - 32 所示。

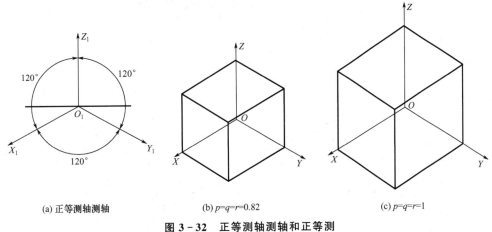

(a) 正等测轴测轴　　　　　　(b) $p=q=r=0.82$　　　　　　(c) $p=q=r=1$

图 3 - 32　正等测轴测轴和正等测

正等测的作图步骤如下。

（1）对形体的正投影图进行分析，并确定坐标原点的位置。为方便作图，通常将坐标原点设在形体顶面或底面的角点或对称中心点上。

（2）绘制正等测轴测轴，并确定轴向伸缩系数（用简化系数1）。

（3）选择合适的作图方法，常用的作图方法有叠加法、切割法、坐标法等。

（4）运用平行投影的特性作出形体在轴测轴上点和主要轮廓线的位置，画出底稿。

（5）检查无误后，加深可见的图线。

【例3-11】 作图3-33（a）所示形体的正等测。

【解】 通过三视图对形体进行分析，可以把该形体看作是由一长方体在左上角斜切去一个三棱柱，再在前上方切去一个六面体形成的，因此可以采用切割法。画图时，可先画出完整的长方体，再依次切去一个三棱柱和一个六面体。

作图步骤如下。

（1）确定坐标原点及坐标轴，如图3-33（a）所示。

（2）画出轴测轴，并按轴向伸缩系数均为1绘制出长方体的轴测图，然后根据图3-33（a）的正投影图尺寸标注数值切去左上角三棱柱，得到如图3-33（b）所示的形体。

（3）沿O_1Y_1轴量取10mm作平行于$X_1O_1Z_1$的平面，并由上往下切；沿O_1Z_1轴量取16mm作平行于$X_1O_1Y_1$的平面，并从前往后切，两平面相交切去一角，得到如图3-33（c）所示的形体。

（4）擦去多余图线，并加深可见图线，即得到形体的正等测，如图3-33（d）所示。

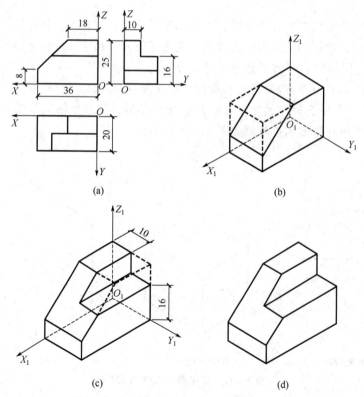

图3-33 切割法作正等测

【例3-12】 作图3-34（a）所示形体的正等测。

【解】 由三面投影图可以看出，该形体是混合式的形体，既有叠加，也有切割。组合方式是底部一个四棱柱，后上方是一个被切去一个三棱柱的四棱柱，右前上方与一个三棱柱组合。作图步骤如下。

（1）确定坐标原点及坐标轴，本题选择形体的右后下方为原点 O，如图3-34（a）所示。

（2）画轴测轴，根据正投影，采用 $p=q=r=1$ 作出底部四棱柱的轴测图，如图3-34（b）所示。

（3）作出后上方的四棱柱，并切去左上方的三棱柱，如图3-34（c）所示。

（4）作出右前上方的三棱柱，擦去不可见图线，加深可见图线，即得到形体的正等测，如图3-34（d）所示。

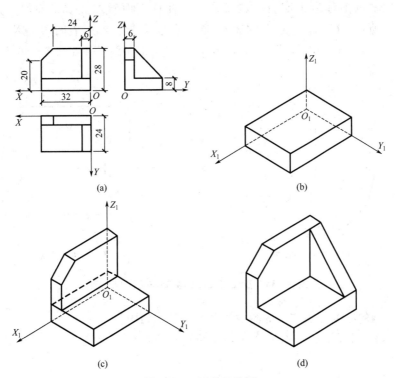

图3-34 形体正等测

【例3-13】 作如图3-35（a）所示圆柱体的正等测。

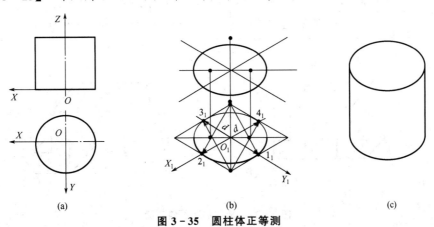

图3-35 圆柱体正等测

【解】 （1）作轴测轴，并用四心圆法作出顶圆和底圆的正等测，即两个近似椭圆，如图 3-35（b）所示。

（2）作两个近似椭圆的左右公切线，擦去底圆不可见的部分，即得到圆柱体正等测，如图 3-35（c）所示。

3.3.3　正面斜二测的画法

将形体的 XOZ 坐标面平行于轴测投影面，然后用倾斜的投射线向轴测投影面进行投影，所得到的轴测图称为正面斜二测轴测图，简称正面斜二测。正面斜二测轴测轴如图 3-36（a）所示，$O_1 X_1$、$O_1 Z_1$ 的轴向伸缩系数均为 1，其轴间角 $\angle X_1 O_1 Z_1 = 90°$，$\angle X_1 O_1 Y_1 = \angle Y_1 O_1 Z_1 = 135°$，即 $p = r = 1$，$q = 0.5$。正面斜二测如图 3-36（b）所示。

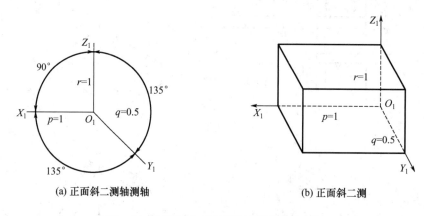

(a) 正面斜二测轴测轴　　　　　　　　(b) 正面斜二测

图 3-36　正面斜二测轴测轴与正面斜二测

正面斜二测的绘制方法与正等测的绘制方法基本相同。

【例 3-14】 作图 3-37（a）所示形体的正面斜二测。

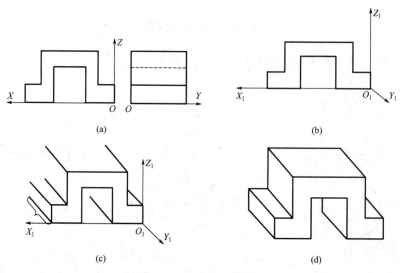

图 3-37　形体的正面斜二测

【解】 （1）画出轴测轴，画出形体的正面实形投影，如图 3-37（b）所示。

（2）作侧棱线，过各顶点作 O_1Y_1 的平行线，并量取宽度实长的 1/2，如图 3-37（c）所示。

（3）将相邻顶点相连，绘制出形体的轴测图，并加深可见图线，即得形体的正面斜二测，如图 3-37（d）所示。

3.4 组合体的投影

本节主要介绍组合体投影图的画法和识读。

3.4.1 组合体投影图的画法

1. 组合体的组合方式

组合体是由基本体组合而成的，一般有以下几种组合方式。

（1）叠加式。

叠加式是由若干个基本体叠加组成组合体的组合方式，且叠合面是基本体的自然表面，相邻表面间不另外产生交线，如图 3-38（a）所示。

（2）切割式。

切割式是由平面或曲面切割基本体或组合体而产生形体的组合方式，如图 3-38（b）所示。

（3）混合式。

混合式是叠加式和切割式组合而产生形体的组合方式，如图 3-38（c）所示。

▶ 组合体投影图的画法

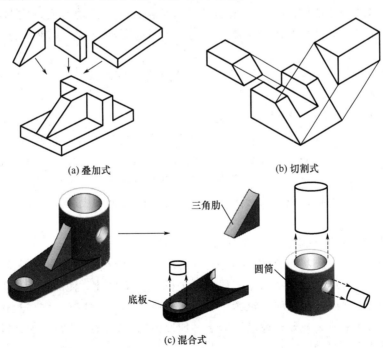

(a) 叠加式　　　　　　　　　　(b) 切割式

三角肋

圆筒

底板

(c) 混合式

图 3-38 组合方式

2. 组合体投影图的作图步骤

作组合体投影时，通常先对组合体进行形体分析，然后选择主视方向（即选择正立面图的投射方向），接着选择适当的比例和图幅，作组合体的投影图，最后检查及加深图线。

（1）形体分析。

对如图 3-39（a）所示的肋式杯形基础进行形体分析：它是混合式的组合体，杯形基础底板是四棱柱，中间杯口是挖去一个楔形块的四棱柱，四周是六个梯形块，如图 3-39（b）所示。

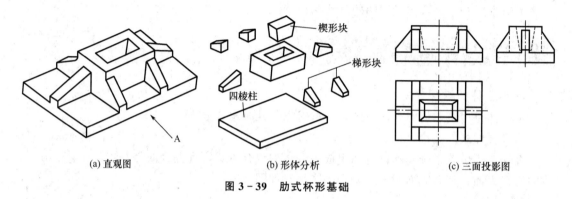

| (a) 直观图 | (b) 形体分析 | (c) 三面投影图 |

图 3-39　肋式杯形基础

（2）选择主视方向。

在组图前，需选择组合体的主视方向，以便清晰、完整地反映形体。主视方向选择的原则如下。

① 符合平稳原则。

组合体在投影体系中的位置，应重心平稳，符合日常的视觉习惯及构图的平稳原则。如图 3-39 所示的肋式杯形基础，其体位平稳，且底座均与 H 面、V 面平行，反映实形。

② 符合工作位置。

在作有些组合体的投影时，应使其符合正常的工作位置，以利于理解，如图 3-39 所示的肋式杯形基础。

③ 主视方向尽可能不出现或少出现虚线。

组合体的主视方向很多，但最好选择不出现或者少出现虚线的投射方向为主视方向，以便于识图。如图 3-40（a）所示组合体，分别选择 A、B 方向作为主视方向，其投影图分别如图 3-40（b）和图 3-40（c）所示，B 向视图中有虚线，选择 B 向视图作为主视图会增加识图难度，且不符合我们的看图习惯，故这里选 A 向视图作为主视图，便于识图和充分利用图纸。

④ 主视方向尽可能多地反映组合体的形状特征。

组合体的主视方向应尽可能多地反映组合体的形状特征，使主视方向的投影反映实形。通常我们把组合体上特征最明显的那个面平行于 V 面摆放，使其正面投影反映特征轮廓。建筑物的正立面图一般反映建筑物主要出入口所在墙面的情况，以表达建筑物的造型及风格。对于抽象形体，一般将最能区别于其他形体的那个面的投影作为特征投影，如三棱柱的三角形 W 面投影等。

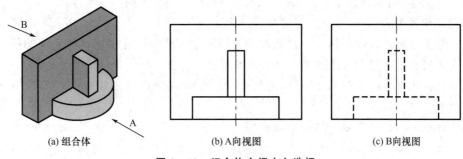

(a) 组合体   (b) A向视图   (c) B向视图

图 3-40 组合体主视方向选择

（3）选择适当的比例和图幅。

为了作图和读图方便，最好采用 1：1 的比例绘制。但工程物有大有小，有时无法按实际尺寸作图，这时可以根据实物大小及形体复杂程度，选择适当的比例，再根据选定的比例选用合理的图幅。

（4）作组合体的投影图。

作组合体的投影图的一般步骤如下。

① 作出各投影图的中心线和基准线。

② 按形体分析，逐个绘制出三面投影图。

需要注意的是，有些组合体的基本体之间的位置关系为平齐或相切时，其分界处是不应画线的，如图 3-41 所示。

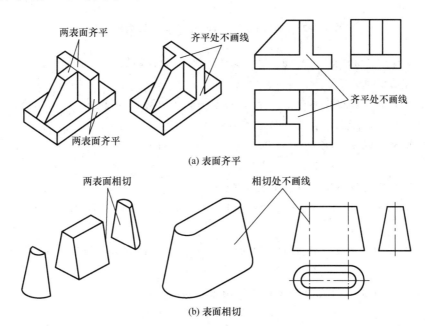

(a) 表面齐平

(b) 表面相切

图 3-41 组合体表面齐平与相切

（5）检查及加深图线。

经检查修正底稿无误后，擦去多余线条，加深可见轮廓线。肋式杯形基础的三面投影图如图 3-39（c）所示。

【例3-15】 作出如图3-40（a）所示组合体的三面投影图。

【解】 作图步骤如下。

（1）形体分析。该组合体可分解成后方为一个大四棱柱，前方正中位置放置一个与底面齐平的半圆柱，半圆柱正上方为一个小四棱柱。

（2）选择主视方向。如图3-40（a）所示，选择A方向为主视方向，A方向为正立面投影方向。

（3）作组合体的投影图。具体步骤如下。

① 作出基准线，并按1∶1的比例绘制出后方四棱柱的三面投影图，如图3-42（a）所示。

② 叠加前方的半圆柱，绘制出其三面投影图，如图3-42（b）所示。

③ 叠加小四棱柱，绘制出其三面投影图，经检查无误后，加深图线，如图3-42（c）所示。

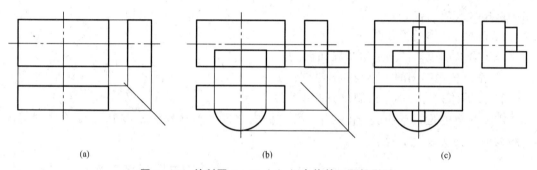

（a）   （b）   （c）

图3-42 绘制图3-40（a）组合体的三面投影图

【例3-16】 作出图3-43（a）所示组合体的三面投影图。

【解】 作图步骤如下。

（1）形体分析。该组合体可分解成下方为一个被切割的四棱柱，后上方叠加一个切去一个圆柱的四棱柱，后上方左右两边各叠加一个三棱柱。

（2）选择主视方向。主视方向如图3-43（a）所示，其中箭头指向为正立面投影方向。

（3）作组合体的投影图。具体作图步骤如下。

① 画出基准线，并按1∶1的比例绘制出下方切去一个四棱柱的形体的三面投影图，如图3-43（b）所示。

② 叠加后上方的切去一个圆柱的四棱柱，先绘制V面投影，然后绘制H面、W面投影，如图3-43（c）所示。

③ 叠加后上方左右两边的三棱柱，绘制出三面投影图。

④ 检查底稿无误后，加深图线，如图3-43（d）所示。

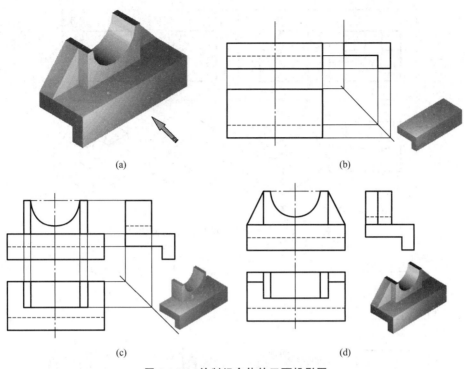

(a)

(b)

(c)

(d)

图 3 - 43 绘制组合体的三面投影图

3.4.2 组合体投影图的识读

识读组合体投影图，就是根据所画出的三面投影图，运用投影规律和制图规则，综合三面投影图表达的信息，想象出组合体的空间形状。识读组合体投影图可以为识读建筑工程图打下良好基础。

组合体投影图的识读

1. 识图要点

(1) 三面投影图联系起来看。

在识图时，一个投影图可以表达多种形体，两个投影图有时也不能唯一确定组合体的形状、大小及方位，如图 3 - 44 所示。因此需要将三面投影图联系起来看，利用投影特点和"三等关系"找出各图的内在联系及对应关系。

(2) 找出特征投影。

能使一形体区别于其他形体的投影，称为特征投影。识图时找出特征投影，有助于想象组合体的形状。如图 3 - 45 所示的 W 面投影，均为各自形体的特征投影。

(3) 分析图线和线框的意义。

在识图时，应分析投影图中图线及线框的意义（如平行、积聚或者倾斜）。

① 投影图中的一条直线，通常可以表示一条棱线、一个平面或者曲面体的转向轮廓线。

② 投影图中的一个线框，则可以表示一个平面的实形或相仿投影，也可以表示一个曲面，或者表示形体上的孔、洞、突出物的投影。

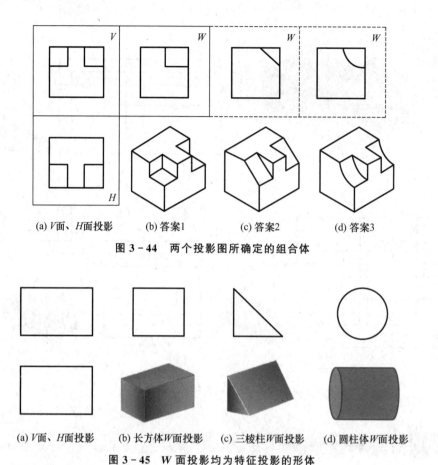

(a) V面、H面投影　　(b) 答案1　　(c) 答案2　　(d) 答案3

图 3 - 44　两个投影图所确定的组合体

(a) V面、H面投影　　(b) 长方体W面投影　　(c) 三棱柱W面投影　　(d) 圆柱体W面投影

图 3 - 45　W 面投影均为特征投影的形体

③ 投影图中的一个封闭线框，一般情况下表示一个面的投影，线框套线框，则可能有一个面是凸出的、凹下的、倾斜的，或者是通孔，如图 3 - 46 所示。

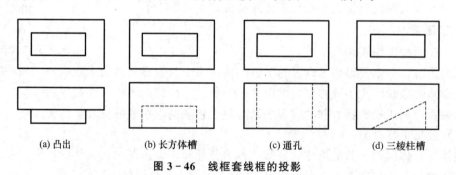

(a) 凸出　　　　(b) 长方体槽　　　　(c) 通孔　　　　(d) 三棱柱槽

图 3 - 46　线框套线框的投影

④ 两个线框相连，表示两个面前后（高低、左右）不平或相交，如图 3 - 47 所示。

如图 3 - 48 所示的两个组合体，其投影图中图线和线框的意义如下：图线①、②分别表示圆台和圆柱的转向轮廓线，③表示棱线，④表示底面正六边形的投影；线框⑤、⑥表示棱面的投影，⑦表示圆柱面的投影，⑧表示组合体上的一个通孔，⑨表示组合体上凸出的长方体。

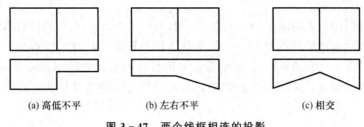

(a) 高低不平　　　　(b) 左右不平　　　　(c) 相交

图 3 - 47　两个线框相连的投影

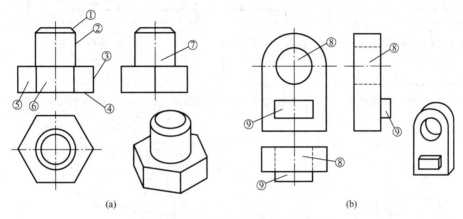

(a)　　　　　　　　　　　　　　(b)

图 3 - 48　投影图中图线和线框的意义

（4）注意虚实变化。

在识图过程中，须注意投影图中的虚实变化，区分不同的组合体。如图 3 - 49 所示，虽然三面投影图基本相同，但由于 V 面投影中虚实线不同，从而得出两种不同的组合体。

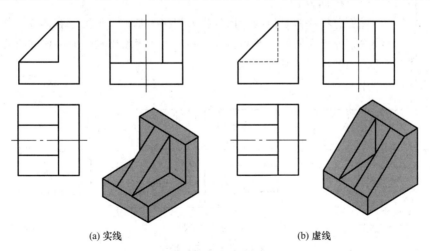

(a) 实线　　　　　　　　　　　(b) 虚线

图 3 - 49　虚实线不同得到的两种组合体

2. 识图方法

组合体投影图的识图方法主要包括形体分析法和线面分析法。

（1）形体分析法。

所谓形体分析法，就是通过对组合体几个投影图的对比，先找到特征投影，然后根据投影图中的每一个封闭线框都代表一个简单基本体的投影，将特征投影分解成若干个封闭线框，按"三等关系"找出每一个线框所对应的其他投影，并构思出每个基本体的形状；最后把基本体拼装起来，去掉重复的部分，构思出组合体的整体形状，如图 3-50 所示。

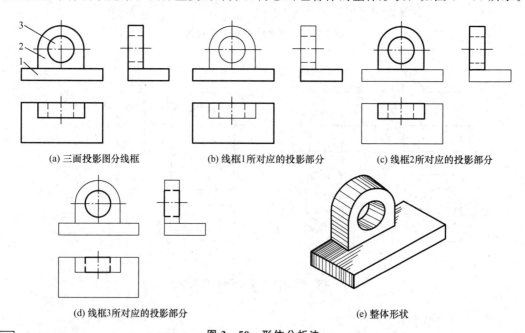

(a) 三面投影图分线框　　　(b) 线框1所对应的投影部分　　　(c) 线框2所对应的投影部分

(d) 线框3所对应的投影部分　　　　　　(e) 整体形状

图 3-50　形体分析法

线面分析法
识图

（2）线面分析法。

线面分析法就是以线、面的投影规律为基础，根据组合体投影的某些图线和线框，分析它们的形状和相互位置，从而想象出被它们围成的组合体的整体形状，如图 3-51 所示。

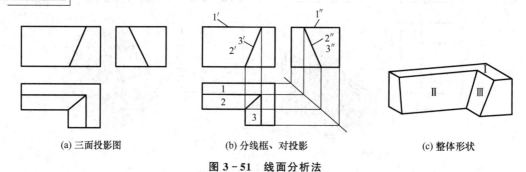

(a) 三面投影图　　　　　(b) 分线框、对投影　　　　　(c) 整体形状

图 3-51　线面分析法

线面分析法和形体分析法是有联系的，不能截然分开。对于比较复杂的组合体，先用形体分析法获得组合体的大致形象之后，再针对不清楚的地方，对每一条图线和每一个封闭线框加以分析，从而明确该部分的形状，弥补形体分析的不足。这是以形体分析法为

主，结合线面分析法，综合分析得出组合体全貌的方法。

3. 识图步骤

组合体的识图步骤简述如下。

(1) 认识投影并进行形体分析。

(2) 根据形体投影图构思其空间形状。

(3) 根据形体分析思路作图。

(4) 检查并加深图线。

【例 3 - 17】 组合体三面投影图如图 3 - 52（a）所示，构思其空间形状，并画出轴测图。

【解】 采用形体分析法识图，将图 3 - 52（a）的三面投影图按线框分解成 A、B、C、D 四个部分，如图 3 - 52（b）所示。由三面投影图可以判定：A 和 C 为三棱柱侧板，分别在两侧上方；B 为挖去一个半圆柱的四棱柱，在形体上方、A 和 C 的中间；D 为挖去两个小圆柱的 L 字形底板；A、B、C、D 后侧齐平。形体组合后的轴测图如图 3 - 52（c）所示。

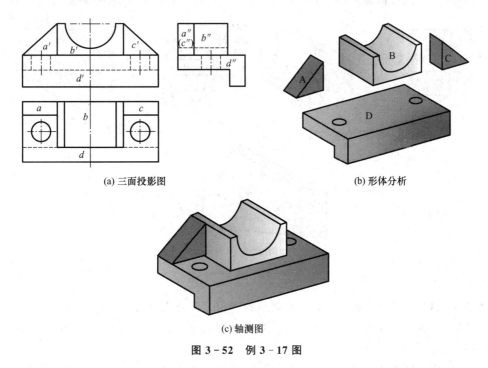

(a) 三面投影图　　　　　　　　　　(b) 形体分析

(c) 轴测图

图 3 - 52　例 3 - 17 图

【例 3 - 18】 组合体三面投影图如图 3 - 53（a）所示，构思其空间形状，并画出轴测图。

【解】 观察组合体三面投影图，可采用线面分析法识图。

将三面投影图分线框，并分别找出它们在另两个投影面对应的投影，如图 3 - 53（b）所示。根据平面的投影特征可知，线框 A 为铅垂面，线框 B 为侧垂面，线框 C 为正平面，线框 D 为水平面，线框 E 为水平面，投影如图 3 - 53（c）～图 3 - 53（g）所示。

由以上分析可知，该组合体的原始形状为一四棱柱，依次由 A、B、E 平面切割而成，轴测图如图 3 - 53（h）所示。

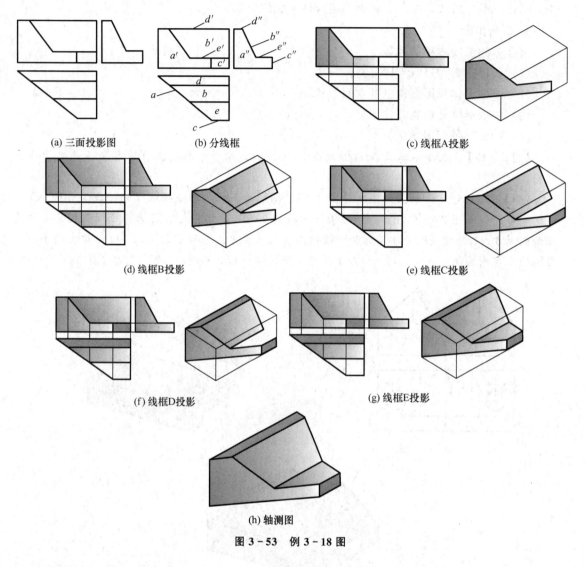

(a) 三面投影图　　(b) 分线框　　(c) 线框A投影

(d) 线框B投影　　　　　　(e) 线框C投影

(f) 线框D投影　　　　　　(g) 线框E投影

(h) 轴测图

图 3-53　例 3-18 图

【例 3-19】　识读如图 3-54（a）所示投影图，并补充 W 面投影。

【解】　本题的解题步骤为：先由已知的投影图想象出组合体的空间形状，再根据组合体绘制 W 面投影。

由已知的投影图可以看出，组合体是由一个 L 字形体和一个四棱柱叠加一半圆柱组合而成的，如图 3-54（b）所示，得到轴测图如图 3-54（c）所示。根据轴测图绘制出组合体的 W 面投影，补出 W 面投影后的三面投影图如图 3-54（d）所示。

【例 3-20】　已知一房屋的两面投影如图 3-55（a）所示，补充房屋的 H 面投影。

【解】　采用形体分析法识图，先由已知的投影图想象出房屋的空间形状，得到直观图如图 3-55（b）所示，再根据空间形状绘制 H 面投影，补出 H 面投影后的三面投影图如图 3-55（c）所示。

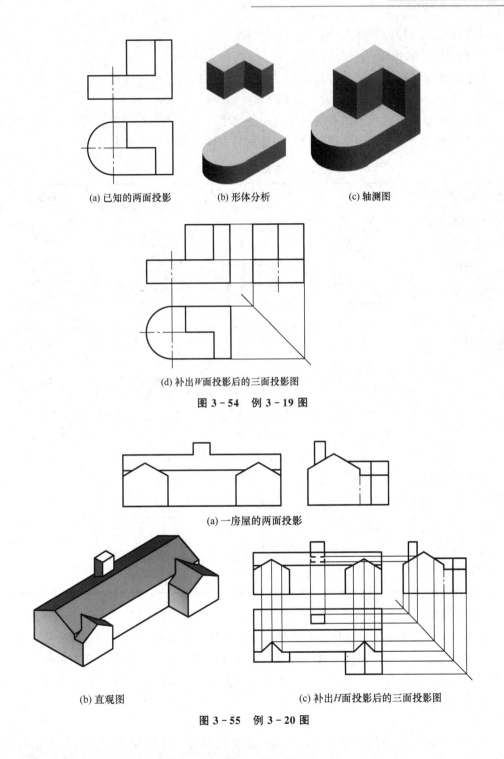

(a) 已知的两面投影　(b) 形体分析　(c) 轴测图

(d) 补出W面投影后的三面投影图

图 3-54　例 3-19 图

(a) 一房屋的两面投影

(b) 直观图

(c) 补出H面投影后的三面投影图

图 3-55　例 3-20 图

3.4.3　组合体投影图的尺寸标注

在实际工程中，没有尺寸的图纸是不能用于生产和施工的。组合体投影图也应标注尺寸，才能确定组合体的实际大小。

1. 尺寸标注的组成

组合体的尺寸标注由三部分组成：定形尺寸、定位尺寸和总体尺寸。

（1）定形尺寸。

定形尺寸是确定组合体中各基本体大小的尺寸。平面体的长、宽、高的尺寸，以及回转体的直径和高的尺寸，均是定形尺寸。常见基本体的定形尺寸见表3-1。

表3-1　常见基本体的定形尺寸

基本体	三棱柱	四棱柱	六棱柱	四棱锥
定形尺寸				

基本体	四棱台	圆柱体	圆锥体	圆球体
定形尺寸				

基本体	半球体	圆台体		
定形尺寸				

（2）定位尺寸。

定位尺寸是用来确定组合体各基本体之间相对位置的尺寸。在标注定位尺寸之前，需要确定尺寸基准。组合体的尺寸基准一般选择其对称平面、主要组成部分的轴线、主要的端面、底面等。组合体在长、宽、高三个方向都有一个主要的尺寸基准，必要时，在某个方向可设两个以上尺寸基准。

（3）总体尺寸。

总体尺寸是确定组合体的总长、总宽、总高的尺寸，用来描述该组合体所占空间的大小。

2. 尺寸标注的步骤

尺寸标注之前也需要对组合体进行形体分析。组合体投影图尺寸标注的步骤如下。

（1）在形体分析的基础上，确定组合体长、宽、高三个方向的主要尺寸基准。

（2）标注各基本体的定形尺寸。

（3）标注定位尺寸。

（4）标注总体尺寸，完成组合体投影图的尺寸标注。

由于组合体形态变化多，定形尺寸、定位尺寸和总体尺寸有时可以兼代。

【例3-21】 标注图3-56（a）所示组合体投影图的尺寸。

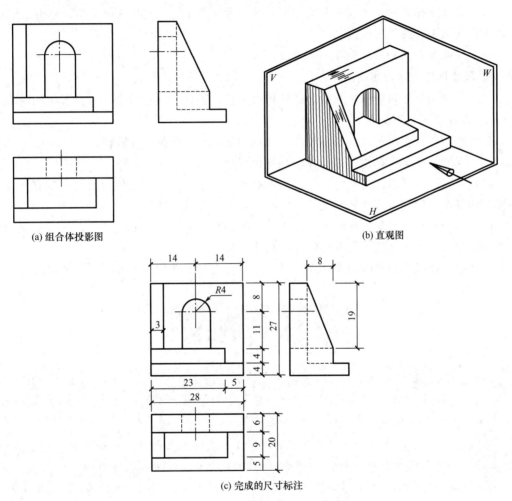

(a) 组合体投影图   (b) 直观图

(c) 完成的尺寸标注

图3-56 组合体投影图尺寸标注

【解】 尺寸标注步骤如下。

（1）形体分析。该组合体下方为两个四棱柱，后方为一个较大的四棱柱，并被切割掉一个半圆柱孔和一个小四棱柱孔，左侧为一个三棱柱，被切割掉的部分也需标注，可认为一共由六个基本体组成，直观图如图3-56（b）所示。

（2）标注定形尺寸。半圆柱孔半径4mm，孔深6mm；小四棱柱孔长4mm×2＝8mm，宽6mm，高11mm；下方两个四棱柱分别为长23mm、28mm，宽9mm、14mm，高4mm、4mm；左侧三棱柱长3mm，宽9mm，高19mm；后方大四棱柱长28mm，宽6mm，高27mm。

（3）选定尺寸基准。长度方向以形体左侧面为基准，宽度方向以形体后侧面为基准，高度方向以形体下底面为基准。

（4）标注定位尺寸。半圆柱孔长度方向定位尺寸为14mm，宽度方向与基准重合，高度间接计算为19mm；小四棱柱孔长度方向和宽度方向同半圆柱孔，高度方向间接计算为8mm；下方两个四棱柱长度方向与基准重合，宽度方向已给出为6mm，高度方向一个与基准重合，另一个为4mm；三棱柱长度方向与基准重合，宽度方向为6mm，高度方向间接计算为8mm；后方大四棱柱长度、宽度、高度方向均与基准重合。

（5）标注总体尺寸。组合体长度方向总体尺寸为28mm，宽度方向总体尺寸为20mm，高度方向总体尺寸为27mm。

完成的尺寸标注如图3-56（c）所示。

3. 尺寸标注的注意事项

（1）尺寸应该尽可能标注在组合体轮廓线外面，不标注在虚线上，与投影图相距10～20mm，以保持投影图清晰。

（2）对于同一方向的尺寸，小尺寸标注在内侧，大尺寸标注在外侧。

（3）尺寸尽量集中标注在组合体的特征投影上。

（4）反映同一基本体的尺寸，尽量集中标注。当基本体与基本体相交时，应在投影图中标注两基本体的定形尺寸和定位尺寸，相贯线处不标注尺寸。

（5）对于被切割的基本体的尺寸标注，除了要标注出基本体的尺寸外，还要标注出切割面的定位尺寸，不标注切割面交线处的定形尺寸。

（6）组合体投影图中除了要标注尺寸外，还要在投影图的正下方写上图名及比例。

本 章 小 结

（1）基本体包括平面体和曲面体两大类。基本体的表面由平面围成的形体，称为平面体，如棱柱体、棱锥体、棱台体等。由曲面或曲面和平面围合而成的形体称为曲面体，如圆柱体、圆锥体、圆台体、球体等。

（2）平面体表面上点和直线的投影，实质上就是直线上的点或平面上的点和直线的投影，不同之处在于平面体表面上的点和直线作投影时，需要判定可见性。

（3）在作曲面体表面上点和线的投影时，如果点在曲面体的特殊素线上，如在圆柱体、圆锥体、圆台体的四条特殊素线和球体的三个特殊圆周上，则按线上点作图；如果点不在特殊线上，则应用积聚性投影法（圆柱体）、素线法（圆锥体）、纬圆法（圆锥体、圆台体和球体）作图。

（4）轴测投影是将物体连同其参考直角坐标系，沿不平行于任一坐标面的方向，用平行投影法将其投射在一个投影面上所得到的图形。根据投射方向是否垂直于轴测投影面，可将轴测投影分为正轴测投影和斜轴测投影。

（5）画组合体投影图时，通常先对组合体进行形体分析，然后选择主视方向（即选择正立面图的投射方向），选择适当的比例和图幅，作组合体的投影图；最后检查及加深图线。

（6）组合体投影图的识图方法主要包括形体分析法和线面分析法。

（7）组合体投影图的尺寸标注有定形尺寸、定位尺寸和总体尺寸。

![puzzle] **思考题与实践题**

一、思考题

1. 基本体分为哪几类？

2. 棱柱体、棱锥体投影有什么特点？

3. 基本体表面上的点、线的可见性是如何判定的？

4. 什么是素线法？什么是纬圆法？

5. 轴测投影是怎样形成的？有哪几种类型？

6. 组合体的组合方式有哪几种？

7. 组合体投影图的识读方法有哪几种？

二、实践题

1. 补画如图 3-57 所示基本体的第三面投影，并作其表面上的点和线的另两面投影。

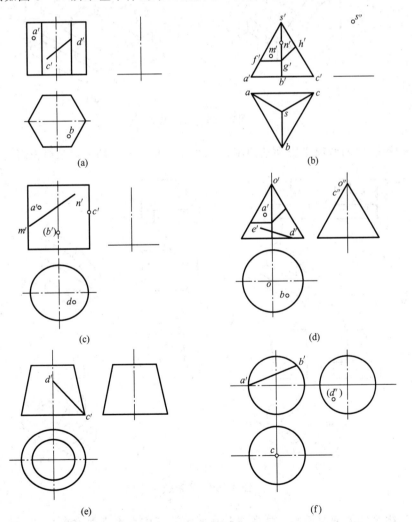

图 3-57 实践题 1

2. 已知组合体的轴测图，如图 3 – 58 所示，分别画出形体的三面投影图。

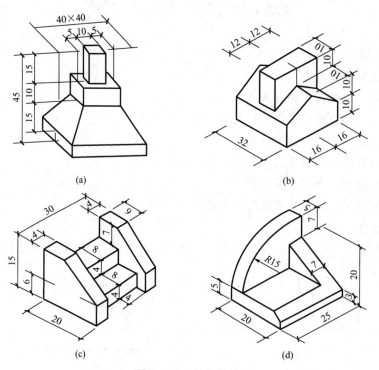

图 3 – 58 实践题 2

3. 已知组合体的两面投影和轴测图，如图 3 – 59 所示，补画第三面投影。

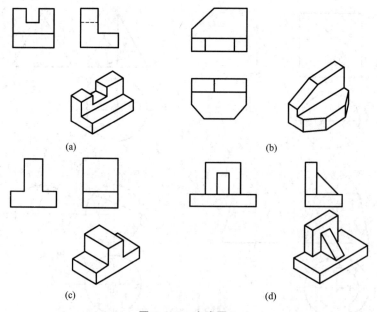

图 3 – 59 实践题 3

4. 已知组合体的两面投影，如图 3 – 60 所示，完成其第三面投影。

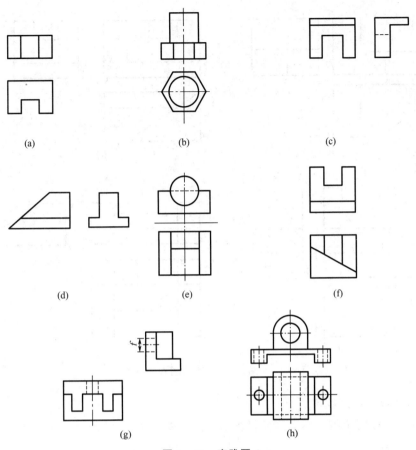

(a)　　　　　　　　(b)　　　　　　　　(c)

(d)　　　　　　　　(e)　　　　　　　　(f)

(g)　　　　　　　　(h)

图 3 - 60　实践题 4

5. 已知组合体投影图，如图 3 - 61 所示，补画投影图中缺画的图线。

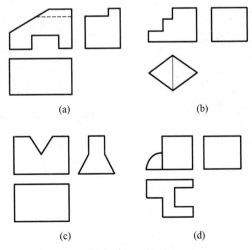

(a)　　　　　　　　(b)

(c)　　　　　　　　(d)

图 3 - 61　实践题 5

6. 根据图 3 - 62 所示的投影图，作出组合体的正等测图。

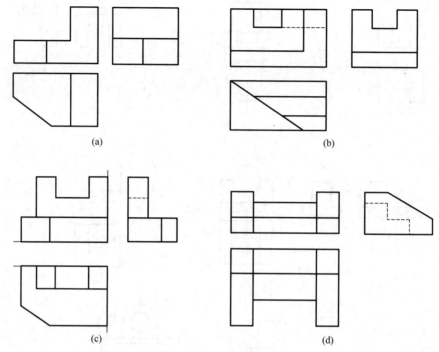

(a)

(b)

(c)

(d)

图 3 - 62　实践题 6

7. 组合体投影作图练习。

绘制图 3 - 63 所示组合体的三面投影图，并标注尺寸。

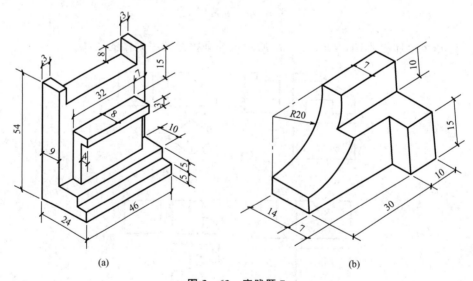

(a)

(b)

图 3 - 63　实践题 7

【目的】学会运用形体分析法绘制组合体的三面投影图并标注尺寸，进一步掌握组合体画法。

【要求】完整表达组合体的结构形状；标注尺寸要完整、清晰，符合国标。

【注意事项】

（1）A3 图纸横放，选用适合的比例绘图。

（2）绘图前，应分析组合体由哪些基本体组成，以及各基本体的相互位置和组合关系。

（3）选择最能反映组合体形状特征的方向作为主视图的投射方向。

（4）布图时，三面投影图之间要留有足够的标注尺寸的位置，先作出各投影图的基准线。

（5）标注尺寸时，不要照搬轴测图上的尺寸注法，应重新考虑视图尺寸的配置，以尺寸完整、清晰、注法正确为原则。

（6）正确使用绘图工具，底稿完成后，先仔细校核，再加深图线。

第4章 剖面图和断面图

情境导入

　　本章之前学习的正投影图能较好地反映形体的外观轮廓，当形体内部有空腔、孔、洞或槽时，在正投影图中一般采用虚线来表达；但是当形体内部孔洞形状复杂时，会导致虚线过多甚至重叠，不利于形体内部构造的表达和识读。

　　为了解决上述问题，人们想到将形体假想地剖开后，再对其内部进行正投影来表达形体复杂的内部构造，剖面图和断面图便由此而来。

思维导图

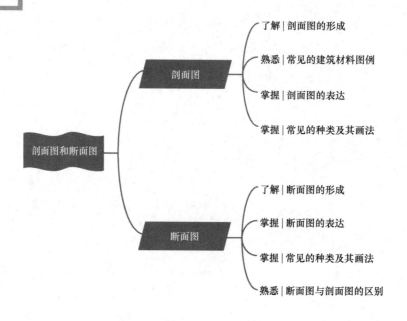

4.1 剖面图

剖面图是假想用一个剖切平面将形体剖切，移去介于观察者和剖切平面之间的部分，对剩余部分向投影面做投影所得的正投影图。本节主要讲述剖面图具体的形成过程与表达方式，并对工程中常用的六种剖面图及其各自的绘制要点进行阐述。房屋建筑施工图中的剖面图主要用以表示房屋内部的结构或构造形式、分层情况和各部位的联系、材料及其高度等，与平面图、立面图相互配合使用，是不可缺少的重要图样之一。

4.1.1 剖面图的形成与表达

1. 剖面图的形成

剖面图的形成如图 4-1 所示。用于剖切形体的剖切平面通常为投影面平行面或投影面垂直面，在图 4-1（a）中，剖切平面沿杯口位置对杯形基

▶
剖面图的
形成与表达

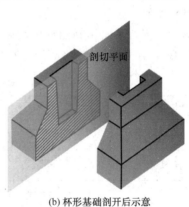

(a) 杯形基础剖切位置示意   (b) 杯形基础剖开后示意

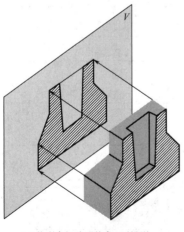

(c) 将剩余部分形体向V面投影

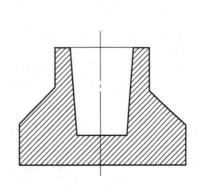

(d) 剖面图

图 4-1 剖面图的形成

础进行剖切，剖切平面与 V 面平行。移去剖切平面前面的部分［图 4-1（b）］，隐去剖切平面并将基础剩余部分向 V 面进行投影［图 4-1（c）］，得到如图 4-1（d）所示的剖面图。剖面图中反映了剖切到的杯形基础的材料图例和构造，同时也反映出剖切平面后方所有可见形体的投影。

2. 剖面图的表达

（1）确定剖切平面的位置。

画形体的剖面图，首先应确定剖切平面的位置，使剖切后得到的剖面图能清晰反映实形，便于我们理解形体内部的构造组成。因此，剖切平面应经过形体有代表性的部位，如孔、洞、槽等部位，且剖切平面应平行于投影面。

确定剖面图数量，原则上应以较少的剖面图来反映尽可能多的内容。剖面图数量通常与形体的复杂程度有关，较简单的形体可只画一个，较复杂的形体则应画多个剖面图，以能全面反映形体内部特征、便于识图理解为基准。

（2）画轮廓线。

将剖切剩余部分形体进行投影，其中剖切到的形体轮廓线用粗实线画出，没有剖切到但能看到的轮廓线用细实线画出。剖面图中不出现虚线。

（3）画材料图例。

在剖面图中，剖切平面切开的形体截面应反映出形体所采用的材料。《房屋建筑制图统一标准》（GB/T 5001—2017）对常用建筑材料图例的画法做了规定，见表 4-1。

表 4-1　常用建筑材料图例

序　号	名　称	图　例	备　注
1	自然土壤		包括各种自然土壤
2	夯实土壤		
3	砂、灰土		
4	砂砾石、碎砖三合土		
5	石材		
6	毛石		
7	实心砖、多孔砖		包括普通砖、多孔砖、混凝土砖等砌体
8	耐火砖		包括耐酸砖等砌体
9	空心砖、空心砌块		包括空心砖、普通或轻骨料混凝土小型空心砌块等砌体

续表

序　号	名　称	图　例	备　注
10	加气混凝土	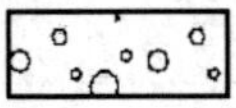	包括加气混凝土砌块砌体、加气混凝土墙板及加气混凝土材料制品等
11	饰面砖		包括铺地砖、玻璃马赛克、陶瓷锦砖、人造大理石等
12	焦渣、矿渣	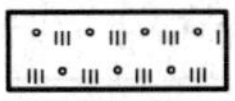	包括与水泥、石灰等混合而成的材料
13	混凝土		1. 包括各种强度等级、骨料、添加剂的混凝土 2. 在剖面图上绘制表达钢筋时，则不需绘制图例线
14	钢筋混凝土	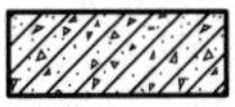	3. 断面图形较小，不易绘制图例线时，可填黑或深灰（灰度宜为70％）
15	多孔材料		包括水泥珍珠岩、沥青珍珠岩、泡沫混凝土、软木、蛭石制品等
16	纤维材料	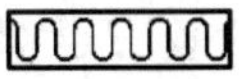	包括矿棉、岩棉、玻璃棉、麻丝、木丝板、纤维板等
17	泡沫塑料材料	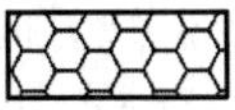	包括聚苯乙烯、聚乙烯、聚氨酯等多聚合物类材料
18	木材	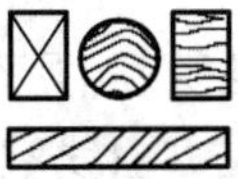	1. 上图为横断面，左上图为垫木、木砖或木龙骨 2. 下图为纵断面
19	胶合板	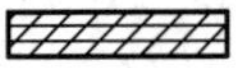	应注明为×层胶合板
20	石膏板	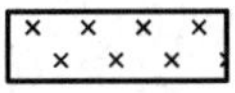	包括圆孔或方孔石膏板、防水石膏板、硅钙板、防火石膏板等
21	金属	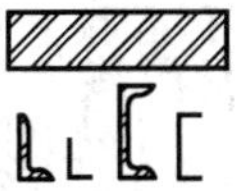	1. 包括各种金属 2. 图形较小时，可填黑或深灰（灰度宜为70％）
22	网状材料		1. 包括金属、塑料网材料 2. 应注明具体材料名称
23	液体	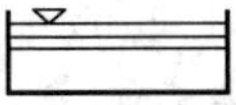	应注明具体液体名称
24	玻璃		包括平板玻璃、磨砂玻璃、夹丝玻璃、钢化玻璃、中空玻璃、夹层玻璃、镀膜玻璃等

续表

序 号	名 称	图 例	备 注
25	橡胶		—
26	塑料		包括各种软、硬塑料及有机玻璃等
27	防水材料		构造层次多或绘制比例大时，采用上面的图例
28	粉刷		本图例采用较稀的点

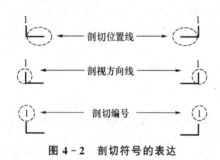

图 4-2 剖切符号的表达

（4）剖切符号的表达。

由于剖面图本身不能反映剖切平面的位置，因此必须在原投影图上标出剖切平面的位置及剖切形式。建筑工程图中用剖切符号表示剖切平面的位置及剖切后的投影方向。《房屋建筑制图统一标准》中规定，剖面的剖切符号应由剖切位置线及剖视方向线组成，均应以粗实线绘制，如图 4-2 所示。剖切位置线即表示在该位置进行剖切，该线长度一般为 6~10mm；剖视方向线应垂直于剖切位置线，长度应短于剖切位置线，宜为 4~6mm；剖视方向线画在剖切位置线的哪一侧就表示投影面在哪一侧。

如图 4-3（a）中 1—1 剖面图的剖切符号，其剖视方向线画在剖切位置线的上侧，即表示投影面在上侧，由于图 4-3（a）为 H 面投影图，图中上侧实际为后方，下侧为前方，因此 1—1 剖面图的投影面应为 V 面。

绘图时，剖切符号不应与图面上的图线相接触。为了区分同一形体上的几个剖面图，应在剖切符号上用数字加以编号，数字应写在剖视方向线端部。剖面图的下方应写上带有编号的图名，且给图名文字加以下划线（用粗实线表达），如图 4-3（b）、图 4-3（c）所示。

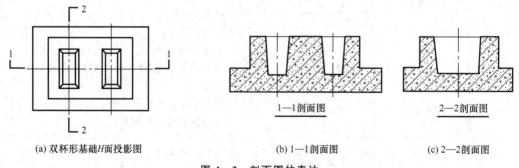

(a) 双杯形基础 H 面投影图   (b) 1—1 剖面图   (c) 2—2 剖面图

图 4-3 剖面图的表达

3. 剖面图表达的注意事项

（1）为了使图形更加清晰，剖面图中一般不画虚线。

（2）剖面图是对体的投影，而不仅仅只是对一个截面的投影，剖切剩余部分的投影图要按整体画出。

（3）未注明形体的材料时，应在剖面图相应位置画与水平方向呈45°角的细实线，称为剖面线。同一形体在各个剖面图中剖面线的倾斜方向和间距要一致，如图4-4所示。

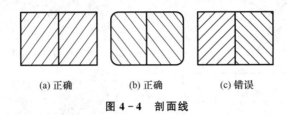

(a) 正确　　　(b) 正确　　　(c) 错误

图4-4　剖面线

4.1.2 剖面图的种类与画法

由于形体的形状多样，作形体的剖面图时，不同形体所剖切的位置、方向、范围及使用的剖切方法可能不同，因此应针对不同的形体选用不同种类的剖面图。工程中常见的剖面图有全剖面图、半剖面图、阶梯剖面图、展开剖面图、局部剖面图和分层剖面图。

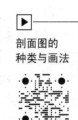

剖面图的种类与画法

1. 全剖面图

用一个剖切平面将形体完整地剖切开所得到的剖面图，称为全剖面图。全剖面图一般用于不对称的形体，或虽然对称、但外形比较简单的形体，或在另一投影中已将其外形表达清楚的形体。图4-3即为全剖面图的示例。

2. 半剖面图

如果形体是对称的，画图时常把形体投影图的一半画成剖面图，另一半画成外形图，这样组合而成的投影图叫作半剖面图。这种作图方法可以节省绘制投影图的数量，而且从一个投影图可以同时观察到形体的外形和内部构造。图4-5为一个杯形基础的半剖面图。

半剖面图表达的注意事项如下。

（1）半剖面图应以对称线为分界，对称线为单点长画线。

（2）半剖面图中的剖面部分一般应画在水平对称轴线的下侧或竖直对称轴线的右侧。

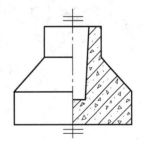

图4-5　杯形基础的半剖面图

（3）半剖面图一般不画剖切符号和编号，图名沿用原投影图的图名。

3. 阶梯剖面图

如图4-6所示，形体上有三个孔洞，但这三个孔洞不在同一轴线上，如果作一个全剖面图，则不能同时剖切到三个孔洞，因此可以考虑用三个互相平行的剖切平面分别通过三个孔洞剖切，这样就可以在同一个剖面图上将三个不在同一轴线上的孔洞同时反映出来。我们把这种用两个或两个以上互相平行的剖切平面剖切形体从而得到的剖面图叫作阶梯剖面图。

阶梯剖面图表达的注意事项如下。

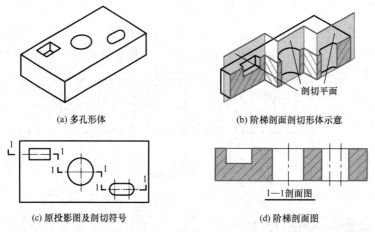

(a) 多孔形体   (b) 阶梯剖面剖切形体示意

(c) 原投影图及剖切符号   (d) 阶梯剖面图

图 4-6　阶梯剖面图的表达

（1）剖切平面的转折处不应画交线。

（2）阶梯剖切符号用粗阶梯折线表示，线段长度一般为 4～6mm，折线的突角外侧注写剖切编号，不可与图线相混。

4. 展开剖面图

如图 4-7 所示，当形体的内部有孔洞，且各孔洞中心轴线有转折时，可以用两个相交的剖切平面剖切形体［图 4-7 中的 3—3 剖切平面］，将两剖切平面之一旋转展开，使其平行于某个基本投影面后再进行正投影，即可得到形体的展开剖面图。

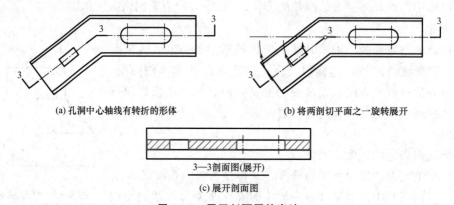

(a) 孔洞中心轴线有转折的形体   (b) 将两剖切平面之一旋转展开

3—3剖面图(展开)

(c) 展开剖面图

图 4-7　展开剖面图的表达

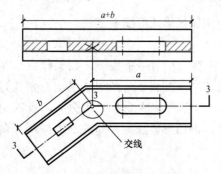

图 4-8　交线的投影不应画出

要注意的是，在投影后，两个相交的剖切平面之间理论上会有一条交线，但是因为剖切平面都是我们假想出来的平面，所以此处交线的投影不应画出，如图 4-8 所示。

最后，展开剖面图与其他剖面图一样，应在其原投影图中表达出其剖切位置和剖视方向。因展开剖面图的剖切平面发生转折，因此还要表达出其转折形式，在转折处用粗实线表示，每段线段长度应与两侧剖切位置线相同，一般为 4～6mm。

5. 局部剖面图

如图 4-9 (a) 所示杯形基础，它属于独立基础，其受力钢筋为布置在最下方的一张钢筋网，由两个方向互相垂直且均匀分布的钢筋构成。当我们要表达这个杯形基础内部的钢筋布置形式时，只需要将它剖开一个角，便可以看到两个方向的钢筋了。像这种仅需一部分采用剖面图就可以表示清楚内部构造的形体，可仅剖切该部分形成局部剖面，然后叠加在正投影上，这种剖面图叫作局部剖面图。杯形基础局部剖面图如图 4-9 (b) 所示。

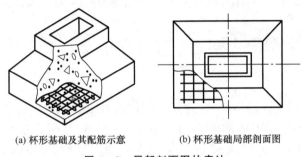

(a) 杯形基础及其配筋示意 (b) 杯形基础局部剖面图

图 4-9　局部剖面图的表达

局部剖面图表达的注意事项如下。

(1) 局部剖面图部分用细线分界（一般为细波浪线或细弧线），与图样的轮廓线相交，但应避免画成图线的延长线，以免与图线混淆。

(2) 不标注剖切符号和编号，图名沿用原投影图的图名。

(3) 局部剖面图的范围通常不超过原投影图的 1/2。

6. 分层剖面图

对一些有分层构造的工程形体，如墙体、地面、楼面等，可按实际情况分层剖切画剖面图，所得到的剖面图即为分层剖面图。如图 4-10 (a) 所示的某架空板面，其构造由下往上分别为：支墩、多孔滤板、承托层、石英砂，可将其逐层剖切再投影，得到如图 4-10 (b) 所示的分层剖面图。

分层剖面图表达的注意事项如下。

(1) 分层剖面图的每层以波浪线为分界，波浪线不应与任何图线重合。

(2) 剖切范围内应画出每种材料的图例，并添加文字说明。

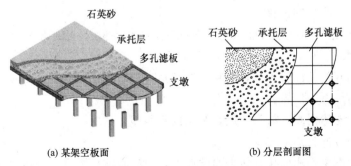

(a) 某架空板面 (b) 分层剖面图

图 4-10　分层剖面图的表达

4.2 断 面 图

假想用剖切平面将形体剖切后，仅画出剖切平面与形体接触部分的正投影图称为断面图，简称断面。断面图主要用来配合投影图表达形体结构的断面形状，如肋板、型材，以及带有孔、洞、槽的构件等。与剖面图相比，断面图在表达这些结构时更为简单。本节主要讲述断面图具体的形成过程与表达方式，并对工程中常用的三种断面图及其各自的绘制要点进行阐述。

4.2.1 断面图的形成与表达

1. 断面图的形成

对于某些单一构件或需要表示构件某一部位的截面形状时，可以只画出形体与剖切平面相交部分的图形，即形体的断面图。如图 4-11 (a) 所示带牛腿的工字形柱，其 1—1、2—2 断面图如图 4-11 (b) 所示，从断面图中也可看出该柱上部与下部的形状不同。

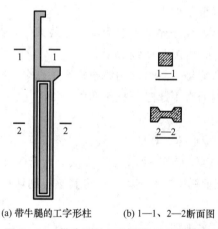

(a) 带牛腿的工字形柱　　(b) 1—1、2—2断面图

图 4-11　带牛腿的工字形柱及其断面图

2. 断面图的表达

(1) 确定剖切平面的位置。

剖切平面应经过形体有代表性的部位，如孔、洞、槽等部位，且剖切平面应平行于投影面。

(2) 画轮廓线。

仅画出剖切到的截面轮廓线，用粗实线表达，没有被剖切到的部分不画出。

(3) 画材料图例。

在剖切到的轮廓内画出材料图例，画法同剖面图。

(4) 剖切符号的表达。

由于断面图本身不能反映剖切平面的位置，因此必须在原投影图上标出剖切平面的位置及剖切形式。《房屋建筑制图统一标准》中规定，断面的剖切符号仅用剖切位置线表示，剖切编号应注写在剖切位置线的一侧，如图4-12所示。剖切位置线表示剖切平面切开的位置，以粗实线绘制，长度一般为6~10mm。剖切编号用阿拉伯数字表示。

断面的剖切符号中没有剖视方向线，仅以剖切编号与剖切位置线的相对位置来表示投影方向，剖切编号写在剖切位置线的哪一侧就表示投影面在哪一侧。如图4-12中的1—1断面处，剖切编号写在剖切位置线的下侧，即表示投影面在下侧。最后，在剖面图的下方应写上图名"×—×"，且加以下划线（用粗实线表达），如图4-11（b）所示。

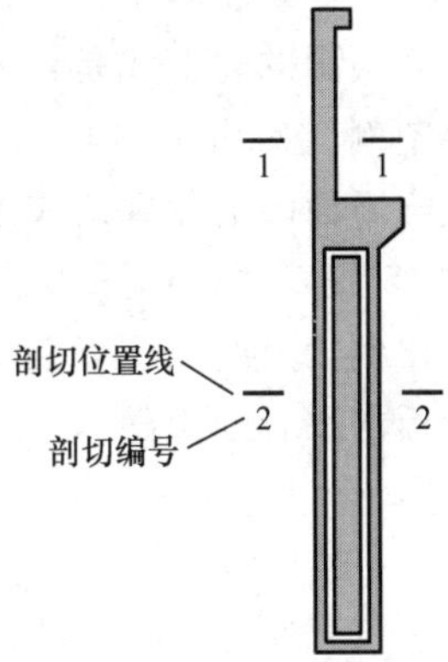

3. 断面图表达的注意事项

（1）断面图中一般不画虚线。

（2）断面图仅仅是对一个截面的投影，除截面部分外其他均不画出。

（3）未注明形体的材料时，在断面图相应位置画同向、同间距、与水平方向呈45°角的细实线。

图4-12　断面的剖切符号表达

剖切位置线　剖切编号

4.2.2　断面图的种类与画法

在组成建筑物的形体中，有很多结构复杂的形体需要通过断面图来进行表达，对不同形体断面图的剖切位置、方向和范围应根据形体本身的特点来进行选择，因此在作断面图时我们会用到不同的作图方法。常见的断面图有移出断面图、重合断面图和中断断面图。

1. 移出断面图

移出断面图是最常见的断面图，它是将各部位的断面图移出投影图轮廓线，绘制在原投影图一旁的断面图。移出断面图的轮廓线用粗实线表达，且应尽量绘制在其对应剖切位置线的延长线上。移出断面图常用于截面发生变化的形体，例如工业厂房中的牛腿柱，通常需作出如图4-11（b）所示的移出断面图。

2. 重合断面图

有时为了便于看图，在不容易引起误解的情况下，也可以直接将断面图画在原投影图内，这种断面图称为重合断面图。重合断面图的轮廓线用细实线画出，当原投影图的轮廓线与断面图的轮廓线重叠时，原投影图的轮廓线仍需完整地画出，不可间断。需要注意的是，重合断面图不需要标注剖切符号，图名沿用原图名。重合断面图的形成如图4-13所示。

(a) 楼板的移出断面图　　　　　　　　(b) 楼板的重合断面图

图4-13　重合断面图的形成

在建筑工程中，角钢、墙面装饰、梁板等常用重合断面图来表达。需要注意的是，如果断面图的轮廓线是封闭的线框，重合断面图的轮廓线应用细实线绘制，并画出相应的材料图例，如图 4-14（a）所示角钢的重合断面图；如果断面图的轮廓线不是封闭的线框，重合断面图的轮廓线应比投影图的轮廓线粗，并在断面图的范围内，沿轮廓线边缘内侧加画 45°细实线，如图 4-14（b）所示房屋立面图中墙面装饰的重合断面图；当断面占整图的比例较小时，钢筋混凝土材料的断面可直接涂黑来表示，如图 4-14（c）中坡屋面结构梁板的重合断面图。

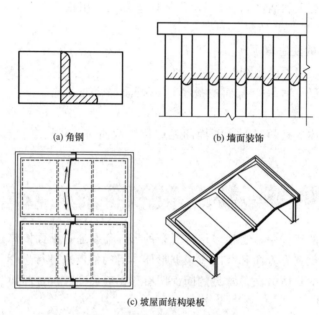

(a) 角钢   (b) 墙面装饰

(c) 坡屋面结构梁板

图 4-14　常见的重合断面图

3. 中断断面图

绘制在投影图轮廓线中断处的断面图称为中断断面图。这种断面图适合于表达等截面的长向构件，如花篮梁，其中断断面图如图 4-15 所示。

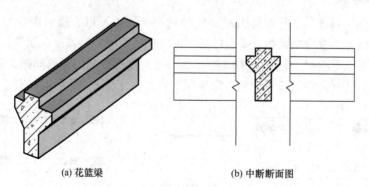

(a) 花篮梁   (b) 中断断面图

图 4-15　花篮梁的中断断面图

中断断面图的轮廓线及图例等与移出断面图的画法相同，因此中断断面图也可视为一种移出断面图，只是移出的位置不同。中断断面图的轮廓线断开位置应用细波浪线或细折断线表达，图名沿用原投影图名，不需要标注剖切符号和剖切编号。

4.2.3 断面图与剖面图的区别

断面图与剖面图主要有三点区别，一是形成的区别；二是表达的区别；三是种类的区别。

断面图及其与剖面图的区别

1. 形成的区别

断面图是用剖切平面将形体剖切后，仅画出剖切平面与形体接触部分的正投影图；剖面图是用剖切平面将物体剖切后，移去介于观察者和剖切平面之间的部分，对剩余部分向投影面作正投影图，即剖面图不仅要画出剖切平面与形体接触的部分，还要画出剖切平面后面没有被剖切到但可见的部分，如图 4-16 所示。换句话说，断面图是对剖面的投影，而剖面图是对形体的投影。

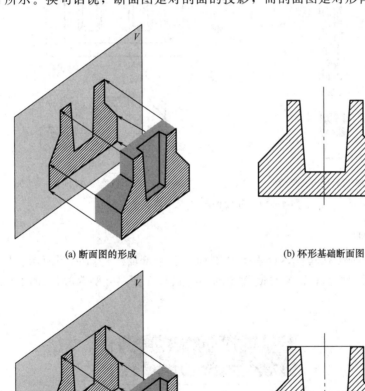

(a) 断面图的形成

(b) 杯形基础断面图

(c) 剖面图的形成

(d) 杯形基础剖面图

图 4-16　断面图与剖面图形成的区别

2. 表达的区别

断面图和剖面图的剖切符号不同。断面图的剖切符号只有剖切位置线和剖切编号，没有剖视方向线（其剖切编号所在的一侧即为投影面所在方向）；而剖面图的剖切符号包括剖切位置线、剖视方向线和剖切编号。

断面图和剖面图的图名不同。断面图的图名为"×—×"（例如"1—1"），而剖面图的图名为"×—×剖面图"（例如"1—1剖面图"），如图4-17所示。

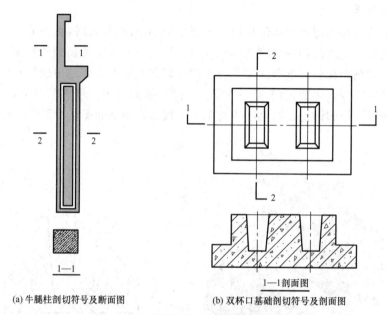

(a) 牛腿柱剖切符号及断面图   (b) 双杯口基础剖切符号及剖面图

图 4 - 17　断面图与剖面图表达的区别

3. 种类的区别

常见剖面图的种类有六种，分别为全剖面图、半剖面图、阶梯剖面图、展开剖面图、局部剖面图、分层剖面图；而常见断面图的种类只有三种，分别为移出断面图、重合断面图、中断断面图。

本 章 小 结

（1）剖面图是假想用一个剖切平面将形体剖切，移去介于观察者和剖切平面之间的部分，对剩余部分向投影面所做的正投影图。剖面图的表达步骤：①确定剖切平面的位置；②画轮廓线；③画材料图例。工程中常见的剖面图有全剖面图、半剖面图、阶梯剖面图、展开剖面图、局部剖面图和分层剖面图。

（2）断面图是假想用剖切平面将形体剖切后，仅画出剖切平面与形体接触部分的正投影图。断面图的表达步骤：①确定剖切平面的位置；②画轮廓线；③画材料图例。常见的断面图有移出断面图、重合断面图和中断断面图。

（3）断面图与剖面图的区别主要有三点：形成的区别、表达的区别、种类的区别。

思考题与实践题

一、思考题

1. 什么是剖面图？什么是断面图？它们有什么区别？

2. 常见的剖面图有哪几种？

3. 常见的断面图有哪几种？

4. 剖面图有什么用途？剖切方式有哪几种？分别有何特点？剖切符号如何绘制？

二、实践题

1. 画出如图 4-18 所示形体的 1—1 剖面图。

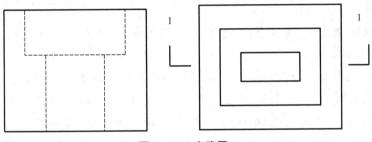

图 4-18　实践题 1

2. 识读如图 4-19 所示梁、柱节点的立面图和断面图，注意各部分的尺寸。

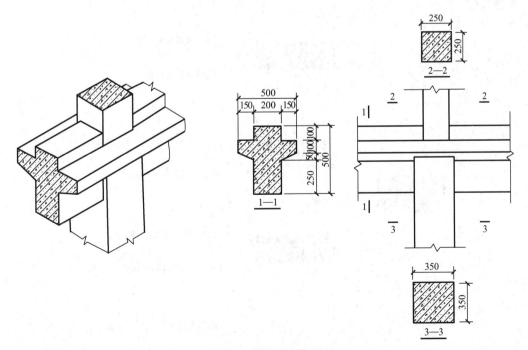

图 4-19　实践题 2

第5章 建筑构造概述

情境导入

　　建筑包括建筑物和构筑物。建筑物是供人们在其中进行生产、生活或其他活动的房屋，而不具备、不包含或不提供人们进行生产、生活或其他活动的功能的建筑叫作构筑物。建筑物主要是指房屋建筑，按使用功能分为民用建筑、工业建筑和农业建筑。建筑构造主要研究房屋建筑的构造组成，以及各组成部分的作用、要求、材料、做法和相互之间的联系等。本书第5～11章主要讲述民用建筑构造。

思维导图

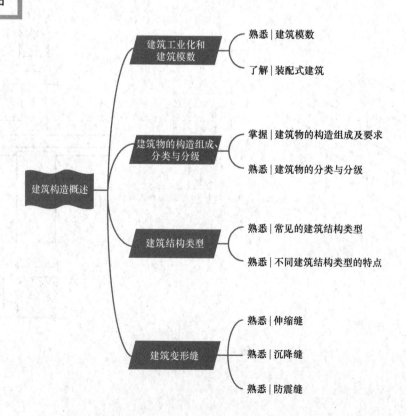

- 建筑构造概述
  - 建筑工业化和建筑模数
    - 熟悉 | 建筑模数
    - 了解 | 装配式建筑
  - 建筑物的构造组成、分类与分级
    - 掌握 | 建筑物的构造组成及要求
    - 熟悉 | 建筑物的分类与分级
  - 建筑结构类型
    - 熟悉 | 常见的建筑结构类型
    - 熟悉 | 不同建筑结构类型的特点
  - 建筑变形缝
    - 熟悉 | 伸缩缝
    - 熟悉 | 沉降缝
    - 熟悉 | 防震缝

5.1 建筑工业化和建筑模数

5.1.1 建筑工业化

建筑业是国民经济的支柱产业，要消耗大量的人力、物力、财力。建筑工业化是指用现代工业化的生产方式来建造房屋，具体内容是：设计标准化、构配件生产工厂化、施工机械化、管理科学化。设计标准化是实现其他三方面内容的前提，只有实现了设计标准化，才能够简化建筑构配件的规格类型，为工厂化生产构配件创造条件，为机械化施工、科学化管理打下基础。

建筑工业化

设计标准化主要包括两个方面：一是制定各种法规、规范、标准和指标，使设计有章可循；二是在住宅等大量性建筑的设计中推行标准化设计。实现设计标准化，在不同的建筑中采用标准构配件，可以提高施工效率，保证施工质量，降低造价。

为保证建筑设计标准化和构配件生产工厂化，建筑物及其各组成部分的尺寸必须统一协调。中华人民共和国住房和城乡建设部发布了《建筑模数协调标准》（GB/T 50002—2013），该标准整合了《建筑模数协调统一标准》（GBJ 2—86）及《住宅建筑模数协调标准》（GB/T 50100—2001），作为建筑设计的依据。

5.1.2 建筑模数

建筑模数是建筑设计中，为了实现建筑工业化大规模生产，使不同材料、不同形式和不同制造方法的建筑构配件、组合件具有一定的通用性和互换性，而统一选定的协调建筑尺度的增值单位。即建筑模数是指选定的尺寸单位，作为尺度协调中的增值单位，也是建筑设计、建筑施工、建筑材料与制品、建筑设备、建筑组合件等各部门进行尺度协调的基础，从而使构配件安装吻合，具有互换性。我国建筑设计和施工必须遵循《建筑模数协调标准》。

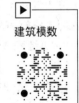

建筑模数

1. 基本模数、导出模数

建筑模数可分为基本模数和导出模数两大类。

基本模数的数值规定为100mm，表示符号为M，即1M等于100mm，整个建筑物或其中一部分及建筑组合件的模数化尺寸均应是基本模数的倍数。

导出模数是在基本模数的基础上拓展而来的，导出模数分为扩大模数和分模数。

扩大模数指基本模数的整倍数，其基数为2M、3M、6M、9M、12M等，相应的尺寸分别为200mm、300mm、600mm、900mm、1200mm等。扩大模数又分为水平扩大模数和竖向扩大模数。水平扩大模数的基数为3M、6M、12M、15M、30M、60M共6个，相应的尺寸分别为300mm、600mm、1200mm、1500mm、3000mm、6000mm；竖向扩大模数的基数为3M和6M，相应的尺寸分别为300mm、600mm。

分模数是基本模数的分数值，分模数的基数为M/10、M/5、M/2，其相应的尺寸分别为10mm、20mm、50mm。

2. 模数数列

模数数列是以选定的模数基数为基础而展开的数值系统，模数数列应根据功能性和经济性原则确定。

建筑物的开间或柱距，进深或跨度，梁、板、隔墙和门窗洞口宽度等分部件的截面尺寸宜采用水平基本模数和水平扩大模数数列，且水平扩大模数数列宜采用 $2n$M、$3n$M（n 为自然数）；建筑物的高度、层高和门窗洞口高度宜采用竖向基本模数和竖向扩大模数数列，且竖向扩大模数数列宜采用 nM；构造节点和分部件的接口尺寸等宜采用分模数数列，且分模数数列宜采用 M/10、M/5、M/2。

5.1.3　装配式建筑

装配式建筑

装配式建筑是建筑行业的重大变革，是建筑工业化的具体表现。装配式建筑是指采用工厂统一生产的构配件，在施工现场拼接装配而成的建筑，它具有生产工厂化、施工机械化、管理信息化等特征。装配式建筑绿色环保、质量可靠等特点对环境、工程质量都具有非常积极的意义。

1. 装配式建筑的发展

法国在 1891 年已实施了装配式混凝土的构建，主要用于预应力混凝土装配式框架结构体系，装配率可达到 80%，脚手架用量减少 50%，节约能源可达到 70%。20 世纪 50 年代开始，瑞典和丹麦已有大量企业开发了混凝土、板墙装配的部件，至今新建住宅的通用部件达到 80%，节能率达到 50%。

我国装配式建筑起步较晚，发展缓慢，目前的建筑混凝土施工仍以现场浇筑为主，新建建筑中装配式建筑比例不足 5%，与国际先进水平差距甚大。2016 年颁布的《中共中央国务院关于进一步加强城市规划建设管理工作的若干意见》指出，力争用 10 年左右的时间，使装配式建筑占新建建筑的比例达到 30%，以促使我国装配式建筑加速发展。

2. 装配式建筑的类型

目前，装配式建筑主要有砌块建筑、板材建筑、盒式建筑、骨架板材建筑、升板和升层建筑等比较典型的类型。

（1）砌块建筑。

砌块建筑是装配式建筑中比较简单的一种类型，是预制块状材料砌成墙体的建筑形式，适用于建设 3～5 层的建筑物。砌块有小型、中型、大型之分，小型砌块工业化程度低，但灵活方便，适用于人工搬运和砌筑；中型砌块、大型砌块工业化程度高，可机械吊装，减少砌筑劳动力。

（2）板材建筑。

板材建筑又称大板建筑，由预制的大内外墙板、楼板和屋面板等装配而成，具有结构质量轻、劳动生产效率高、使用面积大和抗震能力强等特点。板材建筑的内墙板多为钢筋混凝土实心或空心板，外墙板多为带有保温层的钢筋混凝土复合板。板材建筑的关键技术问题是节点设计问题，工程上常采用焊接、螺栓连接或后浇混凝土等方法，以保证构件的整体性。

（3）盒式建筑。

盒式建筑是由板材建筑衍生发展而来的一种新型装配式建筑，如图 5-1 所示。这种建筑在工厂内不但可以完成结构搭接、内部装修和设备安装，甚至可以将家具、地毯等安装齐全。盒式建筑具有很高的工业化程度，且现场安装快。

（4）骨架板材建筑。

骨架板材建筑由预制骨架和板材组成，承重结构一般有由梁、柱组成的框架结构体系及柱、楼板组成的承重板柱结构体系两种形式。骨架板材建筑结构合理，可以减轻建筑物的自重，保证建筑物具有足够的刚度和整体性。骨架板材建筑的关键技术也在于节点的连接，柱与基础、柱与梁、梁与板的节点连接，应根据结构的需要和施工条件，通过设计计算进行选择。

图 5-1　盒式建筑

（5）升板和升层建筑。

升板和升层建筑是在底层混凝土地面上重复浇筑各层楼板和屋面板，竖立预制钢筋混凝土柱而建设的。这种建筑以柱为导杆，用放在柱上的油压千斤顶把楼面和屋面提升到设计高度，并加以固定。升板和升层建筑施工中的大量操作都在地面进行，可减少高空作业和垂直运输，节约模板和脚手架，以及减少施工现场的面积。

3. 装配式建筑的优缺点

装配式建筑的优点如下。

（1）节能。装配式混凝土建筑常采用外挂板为两面混凝土、中间夹 50mm 厚的挤塑板，从而增强外墙的保温性能。同时，这种形式的墙板也能解决因做外保温而带来的外墙面装修脱落问题。

（2）环保。工厂化生产能大量减少施工现场的建筑垃圾。

（3）工期短。装配式建筑的大部分墙板及预制叠合板都在工厂生产，能大量降低现场施工强度，甚至省去砌筑和抹灰等工序，因而大大缩短整体工期。

（4）模板用量低。装配式建筑在施工过程中用叠合板做楼板底模板，用外挂墙板做剪力墙的侧模板，可以节省大量的模板。

装配式建筑的缺点如下。

（1）易渗漏。装配式建筑的外挂板，有的平面楼板带止水橡胶条，而高出楼板面200mm 的就没有止水橡胶条了，在没有止水橡胶条的情况下，即使在外缝处用耐候胶进行处理，也仍有渗漏的可能，且耐候胶的使用寿命只有 30 年。

（2）价格高。传统建筑的楼板厚度大约是 100mm，而装配式建筑则是 60mm 厚叠合板加 80mm 厚现浇板，总体厚度远大于传统建筑楼板，以致装配式建筑每平方米造价高于传统建筑，因而不易被消费者接受。

5.2　建筑物的构造组成、分类与分级

5.2.1　建筑物的构造组成及要求

房屋建筑由若干个大小不等的室内空间组合而成，而空间又由各种各样的实体组合而成，

这些实体即建筑构配件。一般民用建筑由基础、墙和柱、梁、楼板层、地面、屋顶、楼梯、门窗等部分组成，附属设施有阳台、雨篷、散水、勒脚、防潮层等，如图 5-2 所示。

民用建筑的构造组成及要求

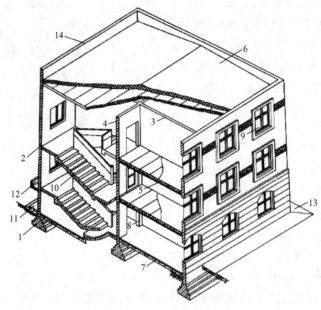

1—基础；2—外墙；3—内横墙；4—内纵墙；5—楼板层；6—屋顶；7—地面；
8—门；9—窗；10—楼梯；11—台阶；12—雨篷；13—散水；14—女儿墙

图 5-2　民用建筑的构造组成

（1）基础。基础是建筑物最下部的承重结构，承受建筑物的全部荷载，并将荷载传递到地基。基础应有足够的强度，并能抵御有害因素的侵袭。

（2）墙和柱。墙和柱是建筑物竖直方向的承重构件，它们承受屋顶和楼板传来的荷载，并将这些荷载传给基础，墙还起到围护和分隔的作用。承重墙应具有足够的强度、稳定性和保温、隔热、隔声、防火等能力，以及具备经济性和耐久性。并非所有的建筑物中都有起承重作用的柱，如砖混结构的房屋就无承重柱。

（3）梁。梁是建筑物中的水平承重构件，楼板及屋顶将竖向荷载传给梁，梁再传递给柱，在框架结构中梁是不可或缺的部分。梁是典型的受弯构件，在竖向荷载作用下产生弯曲变形，一侧受拉，而另一侧受压，同时通过截面之间的相互错动传递剪应力，最终将作用在其上的竖向荷载传递至两边的支座。梁应具有足够的强度、刚度、稳定性和防火等能力，以及具备经济性和耐久性。

（4）楼板层、地面。楼板层将建筑物分为若干层，是建筑物的水平承重构件，承受其上的荷载，并连同自重一起传递给梁、墙或柱，同时对墙体起水平支撑作用。首层地面承受其上的各种使用荷载并传递给地基，也可起保温、隔热、防水作用。

（5）屋顶。屋顶是建筑物顶部的围护和承重构件，由屋面层和承重结构层组成。屋面层抵御风、雨、雪及起到保温、隔热作用，承重结构层承受屋顶的全部荷载，并将荷载传递给梁和墙。屋顶应有足够的强度、刚度及防水、保温、隔热等能力。

（6）楼梯。楼梯是建筑物中的垂直交通设施，供人们平时上下楼层和紧急疏散时使用，要求具有足够的强度和稳定性。

（7）门窗。门主要起到室内外交通联系及空间分隔的作用，同时兼具采光、通风的作用。窗的作用主要是采光和通风。

（8）其他。其他构配件如女儿墙、窗台、散水、勒脚、踢脚、栏杆及扶手等，同样是现代民用建筑不可或缺的一部分。

5.2.2　建筑物的分类

人们根据建筑物的用途、层数或高度、规模大小、重要程度等将它们进行分类、分级，以便根据其所属的类型和等级，制定相应的构造要求及采取相应的构造做法。

1. 按用途分类

按建筑物的用途，通常可以将建筑物分为民用建筑、工业建筑和农业建筑。

（1）民用建筑。

民用建筑是人们大量使用的非生产性建筑，根据具体使用功能的不同，可分为居住建筑和公共建筑两大类。居住建筑是指提供家庭和集体生活起居的建筑物，如住宅、宿舍、公寓等；公共建筑是指提供给人们进行各种社会活动的建筑物，包括行政办公建筑、文教建筑、科研建筑、医疗建筑、商业建筑等。

（2）工业建筑。

工业建筑是指为工业生产服务的各类建筑物，如生产车间、辅助车间、动力用房、仓储建筑等。厂房是典型的工业建筑，厂房又可以分为单层厂房和多层厂房两大类。

（3）农业建筑。

农业建筑是指进行农牧业生产和加工的建筑，如粮库、畜禽饲养场、温室、农机修理站等。

2. 按层数或高度分类

《民用建筑设计统一标准》（GB 50352—2019）将民用建筑按层数或高度分类如下。

（1）建筑高度不大于 27.0m 的住宅建筑、建筑高度不大于 24.0m 的公共建筑及建筑高度大于 24.0m 的单层公共建筑为低层或多层民用建筑。

（2）建筑高度大于 27.0m 的住宅建筑和建筑高度大于 24.0m 的非单层公共建筑，且高度不大于 100.0m 的，为高层民用建筑。

（3）建筑高度大于 100.0m 为超高层建筑。

3. 按规模大小分类

建筑物按规模大小可分为大量性建筑和大型性建筑。

（1）大量性建筑。

大量性建筑指建筑规模不大，但修建数量较多，与人们生活密切相关的、分布面广的建筑物，如住宅、中小学教学楼、医院、中小型影剧院、中小型工厂等。大量性建筑广泛分布在大中小城市及村镇。

（2）大型性建筑。

大型性建筑指规模大、耗资多的建筑物，如大型体育馆、大型剧院、航空港站、博物馆、大型工厂等。与大量性建筑相比，大型性建筑修建数量是很有限的，这类建筑物在一个国家或一个地区具有代表性，对城市面貌的影响也较大。

5.2.3　建筑物的分级

建筑物的等级一般按设计使用年限和耐火性能进行划分。

1. 按设计使用年限分级

根据建筑物的重要性和规模大小，《民用建筑设计统一标准》规定，民用建筑的设计使用年限分为 1、2、3、4 四级，具体见表 5-1。

表 5-1　设计使用年限分级

等　级	设计使用年限/年	示　　例
1	5	临时性建筑
2	25	易于替换结构构件的建筑
3	50	普通建筑和构筑物
4	100	纪念性建筑和特别重要的建筑

2. 按耐火性能分级

《建筑设计防火规范（2018 年版）》（GB 50016—2014）规定，民用建筑的耐火等级可分为一、二、三、四级，具体根据建筑物主要构件的燃烧性能和耐火极限确定。不同耐火等级建筑相应构件的燃烧性能和耐火极限见表 5-2。

表 5-2　不同耐火等级建筑相应构件的燃烧性能和耐火极限　　　　　单位：h

构件名称		耐火等级			
		一级	二级	三级	四级
墙	防火墙	不燃性 3.00	不燃性 3.00	不燃性 3.00	不燃性 3.00
	承重墙	不燃性 3.00	不燃性 2.50	不燃性 2.00	不燃性 0.50
	非承重外墙	不燃性 1.00	不燃性 1.00	不燃性 0.50	可燃性
	楼梯间和前室的墙、电梯井的墙、住宅建筑单元之间的墙和分户墙	不燃性 2.00	不燃性 2.00	不燃性 1.50	不燃性 0.50
	疏散走道两侧的隔墙	不燃性 1.00	不燃性 1.00	不燃性 0.50	不燃性 0.25
	房间隔墙	不燃性 0.75	不燃性 0.50	难燃性 0.50	难燃性 0.25
柱		不燃性 3.00	不燃性 2.50	不燃性 2.00	难燃性 0.50
梁		不燃性 2.00	不燃性 1.50	不燃性 1.00	难燃性 0.50
楼板		不燃性 1.50	不燃性 1.00	不燃性 0.50	可燃性
屋顶承重构件		不燃性 1.50	不燃性 1.00	不燃性 0.50	可燃性

续表

构件名称	耐火等级			
	一级	二级	三级	四级
疏散楼梯	不燃性 1.50	不燃性 1.00	不燃性 0.50	可燃性
吊顶（包括吊顶搁栅）	不燃性 0.25	难燃性 0.25	难燃性 0.15	可燃性

注：① 除《建筑设计防火规范（2018 年）》另有规定外，以木柱承重且墙体采用不燃烧材料的建筑，其耐火等级应按四级确定。

② 一、二级耐火等级建筑的屋面板应采用不燃烧材料。

③ 二级耐火等级建筑内采用难燃性墙体的房间隔墙，其耐火极限不应低于 0.75h；当房间的建筑面积不大于 100m² 时，房间隔墙可采用耐火极限不低于 0.50h 的难燃性墙体或耐火极限不低于 0.30h 的不燃性墙体。

④ 二级耐火等级建筑内采用不燃烧材料的吊顶，其耐火极限不限。

⑤ 建筑内预制钢筋混凝土构件的节点外露部位，应采取防火保护措施，且节点的耐火极限不应低于相应构件的耐火极限。

燃烧性能是指组成建筑物的主要构件在明火或高温作用下燃烧与否，以及燃烧的难易程度。建筑构件根据燃烧性能分为三类，即不燃烧体、难燃烧体和可燃烧体。

不燃烧体是指用不燃烧材料如砖、石、钢筋混凝土、金属等制成的构件。这类材料在空气中受到火烧或高温作用时不起火、不微燃、不碳化。

难燃烧体是指用难燃烧材料如沥青混凝土、板条抹灰、水泥刨花板、经防火处理的木材等制成的构件。这类材料在空气中受到火烧或高温作用时难燃烧、难碳化，离开火源后微燃或燃烧立即停止。

可燃烧体是指用可燃烧材料如木材、胶合板等制成的构件。这类材料在空气中受到火烧或高温作用时会立即起火或燃烧，且离开火源会继续燃烧或微燃。

耐火极限是指按建筑构件的时间-温度标准曲线进行耐火试验，从受到火的作用时起，到失去支持能力（或完整性被破坏，或失去隔火作用）时为止的这段时间，用 h 表示，只要以上三个条件中任意一个条件出现，就可以确定达到耐火极限。

5.3 建筑结构类型

建筑物的构造组成，有的起围护作用，有的起承重作用，有的起发挥建筑物使用功能的作用。我们把其中起承重作用的部分，如梁、板、柱、承重墙、基础、屋顶及楼梯等称为建筑结构构件，建筑结构构件相互连接形成承重骨架，称为建筑结构。根据建筑结构组成的不同，常见民用建筑的建筑结构类型可分为砖混结构、框架结构、剪力墙结构、框架-剪力墙结构、筒体结构及其他空间结构等。

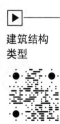

建筑结构类型

1. 砖混结构

砖混结构如图 5-3 所示。砖混结构房屋一般是指楼盖和屋盖采用钢筋混凝土或钢木结构，而墙和柱采用砌体结构建造的房屋，大多用在低层住宅、办公楼及教学楼建筑中。因为砌体的抗压强度高而抗拉强度很低，砖混结构不宜建造大空间的房屋，6 层以下的住宅建筑最适合采用砖混结构。

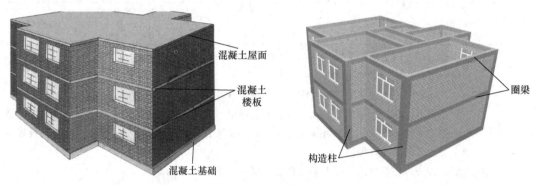

图 5-3　砖混结构

根据承重墙所在的位置，砖混结构有纵墙承重和横墙承重两种方案。纵墙承重方案是楼板支承于梁上，梁把荷载传给纵墙，其横墙的设置主要是为了满足房屋刚度和整体性的要求，这种方案优点是房屋的开间相对大些，使用灵活。横墙承重方案是楼板直接支承在横墙上，横墙是主要承重墙，这种方案优点是房屋的横向刚度大、整体性好，但平面空间使用灵活性差。

2. 框架结构

框架结构如图 5-4 所示。框架结构是利用梁、柱组成纵横两个方向的框架而形成的结构体系，它可以同时承受竖向荷载和水平荷载。其主要优点是建筑平面布置灵活，可形成较大的建筑空间，建筑立面处理也比较方便；主要缺点是侧向刚度较小，当层数较多时，在水平荷载作用下会产生过大的侧移，易引起非结构性构件（如装饰层、隔墙等）破坏，进而影响建筑物的使用。在非地震区，框架结构一般不超过 15 层。框架结构的内力分析通常是用软件建模分析得出的，常用的手工近似计算方法为：竖向荷载作用用分层计算法；水平荷载作用反弯点法；风荷载和地震作用可简化成节点上的水平集中力进行分析。

图 5-4　框架结构

框架结构梁与柱节点的连接构造会直接影响结构的安全，对建筑施工的经济性和便利性也会产生影响。因此，梁与柱节点的混凝土强度等级、梁与柱纵向钢筋伸入节点内的长度、梁与柱节点区域钢筋的布置等，都应符合构造标准和规范。

3. 剪力墙结构

剪力墙结构如图 5-5 所示。剪力墙结构是利用建筑物的墙体做成剪力墙来抵抗水平力的结构。剪力墙一般为钢筋混凝土墙，厚度不小于 160mm，其墙段长度不宜大于 8m。由于剪力墙既能承受竖向荷载，也能承受水平荷载，而高层建筑中水平荷载作用显著，其墙体既受剪又受弯，因此剪力墙结构在 180m 高度范围内都适用，主要适用于小开间的住宅和旅馆等。

图 5-5 剪力墙结构

剪力墙结构的优点是侧向刚度大，水平荷载作用下侧移小；缺点是剪力墙的间距小，建筑平面布置不灵活，不适用于大空间的公共建筑，另外结构自重也较大。

4. 框架-剪力墙结构

框架-剪力墙结构如图 5-6 所示，它是在框架结构中局部设置剪力墙的结构。在框架-剪力墙结构中，剪力墙主要承受水平荷载，竖向荷载主要由框架承担。框架-剪力墙结构具有框架结构平面布置灵活、空间较大的优点，又具有较大的侧向刚度，可以用于不超过 170m 高的建筑物。

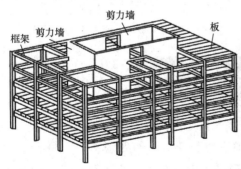

图 5-6 框架-剪力墙结构

框架-剪力墙结构的横向剪力墙宜均匀、对称地布置在建筑物端部附近及平面形状变化处，纵向剪力墙宜布置在建筑物两端附近。在水平荷载的作用下，剪力墙好比固定于基础上的直立悬臂深梁，其变形为弯曲型变形，而框架为剪切型变形。框架与剪力墙通过楼盖连接在一起，楼盖的水平刚度使两者具有共同的变形。在一般情况下，整个建筑物的全部剪力墙至少承受 80％的水平荷载。

5. 筒体结构

在高层建筑，特别是超高层建筑中，水平荷载越来越大，水平荷载将起到控制作用。筒体结构便是抵抗水平荷载最有效的结构体系，整个建筑物犹如一个固定于基础上的封闭空心筒式悬臂梁，用以抵抗水平力，如图 5-7 所示。筒体结构可分为框架-核心筒结构、筒中筒结构和成束筒结构等，这种结构体系适用于高度不超过 300m 的建筑物。

框架-核心筒结构由密排柱和窗下裙梁组成，可视为一个开窗洞的筒体。筒中筒结构的内筒与外筒由楼盖连接成整体，共同抵抗水平荷载及竖向荷载。核心筒及内筒一般由电梯间、楼梯间侧墙组成。成束筒结构也叫多筒结构，它是将多个筒组合在一起，从而具有更大的抵抗水平荷载能力的结构。

图 5-7　筒体结构

6. 其他空间结构

其他空间结构包括桁架结构、网架结构、拱式结构、悬索结构、薄壁空间结构等，这些结构特别适用于大跨度、大空间的建筑物，也可用于内部设柱受限制的大型公共建筑，如体育馆、天文台等。

5.4　建筑变形缝

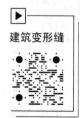
建筑变形缝

在工业与民用建筑中，由于受气温变化、地基不均匀沉降及地震等因素的影响，建筑结构内部会产生附加应力和变形，如处理不当，将会使建筑物产生裂缝甚至倒塌，影响建筑物的使用与安全。通常的解决办法有：①加强建筑物的整体性，使之具有足够的强度与刚度来克服这些破坏应力，而不产生破坏；②预先在这些变形敏感部位将结构断开，留出一定的缝隙，以保证各部分建筑物在这些缝隙中有足够的变形宽度而不造成建筑物的破损。这种将建筑物垂直分割开来的预留缝隙被称为建筑变形缝，如图 5-8 所示。

建筑变形缝的材料及构造应根据其部位和需要分别采取防水、防火、保温、防虫害等

图5-8　建筑变形缝

安全防护措施，并使其在产生位移或变形时不受阻、不被破坏（包括面层）。建筑变形缝根据其作用不同可分为伸缩缝、沉降缝、防震缝三种。

5.4.1　伸缩缝

伸缩缝亦称温度缝，是指为防止建筑构件因温度变化而热胀冷缩，使建筑物出现裂缝或破坏的变形缝。伸缩缝可以将过长的建筑物分成几个长度较短的独立的部分，以减少由于温度变化而使建筑物产生的破坏。在建筑施工中设置伸缩缝时，一般是每隔一定的距离设置一条伸缩缝，或者是在建筑变化较大的地方预留缝隙，将基础以上的建筑构件全部断开，分为各自独立的、能在水平方向自由伸缩的部分，从而使伸缩缝两侧的建筑物能自由伸缩。伸缩缝设置的间距一般为60m，伸缩缝宽度一般为20～30mm。

5.4.2　沉降缝

沉降缝是指当建筑物的地基土质差别较大，或者是与建筑物相邻的其他部分的高度、荷载和结构形式差别较大时设置的变形缝。如果建筑物地基土质差别较大或者与周围的建筑环境不统一，就会造成建筑物的不均匀沉降，甚至会导致建筑物中一些部位出现位移。为了预防上述不良情况的出现，在施工过程中一般会在建筑物适当的位置设置垂直缝隙，把一个建筑物按刚度不同划分为若干个独立的部分，从而使建筑物中刚度不同的各个部分可以自由沉降。沉降缝与伸缩缝不同，沉降缝必须从建筑物基础到屋顶在构造上完全断开，而伸缩缝则不需要将基础断开，同时沉降缝的宽度也可以随着建筑物地基状况和建设高度的不同而不同。

5.4.3　防震缝

防震缝是指将形体复杂和结构不规则的建筑物划分成为体型简单、结构规则的若干个独立单元的变形缝，其主要作用是提高建筑物的抗震性能。防震缝的高侧一般采用双墙、双柱的模式建造，缝隙一般是从建筑物的基础面以上沿建筑物的全高设置，即防震缝从建筑物的基础顶面断开并贯穿建筑物的全高。防震缝的最小缝隙尺寸为100mm，应按高度计算得出，缝的两侧应有墙体将建筑物分为独立单元。

本章小结

（1）建筑工业化的内容是设计标准化、构配件生产工厂化、施工机械化、管理科学化。

（2）建筑模数是指选定的尺寸增值单位，分为基本模数和导出模数，其中导出模数又分为扩大模数和分模数。

（3）装配式建筑是指采用工厂统一生产的构配件，在施工现场拼接装配而成的建筑，具有工厂化生产、机械化施工、管理信息化等特征。装配式建筑类型主要有砌块建筑、板材建筑、盒式建筑、骨架板材建筑、升板和升层建筑等。

（4）常见民用建筑的建筑结构类型可分为砖混结构、框架结构、剪力墙结构、框架-剪力墙结构、筒体结构等。一般民用建筑组成由基础、墙和柱、梁、楼板层、地面、楼梯、屋顶、门窗等部分组成。附属设施有阳台、雨篷、散水、勒脚、防潮层等。

（5）建筑物按用途分为民用建筑、工业建筑和农业建筑。民用建筑等级按其设计使用年限和耐火性能进行划分。

（6）建筑变形缝根据其作用不同可分为伸缩缝、沉降缝、防震缝。

思考题与实践题

一、思考题

1. 民用建筑由哪些部分组成？各组成部分的作用是什么？
2. 什么是建筑模数？建筑模数分为几种？各有什么用途？
3. 设计标准化包括哪几个方面？
4. 装配式建筑的优点有哪些？
5. 建筑结构有哪些类型？
6. 建筑物按规模大小分为哪两类？医院属于哪种类型？
7. 建筑物的耐火等级分为几级？是根据什么确定的？什么叫燃烧性能和耐火极限？
8. 建筑变形缝包括哪几种？各自的主要作用是什么？

二、实践题

1. 观察学校的每栋建筑物，并说出其结构类型。
2. 尝试找出学校教学楼所有的变形缝，并说明其各自属于哪一种变形缝。

第6章 基础与地下室

情境导入

　　基础在建筑物的最下面，与土层直接接触，承受建筑物的全部荷载，是建筑物重要的组成部分。基础有不同的类型，其使用范围也不同。地下室是建筑物下部的空间，利用地下室，既可以在有限的占地面积中争取到更多的使用空间，提高建设用地的利用率，又不需要增加太多的投资，所以设置地下室有一定的经济意义。

思维导图

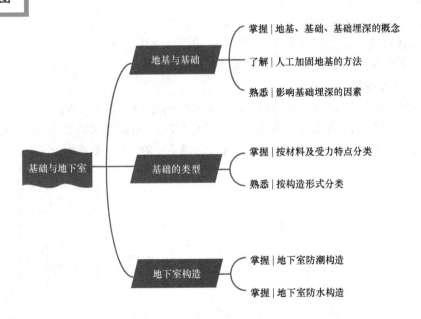

6.1 基础构造

基础是建筑物的组成部分，是建筑物的主要承重结构，处在地面以下，属于隐蔽工程。基础质量的好坏关系着建筑物的安全与否，在建筑设计中，合理地选择基础极为重要。地基则不是建筑物的组成部分，它只是承受建筑物荷载的土层。

6.1.1 地基与基础

1. 地基

地基是基础下面承受荷载的土层，如图 6-1 所示。地基需要有足够的承载力来保证建筑物的稳定和安全，其承受建筑物荷载而产生的应力和应变随着土层深度的增加而减小，在达到一定深度后可忽略不计。

地基分为天然地基和人工地基两大类。天然地基是指具有足够承载力的天然土层，不需要经人工改良或加固就可以直接承受建筑物全部荷载并满足变形要求的地基。人工地基是指天然土层的承载力不能满足要求，即不能直接在这样的土层上建造基础，需要进行人工处理来提高承载力并满足变形要求的地基。人工地基常用的处理方法有：换土垫层法，振密、挤密法，排水固结法，置换法，加筋法，胶结法，冷、热处理法等。

2. 基础

基础是建筑物的重要组成部分之一，它与地基是两个不同的概念。

基础是建筑物埋在地面以下的承重结构，用以承受建筑物的全部荷载，并将这些荷载及其自重一起传给下面的地基。地基、基础与荷载的关系如图 6-1 所示。

3. 基础埋置深度

基础埋置深度是指从基础底面至室外设计地坪的垂直距离，简称埋深，如图 6-2 所示。根据埋深的不同，基础分为深基础和浅基础，埋深大于等于 5m 或埋深大于等于基础宽度的 4 倍的基础称为深基础；埋深在 0.5~5m 或埋深小于基础宽度的 4 倍的基础称为浅基础。

基础的类型和构造

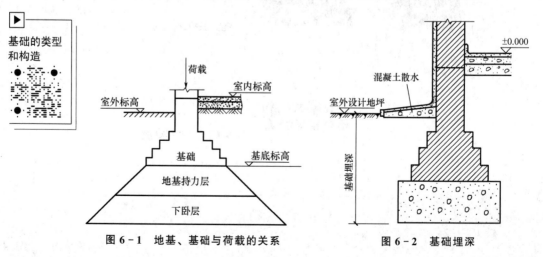

图 6-1 地基、基础与荷载的关系 　　　图 6-2 基础埋深

在满足地基稳定和变形要求及有关条件的前提下，基础应尽量浅埋，即优先选用浅基础。浅基础的特点是构造简单、施工方便、造价低。同时，基础的埋深不宜过浅，因为地基受到建筑物荷载作用后可能将四周土挤走，使基础失稳，或地面受到雨水冲刷或机械破坏导致基础暴露。基础埋深不得小于 0.5m。

影响基础埋深的因素主要有以下几方面。

（1）建筑物自身的特性，如建筑物的用途，有无地下室、设备基础等，基础的形式和构造。

（2）作用在地基上的荷载大小和性质。

（3）工程地质和水文地质条件。

（4）相邻建筑物的基础埋深。

6.1.2 无筋扩展基础和扩展基础

基础的类型较多，分类方法也不尽相同。基础按所用材料可分为砖基础、毛石基础、灰土基础、混凝土基础、钢筋混凝土基础等。《建筑地基基础设计规范》（GB 50007—2011）中按受力特点将基础分为无筋扩展基础和扩展基础。

1. 无筋扩展基础

无筋扩展基础是指由砖、毛石、混凝土或毛石混凝土、灰土和三合土等材料组成的，且不需配置钢筋的墙下条形基础或柱下独立基础，也称为刚性基础。它的特点是：抗压性能好，而整体性、抗拉性、抗弯性、抗剪性能差。无筋扩展基础适用于多层民用建筑和轻型厂房。

从受力和传力角度考虑，当建筑物荷载增大时，只有将基础底面积不断扩大，才能适应地基承载力的要求。试验发现，上部结构在基础中传递压力是沿一定角度分布的，这个角度称为刚性角，用 α 表示。为了保证基础不因受拉、受剪破坏，基础必须有足够的高度，即基础台阶的挑出宽度 b 与高度 H 之比（基础台阶宽高比）要受到一定的限制（图 6-3），使得基础宽度 B_0 在刚性角范围内 [图 6-4（a）]，基础宽度超过刚性角范围会导致基础破坏 [图 6-4（b）]。无筋扩展基础台阶宽高比的允许值见表 6-1。

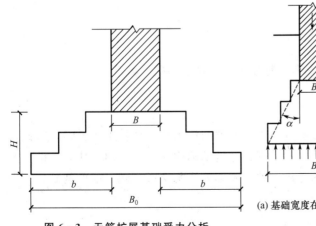

图 6-3 无筋扩展基础受力分析

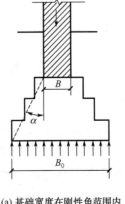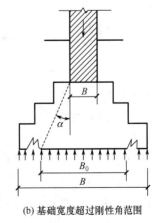

(a) 基础宽度在刚性角范围内　(b) 基础宽度超过刚性角范围

图 6-4 无筋扩展基础受力特点

表 6-1 无筋扩展基础台阶宽高比的允许值

基础材料	质量要求	台阶宽高比的允许值		
		$P_k \leqslant 100$	$100 < P_k \leqslant 200$	$200 < P_k \leqslant 300$
混凝土基础	C15 混凝土	1:1.00	1:1.00	1:1.25
砖基础	砖不低于 MU10 砂浆不低于 M5	1:1.50	1:1.50	1:1.50
毛石基础	砂浆不低于 M5	1:1.25	1:1.50	—

注：① P_k 为荷载效应标准组合时基础底面处的平均压力值（kPa）。

② 阶梯形毛石基础的每阶伸出宽度，不宜大于 200mm。

③ 当基础由不同材料叠合组成时，应对接触部分做抗压验算。

④ 基础底面处的平均压力值超过 300kPa 的混凝土基础，尚应进行抗剪验算。

2. 扩展基础

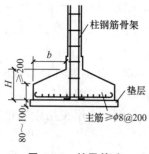

图 6-5 扩展基础

扩展基础即钢筋混凝土基础，也称为柔性基础，如图 6-5 所示。它的特点是：抗弯能力强，不受刚性角限制。扩展基础适用范围较广，尤其适用于高层建筑或有软弱土层的地基。

扩展基础的一般构造要求如下。

（1）锥形基础的边缘高度不宜小于 200mm，阶梯形基础的每阶高度宜为 300~500mm。

（2）垫层的厚度不宜小于 70mm，垫层混凝土强度等级不宜低于 C10。

（3）扩展基础底板受力钢筋的最小直径不应小于 10mm，间距不应大于 200mm，也不应小于 100mm。墙下钢筋混凝土条形基础纵向分布钢筋的直径不应小于 8mm，间距不应大于 300mm，每延米分布钢筋的面积不应小于受力钢筋面积的 15%。有垫层时钢筋保护层的厚度不应小于 40mm，无垫层时不应小于 70mm。

（4）混凝土强度等级不应低于 C20。

6.1.3 基础的构造类型

基础依据构造形式，可分为独立基础、条形基础、井格基础、筏形基础、箱形基础、桩基础等。

1. 独立基础

当建筑物上部结构采用框架结构柱承重或单层排架结构承重，且柱距较大时，基础常采用方形、圆柱形或多边形等形式的独立式基础，这类基础称为独立基础。独立基础一般适用于土质均匀、荷载均匀的框架结构建筑。独立基础分为阶梯形基础、锥形基础、杯形基础三种，如图 6-6 所示。

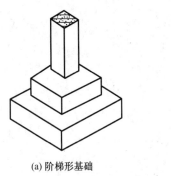

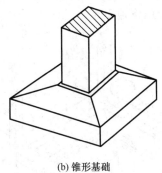

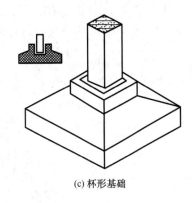

(a) 阶梯形基础　　　　　　　(b) 锥形基础　　　　　　　(c) 杯形基础

图6-6　独立基础

2. 条形基础

连续的长条形状基础称为条形基础，如图6-7所示。条形基础一般用于墙下，也可以用于柱下。当建筑物采用墙承重结构时，通常将墙底加宽形成墙下条形基础，如图6-7（a）所示；当建筑物采用柱承重结构时，在荷载较大且地基较软弱处，为了提高建筑物的整体性，防止出现不均匀沉降，可将柱下基础沿一个方向连续设置成条形基础，如图6-7（b）所示。

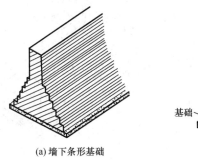

(a) 墙下条形基础　　　　　　　　(b) 柱下条形基础

图6-7　条形基础

3. 井格基础

当建筑物处在地基条件较差的情况时，为了提高建筑物的整体性，避免不均匀沉降，常将柱下基础沿纵、横方向连接起来，形成十字交叉的井格基础，如图6-8所示。

4. 筏形基础

建筑物荷载较大，地基承载力较弱时，常采用钢筋混凝土底板来承受建筑物荷载，形成筏形基础。筏形基础是把柱下独立基础或者条形基础全部用连系梁联系起来，下面再整体浇注底板而成，其整体性好，能很好地抵抗地基不均匀沉降。一般来说，在地基承载力不均匀或者地基软弱时可采用筏形基础，除此之外，筏形基础还广泛应用于高层建筑中。筏形基础分为平板式筏形基础和梁板式筏形基础，如图6-9所示。

5. 箱形基础

箱形基础由钢筋混凝土底板、顶板和若干纵横墙组成，形成中空箱体的整体结构来共同承受上部结构的荷载，如图6-10所示。箱形基础整体空间刚度大，有利于抵抗地基的不均匀沉降，一般适用于高层建筑或在软弱地基上建造上部荷载较大的建筑物。当箱形基础的中空部分尺寸较大时，可将基础用作地下室。

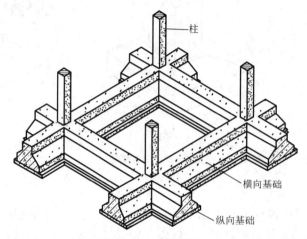

图 6-8　井格基础

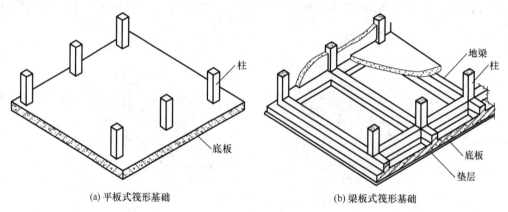

(a) 平板式筏形基础　　　　　　　　(b) 梁板式筏形基础

图 6-9　筏形基础

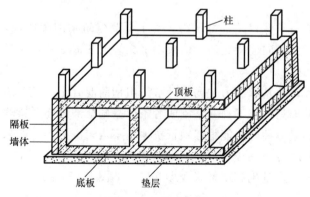

图 6-10　箱形基础

6. 桩基础

当建筑物荷载较大，地基软弱土层的厚度在 5m 以上，基础不能埋在软弱土层中，或对软弱土层进行人工处理困难或不经济时，常采用桩基础。桩基础由基桩和连接桩顶的承台共同组成，如图 6-11 所示，其在高层建筑中应用广泛。桩基础按照基础的受力原理分为端承桩和摩擦桩，如图 6-12 所示。

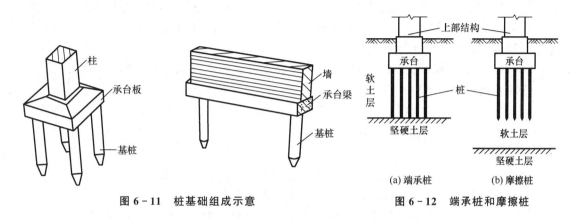

图 6-11 桩基础组成示意

图 6-12 端承桩和摩擦桩

6.2 地下室构造

6.2.1 地下室的组成与分类

地下室是建筑物中处于室外地面以下的房间。在房屋底层以下建造地下室，可以提高建筑用地效率。一些高层建筑基础埋深很大，充分利用这一深度来建造地下室，其经济效果和使用效果俱佳。

1. 地下室的组成

地下室一般由顶板、底板、外墙、门窗、采光井、楼梯等组成，如图 6-13 所示。

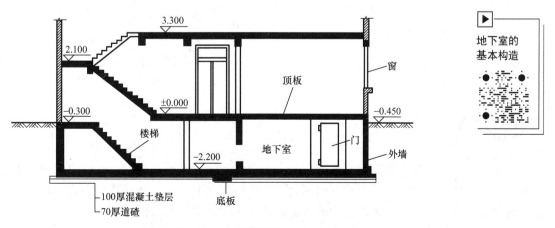

地下室的基本构造

图 6-13 地下室结构示意

（1）顶板。地下室的顶板采用现浇或预制混凝土板，板的厚度按首层使用荷载计算，防空地下室则应按相应防护等级的荷载计算。

（2）底板。当地下水位高于地下室地面时，地下室的底板不仅承受作用在它上面的垂直荷载，还承受地下水的浮力，因此底板必须具有足够的强度、刚度、抗渗透能力和抗浮能力。

（3）外墙。地下室的外墙不仅承受上部的垂直荷载，还要承受土壤、地下水及土壤冻结产生的侧压力，因此地下室外墙的厚度应按计算确定。地下室外墙采用最多的是钢筋混凝土外墙。

（4）门窗。地下室的门窗与地上部分相同。当地下室的窗台低于室外地面时，为了保证采光和通风，应设采光井。

（5）采光井。采光井由侧墙、底板、遮雨设施或铁算子等组成，如图 6-14 所示。一般每个窗户设一个采光井，当窗户的距离很近时，也可将采光井连在一起。

（6）楼梯。地下室的楼梯一般与地面部分楼梯结合设置，防空地下室至少应有两部楼梯通向地面，并且必须有一部楼梯通向安全出口。

2. 地下室的分类

地下室按功能分类，有普通地下室和人防地下室；按结构材料分类，有砖墙结构地下室和混凝土结构地下室；按构造形式分类，有半地下室和全地下室。

（1）半地下室。房间地面低于室外地坪的平均高度，大于该房间平均净高的 1/3，且小于等于 1/2 的地下室，称为半地下室，如图 6-15 所示。这类地下室一部分在地面以上，可以利用外墙外的采光井解决采光和通风问题。

（2）全地下室。房间地面低于室外地坪的平均高度，大于该房间平均净高的 1/2 的地下室，称为全地下室，如图 6-15 所示。

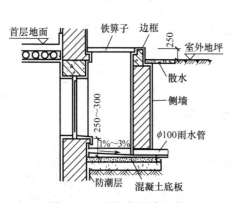

图 6-14 采光井构造示意

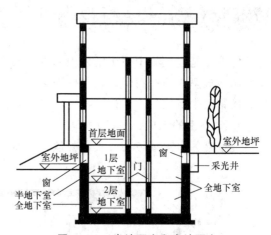

图 6-15 半地下室和全地下室

6.2.2 地下室防潮和防水

地下室的外墙和底板都深埋在地下，受到土中水和地下水的浸渗。因此，防潮和防水是地下室设计中所要解决的一个重要问题。一般可根据地下室的标准和结构形式、水文地质条件等来确定防潮和防水方案。当地下室底板高于地下水位时可做防潮处理，当地下室底板有可能泡在地下水中时应做防水处理。

1. 地下室防潮

当地下水的最高水位低于地下室底板 300~500mm，而且地基范围内的土壤不能形成上层滞水时，需要对地下室做防潮处理。地下室防潮处理包括墙身垂直防潮和地坪处水平防潮，如图 6-16 所示。

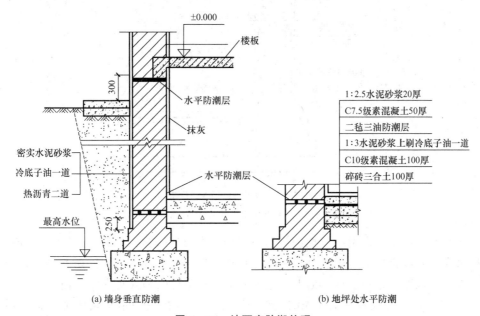

(a) 墙身垂直防潮   (b) 地坪处水平防潮

图 6-16 地下室防潮处理

（1）地下室墙身垂直防潮。

当地下水位较低时，地下室墙身垂直防潮处理方法如下。

① 外墙外侧用 15mm 厚 1∶3 水泥砂浆打底，10mm 厚 1∶2 水泥砂浆抹面，并刷防水涂料两道。

② 在墙体外侧刷 20mm 厚聚合物水泥防水砂浆，对混凝土墙体不必另做处理。

（2）地下室地坪处水平防潮。

墙体水平防潮层需设置两道，一道设在地下室地坪以下 60mm 处，一道设置在室外地坪以上 200mm 处，以防地潮沿地下墙身或勒脚处墙身侵入室内。若墙体采用现浇钢筋混凝土墙，则不需做防潮处理。

2. 地下室防水

当最高地下水位高于地下室底板时，底板和部分外墙被浸在水中，需要对地下室做防水处理。地下室防水处理包括防水混凝土防水、卷材防水、涂膜防水。

（1）防水混凝土防水。

当地下室的墙体和底板均为钢筋混凝土结构时，可通过增加混凝土的密实度或在混凝土中加入防水剂、加气剂等方式来提高混凝土的抗渗性能。地下室采用防水混凝土时，外墙厚度不得小于 200mm，底板厚度不得小于 150mm。为防止地下水腐蚀钢筋混凝土结构，在墙体外侧应先用水泥砂浆找平，然后刷冷底子油一道、热沥青两道来进行隔离，如图 6-17 所示。

（2）卷材防水。

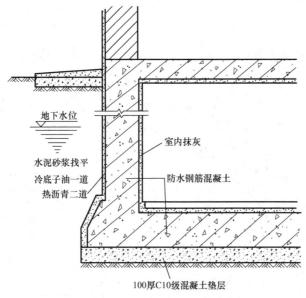

图 6-17 地下室防水混凝土防水构造

卷材防水一般采用高聚物改性沥青防水卷材（如 SBS 改性沥青防水卷材、APP 改性沥青防水卷材）或合成高分子卷材与相应的胶黏材料结合形成地下室的防水层。在施工过程中，卷材一般贴在结构的迎水面上，施工方法有外防外贴和外防内贴两种。

① 外防外贴：在底板垫层上先铺设卷材防水层，并在围护结构墙体施工完成后，再将立面卷材防水层直接铺贴在围护结构的外墙面，然后采取保护措施的地下室防水施工方法，如图 6-18 所示。这种地下室防水施工方法的优点是随时间的推移，围护结构墙体的

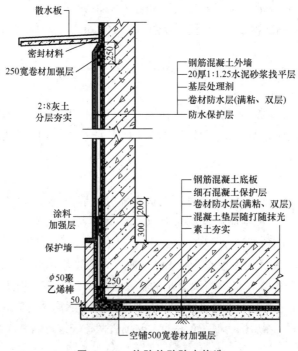

图 6-18 外防外贴防水构造

混凝土将会逐渐干燥，能有效防止室内潮湿；但当基坑采取大开挖和板桩支护时，则需采取措施，以解决水平支撑部位造成地下室堵漏的问题。

② 外防内贴：在底板垫层上先将永久性保护墙全部砌完，再将卷材防水层铺贴在永久性保护墙和底板垫层上，待地下室防水层全部做完，最后浇筑围护结构混凝土的地下室防水施工方法，如图 6-19 所示。这种地下室防水施工方法是在施工环境条件受到限制，难以实施外防外贴时而不得不采用的一种地下室防水施工方法。

（3）涂膜防水。

涂膜防水是在常温下，以刷涂、刮涂、辊涂等方式，将防水涂料涂盖在地下室结构表面的防水做法，具体如图 6-20 所示。

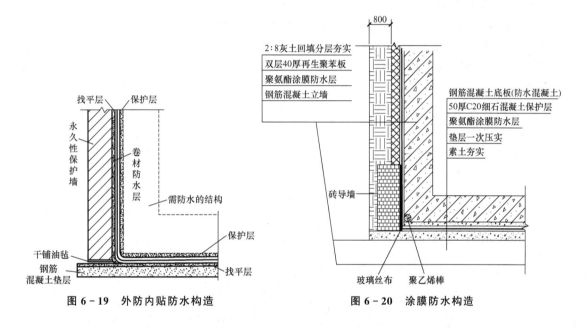

图 6-19　外防内贴防水构造　　　　图 6-20　涂膜防水构造

本 章 小 结

（1）基础是建筑物埋在地面以下的承重结构，地基是基础下面承受荷载的土层。地基分为天然地基和人工地基两大类。

（2）基础按受力特点分为无筋扩展基础和扩展基础；按构造形式分为独立基础、条形基础、井格基础、筏形基础、箱形基础、桩基础等。

（3）地下室是建筑物中处于室外地面以下的房间，一般由顶板、底板、外墙、楼梯、门窗、采光井等组成。

（4）地下室的外墙和底板都深埋在地下，受到土中水和地下水的浸渗。因此，地下室须做防潮和防水处理。防潮和防水处理的做法取决于地下室地坪与地下水位的关系。

（5）地下室防水处理包括防水混凝土防水、卷材防水、涂膜防水。

思考题与实践题

一、思考题

1. 简述基础与地基的概念。

2. 地基的类型有哪些？

3. 图示说明什么是基础埋深。

4. 基础按受力特点分为哪几类？

5. 无筋扩展基础有哪些？

6. 基础按构造形式分为哪几类？各自的适用范围是什么？

7. 地下室由哪几个部分组成？

8. 简述地下室防潮构造要点。

9. 图示地下室防水混凝土防水构造。

10. 图示地下室卷材防水构造。

二、实践题

根据图 6-21 所示基础平面图，判定该基础的类型。

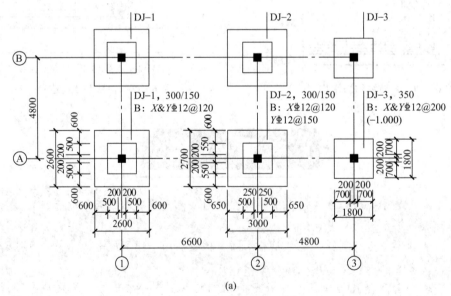

(a)

图 6-21 基础平面图

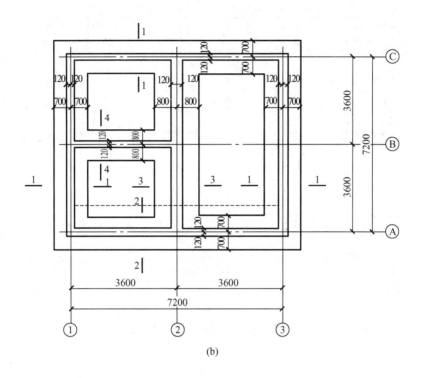

(b)

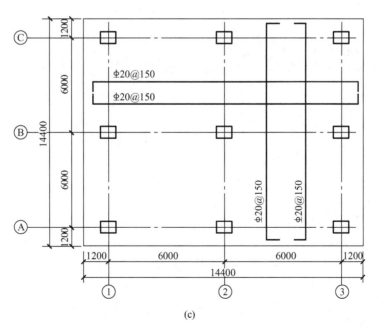

(c)

图 6-21 基础平面图（续）

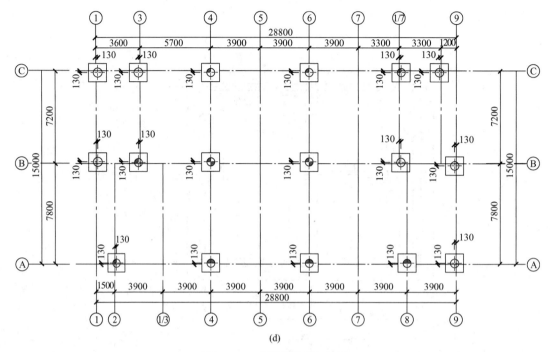

(d)

图6-21 基础平面图（续）

第7章 墙体

情境导入

墙体是房屋不可缺少的重要组成部分，它与楼板层、屋顶被称为建筑物的主体工程。墙体的质量约占房屋总质量的 $40\%\sim45\%$，墙体的造价约占工程总造价的 $30\%\sim40\%$，所以，在选择墙体的材料和构造方法时，应综合考虑建筑物的造型、结构、经济等方面的因素。

思维导图

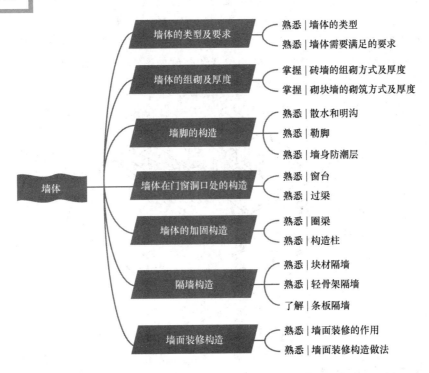

7.1　墙体的类型及要求

7.1.1　墙体的类型

墙体是房屋的重要组成部分，其作用可以概括为：承重、围护、分隔。在墙体承重的结构中，墙体承担其顶部的楼板或屋顶传递的荷载、墙体的自重、风荷载、地震作用等，并将它们传递给墙下部的基础。墙体可以抵御自然界的风、雨、雪的侵袭，防止太阳辐射、噪声干扰，减少室内热量的散失，起到保温、隔热、隔声、防水等作用。同时，墙体还将建筑物室内空间与室外空间分隔开来，并将建筑物内部划分为若干个房间或若干个使用空间。

墙体的类型及要求

按照不同的分类方法，墙体有不同的类型。

1. 按墙体的位置分类

（1）内墙：位于建筑物内部的墙，主要起分隔作用。

（2）外墙：位于建筑物四周与室外接触的墙，主要起围护作用。

2. 按墙体的方向分类

（1）纵墙：沿建筑物长轴方向布置的墙。外纵墙也称檐墙。

（2）横墙：沿建筑物短轴方向布置的墙。外横墙也称山墙。

在一面墙上，窗与窗、窗与门之间的墙称为窗间墙，窗洞口下部的墙称为窗下墙；屋顶上部的墙称为女儿墙或封檐墙。墙体的位置和名称如图 7-1 所示。

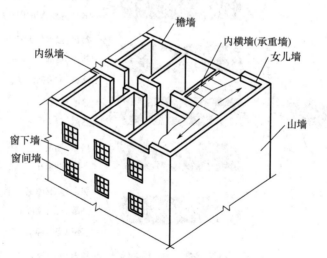

图 7-1　墙体的位置和名称

3. 按墙体的受力情况分类

（1）承重墙：直接承受上部屋顶、楼板、梁传来的荷载的墙。

（2）非承重墙：不承受上部传来的荷载的墙。非承重墙包括以下几种类型。

① 自承重墙：只承受自重的墙。

② 框架填充墙：框架结构中填充在柱子间的墙。

③ 隔墙：分隔内部空间且其自重由楼板或梁承担的墙。

④ 幕墙：悬挂于建筑物结构外部的轻质墙。

4. 按墙体的构造方式分类

（1）复合墙：由两种或两种以上的材料组合而成的墙体，常用承重材料与保温材料复合组成。

（2）实体墙：由实心砖或其他砌块砌筑，或由混凝土等材料浇筑而成的实心墙体。

（3）空体墙：由实心砖砌筑而成的空斗墙或由空心砖砌筑的具有空腔的墙体。

5. 按墙体的施工方法分类

（1）叠砌式墙：用砂浆等胶结材料将砖、石或砌块等块材组砌而成的墙体，如砖墙、砌块墙等。

（2）板筑式墙：预先设置模板，然后在模板内夯实或浇筑材料形成的墙体，如钢筋混凝土墙。

（3）装配式墙：预先制成墙板构件，然后在现场进行拼装的墙体，如大板墙、幕墙等。

6. 按构成墙体的材料和制品分类

按构成墙体的材料和制品分类，墙体有砖墙、石墙、砌块墙、混凝土墙、玻璃幕墙、复合板墙等。

7.1.2 墙体需要满足的要求

1. 满足强度和稳定性要求

墙体的强度与墙体所用材料、墙体的厚度及构造和施工方式有关。墙体的稳定性则与墙的长度、高度和厚度有关，一般应通过控制墙体的高厚比保证墙体的稳定性，也可通过加设墙垛、壁柱、圈梁、构造柱及拉结钢筋等措施增加其稳定性。

2. 满足热工要求

建筑物的构造应与所在地区的气候条件相适应。在严寒地区和寒冷地区的墙体应具有良好的保温性能，满足在采暖期减少室内热量散失、降低能耗、防止墙体表面和内部产生凝结水的要求；南方炎热地区则要求外墙具有良好的隔热能力，以阻隔太阳辐射热传入室内，同时适当兼顾冬季保温；温暖地区的房屋应兼顾冬季保温和夏季隔热。

3. 满足防火要求

墙体的燃烧性能和耐火极限应符合防火规范的有关规定。在较大的建筑物中，当建筑物的单层建筑面积或长度达到一定指标时应进行防火区域的划分，防止火灾蔓延。划分防火区域一般通过设置防火墙、防火卷帘和防火水幕等。

4. 满足隔声要求

为了使室内有安静的环境，保证人们的工作、生活不受噪声干扰，墙体应有一定的隔声能力。声音的传递有两种形式，一种是声响发生后，通过空气、透过墙体传递到人耳，称为空气传声；另一种是直接撞击墙体或楼板，发出的声音传递到人耳，称为固体传声。墙体隔声主要是隔绝空气传声，可采取增加墙体密实性及厚度、加强墙体的缝隙处理、采用有空气间层或多孔性材料的夹层墙等措施提高墙体的隔声能力。

5. 其他要求

墙体除了应满足以上要求外，还应满足以下几方面的要求。

（1）防水、防潮的要求。卫生间、厨房、实验室等用水的房间及地下室的墙体应采取防潮、防水措施，选择良好的防水材料及恰当的构造做法，保证墙体的坚固和耐久性，使室内有良好的卫生环境。

（2）建筑工业化的要求。建筑工业化的关键是墙体施工方式的改革，必须改变手工生产和操作，提高机械化施工的程度，降低劳动强度，并应采用轻质高强度的墙体材料，以减轻墙体自重，降低成本。

（3）经济方面的要求。在进行墙体设计时，还应考虑就地取材，选用轻质墙体材料，这样可以节约运输费用、减轻墙体自重、降低成本。

7.2 墙体的组砌及厚度

7.2.1 砖墙的组砌方式及厚度

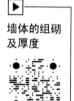
墙体的组砌及厚度

砖墙的组砌是指砖块在砌体中排列组成墙体。砖墙组砌应满足横平竖直、砂浆饱满、错缝搭接、避免出现通缝等基本要求，以保证墙体的强度和稳定性。

1. 实体砖墙

实体砖墙是指由砖平砌或平砌与侧砌结合而成的内部无空腔的墙体。在实体砖墙组砌中，把砖的长方向垂直于墙面平砌的砖称为丁砖，把砖的长方向平行于墙面平砌的砖称为顺砖，每排列一层平砌砖为"一皮"。实体砖墙的组砌方式如图 7-2 所示。

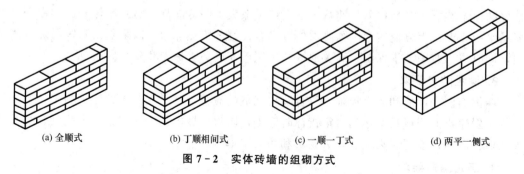

| (a) 全顺式 | (b) 丁顺相间式 | (c) 一顺一丁式 | (d) 两平一侧式 |

图 7-2 实体砖墙的组砌方式

（1）全顺式。每皮均为顺砖，上下错缝 120mm，适用于砌筑 120mm 厚砖墙。

（2）丁顺相间式。又称为梅花丁、沙包丁。在每皮之内，丁砖和顺砖相间砌筑而成，优点是墙面美观，常用于清水墙的砌筑。

（3）一顺一丁式。丁砖和顺砖隔层砌筑，这种筑方法整体性好，主要用于砌筑一砖及以上的墙体。

（4）两平一侧式。每层由两皮顺砖与一皮侧砖组合相间砌筑而成，主要用来砌筑180mm厚砖墙。

2. 空斗墙

空斗墙是指由砖侧砌或侧砌与平砌结合而成的内部有空腔的墙体。空斗墙中平砌砖称为眠砖，侧砌砖称为斗砖，一般把砖的长方向垂直于墙面的斗砖称为丁斗砖，把砖的长方向平行于墙面的斗砖称为顺斗砖。空斗墙的组砌方式如图7-3所示。

（1）无眠空斗式。没有眠砖，全为斗砖，丁斗砖和顺斗砖相间砌筑。

（2）一眠一斗式。眠砖和斗砖隔层砌筑，斗砖中丁斗砖和顺斗砖相间砌筑。

（3）一眠多斗式。一层眠砖，多层斗砖（一般为两层或三层），斗砖中丁斗砖和顺斗砖相间砌筑。

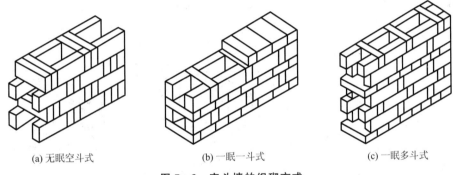

(a) 无眠空斗式　　　　　(b) 一眠一斗式　　　　　(c) 一眠多斗式

图7-3　空斗墙的组砌方式

3. 砖墙的厚度

砖墙的厚度一般用砖长来表示，如半砖墙、3/4砖墙、一砖墙、一砖半墙、两砖墙等，相应的构造尺寸为115mm、178mm、240mm、365mm、490mm等，但习惯上以它们的标志尺寸来称呼，如12墙、18墙、24墙、37墙、49墙等，如图7-4所示。

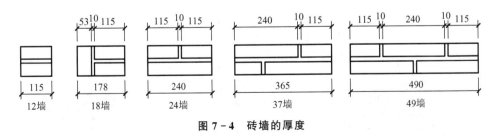

图7-4　砖墙的厚度

7.2.2 **砌块墙的砌筑方式及厚度**

砌块墙的砌筑与砖墙类似，应分皮错缝。因砌块较大不易现砍，所以在搭砌之前需进行排列设计。砌块排列设计应满足以下要求：①上下皮应错缝搭接；②纵横墙交接处和外墙转角交接处应使砌块彼此咬接搭砌（图 7-5）；③应优先采用较大规格砌块并提高主砌块的使用率；④为减少砌块规格类型，允许使用极少量的砖来镶砖填缝（图 7-6）；⑤采用混凝土小型空心砌块时，上下皮砌块应孔对孔、肋对肋，以保证有足够的接触面（图 7-7）。

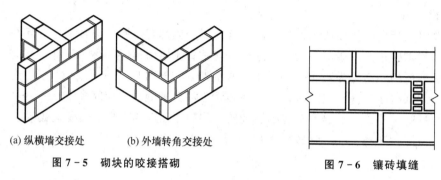

(a) 纵横墙交接处   (b) 外墙转角交接处

图 7-5 砌块的咬接搭砌

图 7-6 镶砖填缝

砌块的规格如图 7-8 所示。小型砌块墙体的厚度通常采用 90（100）mm、190（200）mm、290（300）mm 等。

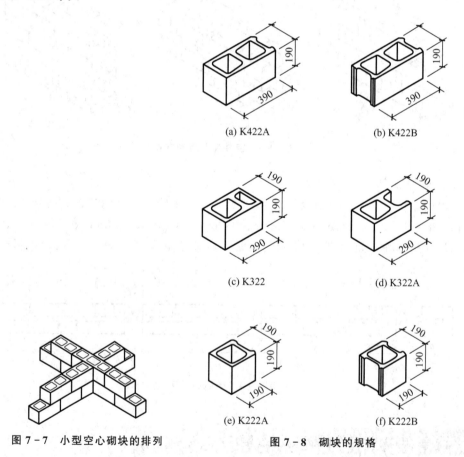

(a) K422A

(b) K422B

(c) K322

(d) K322A

(e) K222A

(f) K222B

图 7-7 小型空心砌块的排列

图 7-8 砌块的规格

7.3　墙脚的构造

7.3.1　散水和明沟

1. 散水

为了防止室外地面水、墙面水及屋檐水对墙基的侵蚀，常沿建筑物外墙四周将室外地面做成向外倾斜的坡面，以将建筑物附近的地面水及时排走，这一坡面称为散水，如图7-9所示。

散水和明沟

图7-9　散水

散水坡度宜为3%～5%，宽度一般为600～1000mm（图7-10），当屋面排水方式为自由排水时，散水应比屋面檐口宽出200～300mm。散水与外墙交接处应设分隔缝，以防止外墙下沉时散水被拉裂，如图7-11所示。同时，散水沿纵向每隔6～10m应设一道伸缩缝，缝内均应用有弹性的防水材料嵌缝。散水的做法通常有混凝土散水、块石散水、卵石散水等，如图7-12所示。

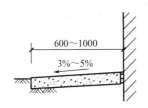

图7-10　散水坡度及宽度

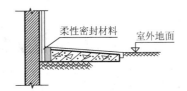

图7-11　散水与外墙交接处

2. 明沟

对于雨水较多的地区，也可在散水外缘或直接在建筑物外墙根部设置排水沟，将水有组织地导入排水系统，该排水沟称为明沟。明沟一般用混凝土浇筑而成，或用砖砌、石砌而成，如图7-13所示。

明沟的宽度及深度均不应大于400mm，沟底应沿纵向设置排水坡度，坡度不小于0.5%。明沟的做法如图7-14所示。

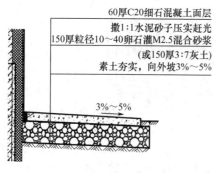

(a) 混凝土散水

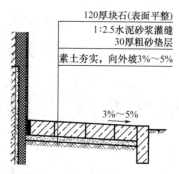

(b) 块石散水

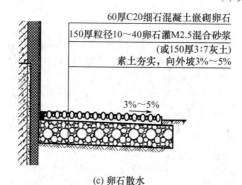

(c) 卵石散水

图 7-12 散水的做法

图 7-13 明沟

7.3.2 勒脚

勒脚是建筑物外墙接近室外地面部位的墙身加厚部分，如图 7-15 所示，其作用主要是保护近地墙身，防止机械碰撞使墙身受损，防止雨雪直接侵蚀破坏墙身，同时具有装饰立面使其美观的作用。勒脚处的外墙面应采用强度较高、防水性能好的材料进行保护。勒脚的做法如图 7-16 所示。

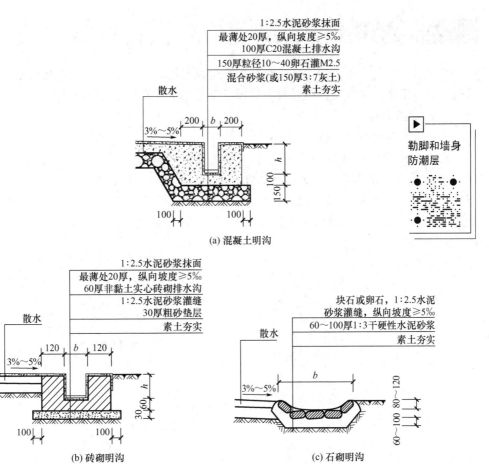

图 7-14 明沟的做法

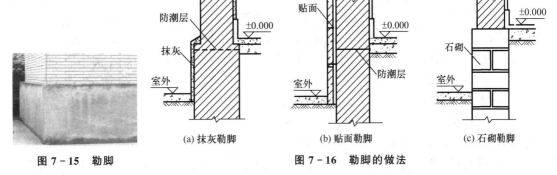

图 7-15 勒脚

图 7-16 勒脚的做法

（1）抹灰勒脚。在勒脚部位抹 20mm 厚 1∶3 水泥砂浆，或做水刷石、斩假石等。

（2）贴面勒脚。在勒脚部位镶贴或干挂防水性能好的材料，如大理石板、花岗岩板、水磨石板、面砖等。

（3）石砌勒脚。整个墙脚采用强度高、耐久性和防水性好的天然石材砌筑。

7.3.3 墙身防潮层

为了防止地下土壤中的水分沿墙体上升侵蚀墙体，提高墙体的坚固性与耐久性，保证室内干燥、卫生，应在墙身中设置防潮层。防潮层有水平防潮层和垂直防潮层两种。

1. 水平防潮层

（1）水平防潮层的位置。

水平防潮层应沿建筑物内外墙水平、连续交圈铺设，一般应在室内地面不透水垫层（如混凝土）范围以内，通常在室内地面以下60mm处设置，并且要高于室外地坪至少150mm，以防雨水溅湿墙身。当室内地面垫层为透水材料时（如碎石、炉渣等），水平防潮层一般与室内地面平齐或高于室内地面60mm。水平防潮层的位置如图7-17所示。

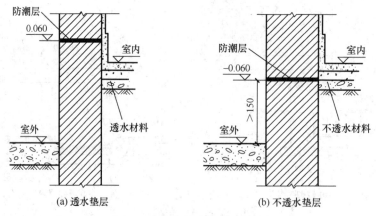

图7-17 水平防潮层的位置

（2）水平防潮层的做法。

① 油毡防潮层［图7-18（a）］。在防潮层位置先抹20mm厚水泥砂浆找平层，然后干铺一层油毡或做一毡二油（先刷热沥青，再铺油毡，最后再刷热沥青）。油毡防潮层具有一定的韧性、延伸性，防潮效果较好，但易老化失效，而且油毡使墙身隔离，降低了墙体的整体性和抗震能力。

② 防水砂浆防潮层［图7-18（b）］。在防潮层位置抹20mm厚1:2.5水泥砂浆掺5%的防水剂配制成的防水砂浆，也可以用防水砂浆砌筑3～5皮砖。这种方法能保证墙身的整体性，但砂浆容易开裂，降低防潮效果。

③ 细石混凝土防潮层［图7-18（c）］。在防潮层位置浇筑60mm厚与墙同宽的细石混凝土，内配3φ6或3φ8纵向钢筋。这种防潮层抗裂性好，且与砌体结合成一体，适用于刚度要求较高的建筑物。

④ 当建筑物在水平防潮层位置设置了基础圈梁时，可由基础圈梁代替水平防潮层，如图7-18（d）所示。

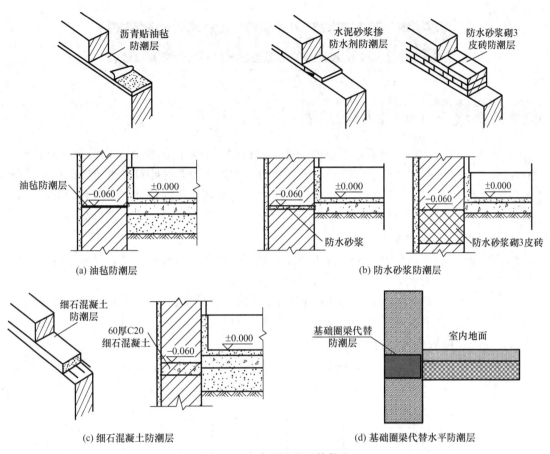

图 7 - 18   水平防潮层的做法

2. 垂直防潮层

当室内地面出现高差或室内地面低于室外地面时，要在两边地面相应的墙身处设高、低两道水平防潮层，并在两道水平防潮层之间靠近土壤的垂直墙面上做垂直防潮层，如图 7 - 19 所示。垂直防潮层的具体做法是：先用水泥砂浆将墙面抹平，然后刷一道冷底子油（沥青用汽油、煤油等稀释溶解后的溶液），再刷两道热沥青；也可采用掺有防水剂的砂浆进行抹面。

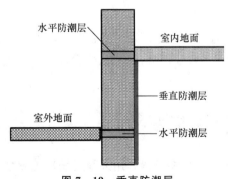

图 7 - 19   垂直防潮层

7.4 墙体在门窗洞口处的构造

7.4.1 窗台

墙体在门窗
洞口处的构
造——窗台
与过梁

窗台是窗洞口下部的构造，以窗框为界，位于室外一侧的称为外窗台，位于室内一侧的称为内窗台。窗台的作用主要是排除窗外侧流下的雨水，防止雨水渗入墙身或沿窗缝渗入室内，避免雨水侵蚀污染外墙面，同时也起到一定的装饰作用。当墙很薄，窗框沿墙内缘安装时，可不设内窗台。

1. 外窗台

外窗台面一般应低于内窗台面，并向外倾斜形成坡度，以利于排水。外窗台的构造有悬挑窗台和不悬挑窗台两种。

悬挑窗台常用砖平砌或侧砌挑出 60mm 形成［图 7-20（a）和图 7-20（b）］，也可采用钢筋混凝土窗台［图 7-20（c）］。悬挑窗台底部外边缘抹灰时应抹出滴水线（滴水槽），以防止雨水沿窗台底面流回墙面。

不悬挑窗台一般用于内墙或阳台处，当外墙墙面是瓷砖等防水且容易冲洗的材料时也可以做不悬挑窗台，如图 7-20（d）所示。

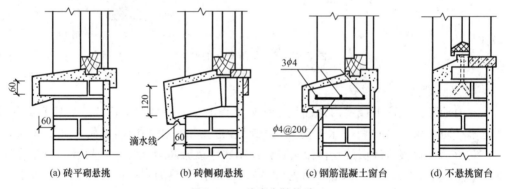

| (a) 砖平砌悬挑 | (b) 砖侧砌悬挑 | (c) 钢筋混凝土窗台 | (d) 不悬挑窗台 |

图 7-20 外窗台的构造

2. 内窗台

内窗台一般水平设置，如图 7-21 所示。通常可以结合室内装修做成水泥砂浆抹灰窗台、木板窗台、贴面砖窗台、大理石板窗台、花岗岩板窗台、人造石板窗台、预制水磨石板窗台等。

7.4.2 过梁

过梁是指设置在门窗洞口上部的横梁，用来承受洞口上部墙体传来的荷载，并将荷载传给窗间墙。按照过梁采用的材料和构造分类，常用的过梁有砖拱过梁、钢筋砖过梁和钢

图 7-21　内窗台

筋混凝土过梁。

1. 砖拱过梁

砖拱过梁是由砖侧砌和立砌形成的，砌筑时砖对称于中间向两边倾斜，灰缝呈上宽（不大于 15mm）下窄（不小于 5mm）的楔形，砖与砖相互挤压形成拱状，跨度一般不超过 1.2m。砖拱过梁有平拱和弧拱两种形式，如图 7-22 所示。

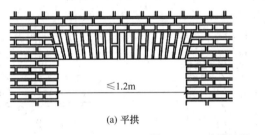

(a) 平拱　　　　　　　　　　　　(b) 弧拱

图 7-22　砖拱过梁

砖拱过梁可节约钢材和水泥，但施工复杂，整体性差，不适用于上部有集中荷载、有较大振动荷载或可能产生不均匀沉降的建筑物，工程中使用较少。

2. 钢筋砖过梁

钢筋砖过梁是指由砖平砌形成且底部砂浆层内配有钢筋的过梁。其构造要点为：先在门窗洞口上方支立模板，铺设厚度不小于 30mm 的水泥砂浆，并在砂浆层内放置纵向钢筋，钢筋直径一般为 6mm，间距不大于 120mm，钢筋两端要伸入墙内至少 240mm，并在端部做 60mm 高的垂直弯钩埋入墙体竖向灰缝中；然后在砂浆层上砌筑 5～7 皮砖，砌筑方法与砖墙一致，如图 7-23 所示。钢筋砖过梁跨度一般不超过 1.5m。

钢筋砖过梁施工比较简单，但整体性略差，不适用于上部有集中荷载、有较大振动荷载或者可能产生不均匀沉降的建筑物。但当墙身为清水墙时，采用钢筋砖过梁可使建筑立面获得统一的效果。

3. 钢筋混凝土过梁

钢筋混凝土过梁有现浇和预制两种，截面形状主要有矩形和 L 形。矩形截面多用于内墙和外混水墙中，如图 7-24 (a) 所示；L 形截面多用于外清水墙和有保温要求的墙体中，L 口朝向室外，如图 7-24 (b) 所示。工程中为简化构造、节约材料，可将过梁与悬

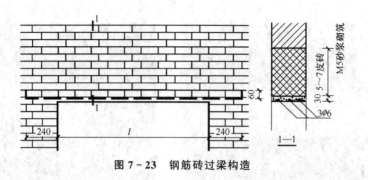

图 7 - 23　钢筋砖过梁构造

挑雨篷、窗楣板或遮阳板等结合起来设计，其形式有平墙式、带窗套式、带窗楣式等，如图 7 - 24（c）～图 7 - 24（e）所示。

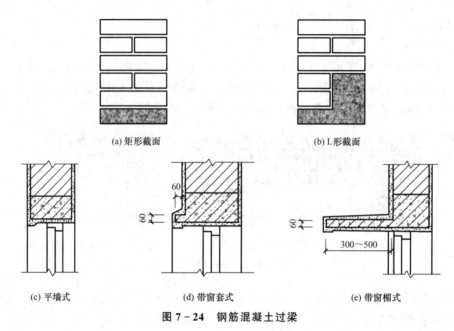

(a) 矩形截面　　　　　　　　　(b) L形截面

(c) 平墙式　　　　(d) 带窗套式　　　　(e) 带窗楣式

图 7 - 24　钢筋混凝土过梁

　　钢筋混凝土过梁梁宽一般等于墙厚，梁高与墙体所用的块材皮数相对应，以便墙体连续砌筑，如普通砖墙中过梁梁高一般为 60mm 的倍数，如 60mm、120mm、180mm、240mm 等。

　　钢筋混凝土过梁坚固耐用，施工简便，可用于门窗洞口跨度较大、上部有集中荷载、有较大振动荷载或者可能产生不均匀沉降的建筑物，目前在工程中广泛采用。

7.5　墙体的加固构造

7.5.1　圈梁

1. 圈梁的定义及作用

圈梁是沿着建筑物外墙、内纵墙及部分内横墙设置的连续封闭的梁，主要在砌体结构中设置，如图 7-25 所示。

墙体的加固
构造——圈
梁与构造柱

图 7-25 圈梁

圈梁的作用是增强房屋的空间刚度和整体性，防止由于地基不均匀沉降、振动荷载等引起的墙体开裂。对于有抗震设防要求的建筑物，圈梁可以提高其抗震能力及抗倒塌能力。

2. 圈梁的设置要求

圈梁的设置位置及数量与建筑物的高度、层数、砌体所用材料、地基状况及抗震要求等有关，主要设置在屋面标高处、每层楼面标高处及基础顶面等。《建筑抗震设计规范（2016 年版）》（GB 50011—2010）规定，装配式钢筋混凝土楼、屋盖或木屋的多层砖房，应该按表 7-1 的要求设置圈梁。

表 7-1 多层砌体房屋现浇钢筋混凝土圈梁设置要求

墙类	抗震设防烈度		
	6 度、7 度	8 度	9 度
外墙和内纵墙	屋盖处及每层楼盖处	屋盖处及每层楼盖处	屋盖处及每层楼盖处
内横墙	同上；屋盖处间距不应大于 4.5m；楼盖处间距不应大于 7.2m；构造柱对应部位	同上；各层所有横墙，且间距不应大于 4.5m；构造柱对应部位	同上；各层所有横墙

圈梁在设置时可以和楼板或屋面板在同一标高，即圈梁顶面和楼板或屋面板顶面平齐，称为板平圈梁；也可以紧靠楼板或屋面板的板底设置，称为板底圈梁，如图 7-26 所示。

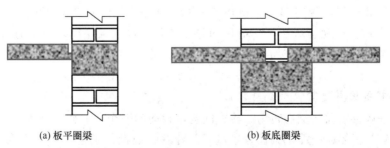

(a) 板平圈梁　　　　　　　　　　　　(b) 板底圈梁

图 7-26 圈梁与楼板的位置关系

3. 圈梁的类型及构造

圈梁主要有钢筋砖圈梁和钢筋混凝土圈梁两种。

钢筋砖圈梁是用不低于 M5 的砂浆砌筑 4~6 皮砖形成的，并在底层和顶层灰缝中分别设置至少 3 根纵向钢筋，钢筋不少于 Φ6@120。工程中钢筋砖圈梁使用较少。

钢筋混凝土圈梁的宽度一般与墙厚相同，当墙厚大于 240mm 时，圈梁的宽度可以适当减小，但不宜小于墙厚的 2/3，如图 7-27 所示。圈梁的高度与砌体所用材料有关，砖砌体房屋圈梁高度不应小于 120mm，砌块砌体房屋圈梁高度一般不小于 200mm。钢筋混凝土圈梁中混凝土强度等级一般不低于 C20，内配置钢筋，其中纵筋不少于 4Φ10，箍筋一般不少于 Φ6@250。目前工程中主要采用钢筋混凝土圈梁。

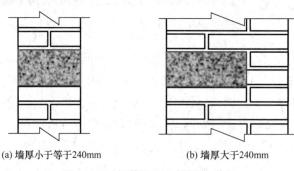

(a) 墙厚小于等于240mm   (b) 墙厚大于240mm

图 7-27　钢筋混凝土圈梁的宽度

4. 圈梁遇到洞口时的处理

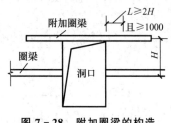

图 7-28　附加圈梁的构造

圈梁设置时应在同一平面内连续闭合，若遇到门窗洞口，且圈梁正好在洞口顶部，则直接连续通过洞口顶部，并兼作过梁；若遇到门窗洞口中间部位，圈梁被洞口截断，则应在洞口顶部设置附加圈梁。附加圈梁的构造如图 7-28 所示。附加圈梁的截面及配筋不得小于圈梁的截面及配筋。

圈梁可以兼作过梁，但是过梁不可以代替圈梁。

7.5.2　构造柱

1. 构造柱的定义及作用

在多层砌体房屋的规定部位，按构造配筋，并按先砌墙后浇筑混凝土柱的施工顺序制成的混凝土柱，称为构造柱。构造柱的作用是从竖向加强层间墙体的连接，与圈梁一起构成空间骨架，加强建筑物的整体刚度，提高墙体抗变形的能力，约束墙体裂缝的开展。

2. 构造柱的设置要求

构造柱一般设置在建筑物转角、楼梯间与电梯间的四个角、内外墙交接处、较大洞口两侧及某些较长墙体的中部，其设置应满足《建筑抗震设计规范（2016 年版）》的相关规定，具体见表 7-2。

表 7 – 2 多层砌体房屋构造柱设置要求

房屋层数				设置部位	
6度	7度	8度	9度		
四、五	三、四	二、三		楼、电梯间四角，楼梯斜梯段上下端对应墙体处；外墙四角和对应转角；错层部位横墙与外纵墙交接处；大房间内外墙交接处；较大洞口两侧	隔12m或单元横墙与内纵墙交接处；楼梯间对应的另一侧内横墙与外纵墙交接处
六	五	四	二		隔开间横墙（轴线）与外墙交接处；山墙与内纵墙交接处
七	≥六	≥五	≥三		内墙（轴线）与外墙交接处；内墙的局部较小墙垛处；内纵墙与横墙（轴线）交接处

注：表中6度、7度、8度、9度指抗震设防烈度。

3. 构造柱的做法

构造柱的截面尺寸不宜小于 240mm×180mm，纵向钢筋一般为 4Φ12，箍筋不少于 Φ6@250，在离圈梁上下不小于 1/6 层高或 500mm 范围内，箍筋需加密至间距 100mm。构造柱的施工方式是先砌墙留出马牙槎，后浇混凝土，并沿墙高每隔 500mm 设置 2Φ6 的拉结钢筋，每边伸入墙内不小于 1m。构造柱的做法如图 7 – 29 所示。

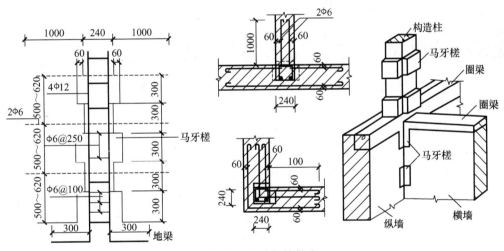

图 7 – 29 构造柱的做法

混凝土小型空心砌块墙构造柱如图 7 – 30 所示，其截面不宜小于 190mm×190mm，混凝土强度等级不应低于 C20。

构造柱可不单独设置基础，但应深入室外地面以下 500mm，或锚入浅于 500mm 的基础圈梁内。

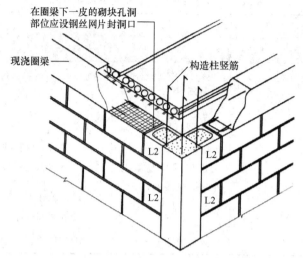

图 7 - 30　混凝土小型空心砌块墙构造柱

7.6　隔墙构造

　　隔墙是建筑物中不承受任何外来荷载，只起分隔室内空间作用的墙体。常用的隔墙有块材隔墙、轻骨架隔墙、条板隔墙等。

7.6.1　块材隔墙

　　块材隔墙是指用普通砖、空心砖及各种轻质砌块砌筑的隔墙，常用的有普通砖隔墙和砌块隔墙两种。

1. 普通砖隔墙

　　普通砖隔墙有 1/2 砖隔墙和 1/4 砖隔墙之分。

　　对 1/2 砖隔墙，当采用 M2.5 砂浆砌筑时，其高度不宜超过 3.6m，长度不宜超过5m；当采用 M5 砂浆砌筑时，其高度不宜超过 4m，长度不宜超过 6m；否则在构造上除砌筑时应与承重墙牢固搭接外，还应在墙身每隔 1.2m 高处加 2φ4 拉结筋予以加固。此外，砖隔墙顶部与楼板或梁相接处不宜过于填实，或使砖砌体直接接触楼板和梁，应将上两皮砖斜砌或留出 30mm 的空隙，然后填塞墙与楼板间的空隙，以防止楼板或梁产生挠度致使隔墙被压坏。

　　对 1/4 砖隔墙，宜用 M5 砂浆砌筑，高度不应超过 3m。1/4 砖隔墙一般多用于面积不大且无门窗的墙体。当隔墙上有门时，要用预埋铁件或用带有木楔的混凝土预制块将砖墙与门框拉接牢固。

　　普通砖隔墙构造如图 7 - 31 所示。普通砖隔墙坚固耐久，有一定的隔声能力；但自重大，施工速度慢。

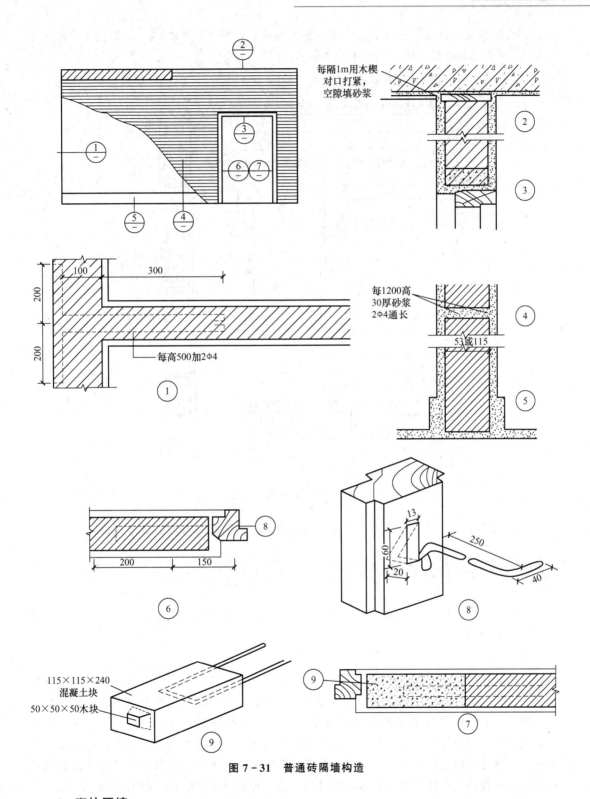

图 7-31 普通砖隔墙构造

2. 砌块隔墙

采用各种空心砌块、加气混凝土块、粉煤灰硅酸盐块等砌筑的砌块隔墙，大都具有质量轻、孔隙率大、保温隔热性能好、节省黏土等特点,但其吸水性强,一般应先在隔墙下部实砌3～5皮实心黏土砖,如图7-32所示。

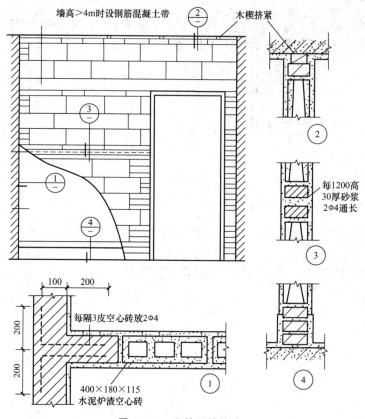

图 7-32　砌块隔墙构造

若隔墙的砌块较薄,也需采取措施增强其稳定性,方法与普通砖隔墙相同。

7.6.2　轻骨架隔墙

轻骨架隔墙是以木材、钢材或铝合金等构成骨架,把面层粘贴、涂抹、镶嵌或钉在骨架上形成的隔墙。

1. 骨架

骨架的种类很多,常用的有木骨架和型钢骨架。近年来,为了节约木材和钢材,各地出现了不少利用地方材料和轻金属制成的骨架,如石膏骨架、轻钢骨架和铝合金骨架等。

轻钢骨架是由各种形式的薄型钢加工制成的,也称轻钢龙骨,它具有强度高、刚度大、质量轻、整体性好、易于加工和大批量生产及防火、防潮性能好等优点,因此被广泛应用。轻钢骨架由上槛、下槛、墙筋、横撑或斜撑组成。骨架的安装过程是先用射钉或螺栓将上、下槛固定在楼板上,然后安装轻钢骨架。轻钢骨架隔墙构造如图7-33所示。

2. 面层

面层所使用的人造板材面板可用镀锌螺栓或金属夹子固定在骨架上。为提高隔墙的隔

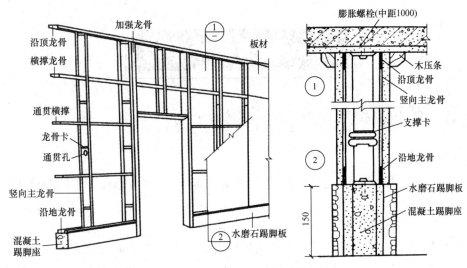

图7-33　轻钢骨架隔墙构造

声能力，可在面板间填岩棉等轻质、有弹性的材料。胶合板、硬质纤维板等以木材为原料的板材多用木骨架，石膏板多用轻钢骨架。

7.6.3　条板隔墙

条板隔墙是采用工厂生产的制品板材，用黏结材料拼合固定形成的隔墙。条板隔墙单板相当于房间净高，面积较大，不依赖于骨架直接装配形成，具有自重轻、安装方便、施工速度快、工业化程度高等特点。

常用的条板有加气混凝土条板、石膏条板、碳化石灰条板、泰柏板及各种复合板等。条板的厚度大多为60～100mm，宽度为600～1200mm。为便于安装，条板长度应略小于房间净高。安装时，板下留20～30mm缝隙，用对口木楔打紧，板下缝隙用细石混凝土堵严。条板安装完毕后，用胶泥刮平板缝后即可做饰面。图7-34为碳化石灰条板隔墙示例。

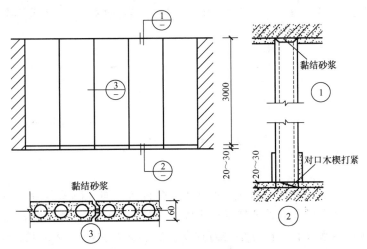

图7-34　碳化石灰条板隔墙示例

7.7　墙面装修构造

7.7.1　墙面装修的作用

1. 保护墙体

外墙面装修层能防止墙体直接受到风吹、日晒、雨淋、冰冻等影响；内墙面装修层能防止人们在使用建筑物时产生的水、污物和机械碰撞等对墙体的直接危害，延长墙体的使用年限。

2. 改善墙体的物理性能，保证室内的使用条件

装修层增加了墙体的厚度，提高了墙体的保温能力。内墙面经过装修变得平整、光洁，可以加强光线的反射，提高室内亮度。内墙面若采用吸声材料装修，还可以改善室内的音质效果。

3. 美观建筑环境，提高艺术效果

墙面装修是建筑空间艺术处理的重要手段之一。墙面的色彩、质感、线脚和纹样等都可以在一定程度上改善建筑物的内外形象和气质，表现建筑物的艺术个性。

7.7.2　墙面装修构造做法

外墙面装修层位于室外，常受到风、雨、雪和大气中腐蚀气体的侵蚀，故外墙面装修层要采用强度高、抗冻性强、耐水性好及具有抗腐蚀性的材料。内墙面装修层则由室内使用功能决定。

墙面装修按施工工艺可分为勾缝、抹灰、贴面、涂刷、裱糊、镶钉和幕墙等。

1. 勾缝

勾缝仅限用于砌体基层的墙面。砌体墙砌好后，为了防止雨水侵入，需用 1∶1 或 1∶1.5 水泥砂浆勾缝，勾缝的形式如图 7-35 所示。为进一步提高装饰效果，可在勾缝砂浆中掺入颜料。

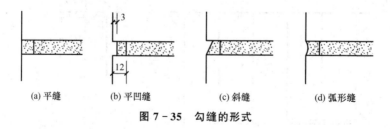

(a) 平缝　　　　(b) 平凹缝　　　　　(c) 斜缝　　　　　(d) 弧形缝

图 7-35　勾缝的形式

2. 抹灰

墙面抹灰装修是以水泥、石灰或石膏等为胶结材料，加入砂或石渣，用水拌和成砂浆或石渣浆做墙体的饰面层。为保证抹灰层牢固、平整，防止开裂及脱落，抹灰前应先将基层表面清理干净、洒水湿润，再分层进行抹灰。底层抹灰主要起黏结和初步找平的作用，厚度为 10～15mm；中层抹灰主要起进一步找平的作用，厚度为 5～12mm；面层抹灰主要起使表面光洁、美观的作用，达到装修效果，厚度为 3～5mm。抹灰层的厚度视装修部位不同而异，一般外墙抹灰层厚度为 20～25mm，内墙为 15～20mm。

抹灰类墙面的质量等级分为普通抹灰和高级抹灰两级。

（1）普通抹灰：一层底层抹灰、一层中层抹灰、一层面层抹灰。

（2）高级抹灰：一层底层抹灰、多层中层抹灰、一层面层抹灰。

根据抹灰层采用的材料和工艺要求，抹灰装修分为一般抹灰和装饰抹灰。一般抹灰有石灰砂浆、水泥砂浆、混合砂浆、纸筋灰等抹灰装修做法，装饰抹灰有水刷石、干粘石、斩假石、拉毛灰、彩色灰等抹灰装修做法。常用抹灰装修做法见表 7-3。

表 7-3　常用抹灰装修做法

抹灰名称		做法说明	适用范围
纸筋灰或仿瓷涂料墙面		① 14mm 厚 1：3 石灰膏砂浆打底 ② 2mm 厚纸筋（麻刀）灰或仿瓷涂料抹面 ③ 刷（喷）内墙涂料	砖基层的内墙面
混合砂浆墙面		① 15mm 厚 1：1：6 水泥石灰膏砂浆找平 ② 5mm 厚 1：0.3：3 水泥石灰膏砂浆面层 ③ 刷（喷）内墙涂料	砖基层的内墙面
水泥砂浆墙面	（1）	① 10mm 厚 1：3 水泥砂浆打底扫毛或划出纹道 ② 9mm 厚 1：3 水泥砂浆刮平扫毛 ③ 6mm 厚 1：2.5 水泥砂浆罩面	砖基层的外墙面或有防水要求的内墙面
	（2）	① 刷（喷）一道 108 胶水溶液 ② 6mm 厚 2：1：8 水泥石灰膏砂浆打底扫毛或划出纹道 ③ 6mm 厚 1：1：6 水泥石灰膏砂浆刮平扫毛 ④ 6mm 厚 1：2.5 水泥砂浆罩面	加气混凝土等轻型基层外墙面
水刷石墙面	（1）	① 12mm 厚 1：3 水泥砂浆打底扫毛或划出纹道 ② 刷素水泥浆一道 ③ 8mm 厚 1：1.5 水泥石子（小八厘）罩面，水刷露出石子	砖基层外墙面
	（2）	① 刷加气混凝土界面处理剂一道 ② 6mm 厚 1：0.5：4 水泥石灰膏砂浆打底扫毛 ③ 6mm 厚 1：1：6 水泥石灰膏砂浆抹平扫毛 ④ 刷素水泥浆一道 ⑤ 8mm 厚 1：1.5 水泥石子（小八厘）罩面，水刷露出石子	加气混凝土等轻型基层外墙面
斩假石（剁斧石）墙面		① 12mm 厚 1：3 水泥砂浆打底扫毛或划出纹道 ② 刷素水泥浆一道 ③ 10mm 厚 1：2.5 水泥石子（米粒石内掺 30% 石屑）罩面赶光压实 ④ 剁斧斩毛两遍成活	外墙面

对于经常受到碰撞的内墙阳角，应用 1：2 水泥砂浆做护角，护角高不应小于 2m，每侧宽度不应小于 50mm，如图 7-36 所示。

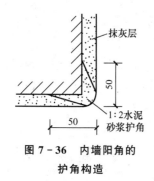

图 7-36 内墙阳角的护角构造

3. 贴面

贴面装修是指将各种天然或人造板材、块材绑挂或直接粘贴于基层表面的装修做法。贴面装修具有耐久性强、防水、易于清洗、装修效果好的优点，被广泛用于外墙装修和潮湿房间的墙面装修。常用的贴面材料有面砖、瓷砖、陶瓷锦砖、预制水磨石板、大理石板、花岗岩板等。

（1）面砖、瓷砖、陶瓷锦砖墙面装修。

这三种贴面材料的共同特点是单块尺寸小、质量轻，通常直接用水泥砂浆将它们粘贴于墙面上。面砖、瓷砖墙面的具体构造做法是：将墙面清理干净后，先抹 15mm 厚 1：3 水泥砂浆打底，再抹 5mm 厚 1：1 水泥细砂砂浆粘贴面层材料，如图 7-37（a）所示。面砖的排列方式和接缝大小对立面效果有一定的影响，通常有横铺、竖铺和错开排列等方式。陶瓷锦砖一般按设计图案要求，生产时反贴在 300mm×300mm 牛皮纸上，粘贴前先用 15mm 厚 1：3 水泥砂浆打底，再用 1：1 水泥细砂砂浆粘贴陶瓷锦砖，用木板压平，待砂浆硬结后，用水湿润，洗去牛皮纸即可，如图 7-37（b）所示。

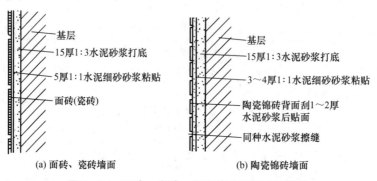

(a) 面砖、瓷砖墙面

- 基层
- 15厚1：3水泥砂浆打底
- 5厚1：1水泥细砂砂浆粘贴
- 面砖（瓷砖）

(b) 陶瓷锦砖墙面

- 基层
- 15厚1：3水泥砂浆打底
- 3~4厚1：1水泥细砂砂浆粘贴
- 陶瓷锦砖背面刮1~2厚水泥砂浆后贴面
- 同种水泥砂浆擦缝

图 7-37 面砖、瓷砖、陶瓷锦砖墙面装修构造

（2）天然石板及人造石板墙面装修。

天然石板主要指花岗岩板和大理石板，花岗岩板质地坚硬，不易风化，且能适应各种气候变化，故多用作室外装修。大理石的表面经磨光后，其纹理雅致，色彩明亮，如同自然山水的图案，但抗风化能力差，故多用作室内装修。

天然石板的加工尺寸一般为 600mm×600mm、800mm×800mm、600mm×800mm，厚度一般为 20m、25mm。安装时，多采用栓结与砂浆黏结相结合的做法，即先在墙身或柱内预埋间距 500mm 左右的 Φ6U 形钢筋，在其上绑扎 Φ6 或 Φ8 双向钢筋，形成钢筋网，再用铜丝或镀锌钢丝穿过石板上下边预钻的小孔，将石板绑扎在钢筋网上，如图 7-38（a）所示。石板与墙体之间保持 30~50mm 宽的缝隙，缝中用 1：3 水泥砂浆（浅色石板用白水泥白石屑，以防透底）浇灌，每次灌缝高度应低于板口 50mm 左右。

人造石板常见的有仿大理石板、水磨石板等，其构造做法与天然石板相同，但人造石板是在板背面预埋钢筋挂钩（安装环），用铜丝或镀锌钢丝将其绑扎在水平钢筋上，再用砂浆填缝，如图 7-38（b）所示。

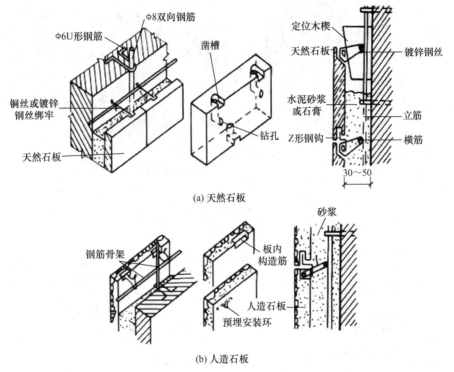

(a) 天然石板

(b) 人造石板

图 7-38　天然石板及人造石板装修构造

目前，越来越多石板墙面采用石材干挂法，即用型钢做骨架，板材侧面开槽，用专用的不锈钢或铝合金挂件连接于角钢架上，在缝中垫泡沫条，然后打硅酮胶密封，如图 7-39 所示。

4. 涂刷

涂刷装修是指将各种涂料涂刷在基层表面而形成牢固的膜层，以达到保护和装修墙面的目的。它具有省工、省料、工期短、工效高、自重轻、更新方便、造价低廉的优点。

涂刷装修采用的材料有无机涂料（如石灰浆、大白浆、水泥浆等）和有机涂料（如乳胶漆、油漆等），装修时多以抹灰层为基层，也可以直接涂刷在砖、混凝土、木材等基层上。具体施工工艺应根据装修要求，采取刷涂、辊涂、弹涂、喷涂等方法完成。目前乳胶漆涂料在内外墙的装修上应用广泛，可以喷涂和刷涂在较平整的基层表面。

5. 裱糊

裱糊装修是将各种具有装饰性的墙纸、墙布等卷材用胶结剂裱糊在墙面上形成饰面的做法。

裱糊装修用的墙纸有 PVC 塑料墙纸、纺织物面墙纸等，墙布有玻璃纤维墙布、锦缎等。墙纸和墙布是幅面较宽并带有多种图案的卷材，它要求粘贴在坚硬、表面平整、不裂缝、不掉粉的洁净基层上，如水泥砂浆层、水泥石灰膏砂浆层、木质板及石膏板等。裱糊前应在基层上刷一道清漆封底（防潮作用），然后按幅宽弹线，再刷专用胶液粘贴。粘贴

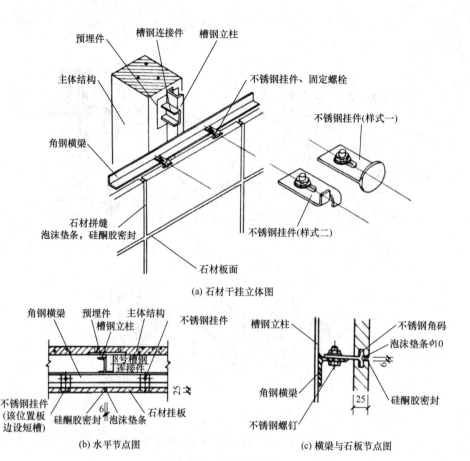

（a）石材干挂立体图

（b）水平节点图

（c）横梁与石板节点图

图 7 - 39　石材干挂法

时应自上而下缓缓展开，排除空气并一次成活。

6. 镶钉

镶钉装修是指把各种人造薄板铺钉或胶黏在墙体的龙骨上，形成装修层的做法。这种装修做法目前多用于墙、柱面的木装修。

镶钉装修的墙面由龙骨和面板组成，龙骨骨架有木骨架和金属骨架，面板有硬木板、胶合板（包括薄木饰面板）、纤维板、石膏板等。

图 7 - 40 所示为镶钉木墙面装修构造。

7. 幕墙

幕墙是悬挂在建筑物周围结构上，形成外围护墙的立面。按照幕墙板材的不同，幕墙分为玻璃幕墙、金属幕墙、石材幕墙等。

现以玻璃幕墙为例，说明其构造。玻璃幕墙一般由结构框架、填衬材料和幕墙玻璃组成。玻璃幕墙按其组合形式和构造方式，分为框架外露系列、框架隐藏系列和用玻璃做肋的无框架系列；按施工方法又分为现场组合的分件式玻璃幕墙和工厂预制后再到现场安装的板块式玻璃幕墙两种。

（1）分件式玻璃幕墙。

分件式玻璃幕墙一般以竖梃作为龙骨柱、横档作为梁组合成幕墙的框架，然后将窗

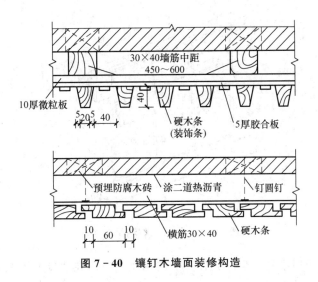

图 7-40 镶钉木墙面装修构造

框、玻璃、衬墙等按顺序安装，如图 7-41（a）所示。竖梃用连接件和楼板固定，横档与竖梃通过角形连接件进行连接。上下两根竖梃的连接必须设在楼板连接件位置附近，且必须在接头处插入一截断面小于竖梃内孔的铸铝内衬套管作为加强措施，如图 7-41（b）所示。上下竖梃在接头端应留出 15～20mm 的伸缩缝，缝须用密封胶堵严，以防止雨水进入。

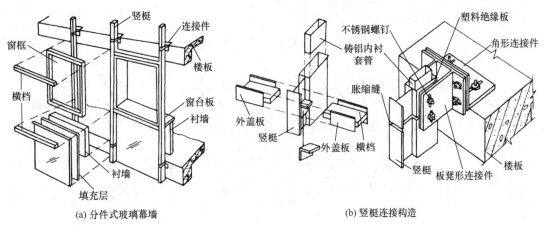

(a) 分件式玻璃幕墙　　　　　　　　　(b) 竖梃连接构造

图 7-41 分件式玻璃幕墙构造

（2）板块式玻璃幕墙。

板块式玻璃幕墙的幕墙板块须设计成定型单元，在工厂预制，每一单元一般由 3～8 块玻璃组成，每块玻璃尺寸不宜超过 1500mm×3500mm，如图 7-42 所示。为了便于室内通风，在单元上可设计上悬窗式的通风扇，通风扇的大小和位置根据室内布置要求确定。

预制板块还应与建筑结构的尺寸相配合。当预制板块悬挂在楼板上时，板块的高度尺寸同层高；当预制板块以柱子为连接点时，板块的长度尺寸则与柱距尺寸相同。为了便于预制板块固定和板缝密封，上下预制板块的横向接缝应高于楼面标高 200～300mm，左右两板块的竖向接缝宜与框架柱错开。

玻璃幕墙的特点是装饰效果好、质量轻、安装速度快，是外墙轻型化、装配化较理想

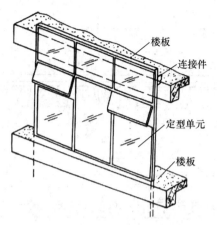

图7-42　板块式玻璃幕墙构造

的形式；但在阳光照射下易产生眩光，造成光污染。所以在建筑密度高、居民人数多的地区的高层建筑中，应慎重选用。

本章小结

本章需要掌握的问题如下。

（1）墙体的类型及墙体需要满足的要求；砖墙的组砌方式及厚度；砌块墙的砌筑方式及厚度。

（2）墙脚的构造包括散水和明沟、勒脚、墙身防潮层（水平防潮层和垂直防潮层），以及相应的构造做法。

（3）墙体在门窗洞口处的构造包括窗台、过梁（砖拱过梁、钢筋砖过梁、钢筋混凝土过梁）。

（4）墙体的加固构造包括圈梁、构造柱，以及相应的构造做法。

（5）隔墙构造，墙面装修构造做法等。

思考题与实践题

一、思考题

1．简述墙体的组砌方式及厚度。

2．防潮层有哪两种？两种防潮层在构造上有什么要求？

3．简述圈梁的定义及作用。圈梁的设置位置有哪些？

4．简述构造柱的定义及作用。构造柱的设置位置有哪些？

二、实践题

1．观察宿舍楼墙体在墙脚、门窗洞口处的细部构造。

2．绘制附加圈梁的构造图。

第8章 楼板与楼地面

情境导入

建筑物的使用荷载主要由楼板层和地坪层承受，楼板层一般由面层、楼板、顶棚层组成，地坪层由面层、垫层、基层组成。楼板是楼板层的结构层。楼板层的面层叫楼面，地坪层的面层叫地面，楼面和地面统称楼地面。

思维导图

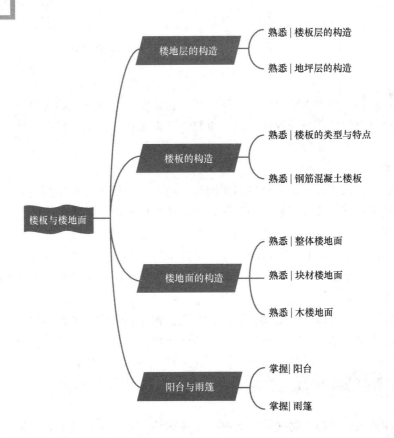

8.1 楼地层的构造

楼地层指楼板层与地坪层，主要承受建筑物的使用荷载。

8.1.1 楼板层的构造

楼板层是用来分隔建筑空间的水平承重构件，从竖向将建筑物分成多个楼层。楼板层一般由面层、结构层和顶棚层等基本层组成，当房间对楼板层有特殊要求时，可加设相应的附加层。楼板层构造组成如图 8-1 所示。

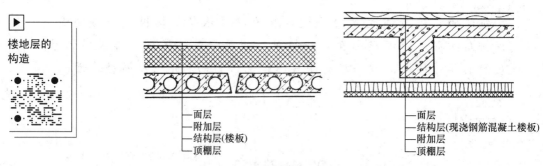

▶

楼地层的
构造

面层
附加层
结构层(楼板)
顶棚层

面层
结构层(现浇钢筋混凝土楼板)
附加层
顶棚层

图 8-1　楼板层构造组成

1. 面层

面层又称楼面，是楼板层上表面的构造层，也是室内空间下部的装修层。面层对结构起着保护作用，使结构层免受损坏，同时也起着室内装饰的作用。根据各房间功能要求的不同，面层有多种不同的做法。

2. 结构层

结构层通常称为楼板，位于面层和顶棚层之间，是楼板层的承重部分，包括板、梁等构件。结构层承受整个楼板层的全部荷载，并对楼板层的隔声、防火等起主要作用。

3. 顶棚层

顶棚层是楼板层下表面的构造层，也是室内空间上部的装修层，又称天花、天棚。顶棚层的主要功能是保护楼板、安装灯具、装饰室内空间及满足室内空间的特殊使用要求。

4. 附加层

附加层通常设置在面层和结构层之间，有时也布置在结构层和顶棚层之间，主要有管线敷设层、隔声层、防水层、防潮层、保温或隔热层等。

8.1.2 地坪层的构造

地坪层即地层，是建筑物底层与土壤相接的构件，它承受着底层地面上的荷载，并将荷载均匀地传给地基。地坪层一般由面层、垫层、基层三个基本构造层组成，对有特殊要求的地坪层可在面层与垫层之间增设附加层。地坪层构造组成如图 8-2 所示。

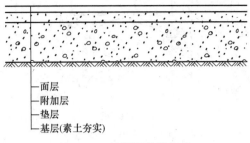

—面层
—附加层
—垫层
—基层(素土夯实)

图 8-2　地坪层构造组成

1. 面层

面层是地坪层最上面的部分，也是人们经常接触的部分，直接承受人类活动产生的作用，所以应具有耐磨、平整、易清洁、不起尘、防水、防潮要求，同时也具有装饰作用。地坪层一般以面层所用材料命名。

2. 垫层

垫层是位于面层与基层之间的过渡层，其作用是满足面层铺设所要求的刚度和平整度，有刚性垫层和非刚性垫层两种。刚性垫层一般采用 C10 厚 60～100mm 的混凝土，适用于整体面层和小块料面层的地坪层，如水磨石、水泥砂浆、陶瓷锦砖等；非刚性垫层常用的有 50mm 厚砂垫层、80～100mm 厚碎石灌浆、50～70mm 厚石灰炉渣等，适用于面层材料为强度高、厚度大的大块料面层的地坪层，如预制混凝土地面等。

3. 基层

基层是最下面的承重土壤。当地坪层上部的荷载较小时，一般采用素土夯实；当地坪层上部的荷载较大时，则需对基层进行加固处理，如灰土夯实、夯入碎石等。

4. 附加层

附加层通常设置在面层和垫层之间，主要有管线敷设层、隔声层、防水层、防潮层、保温或隔热层等。

8.2　楼板的构造

楼板是楼板层的结构层，它承受楼面传来的荷载并传给墙或柱，同时还对墙体起着水平支撑的作用，传递风荷载及地震所产生的水平作用，以增加建筑物的整体刚度。因此，楼板应具有足够的强度和刚度，并应符合隔声、防火等要求。

8.2.1　楼板的类型与特点

楼板按其材料的不同，主要分为木楼板、砖拱楼板、钢筋混凝土楼板等，如图 8-3 所示。

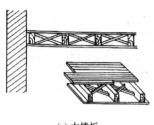

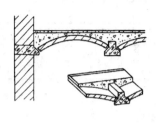

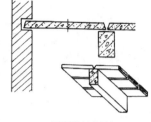

(a) 木楼板　　　　　　　　　　(b) 砖拱楼板　　　　　　　　　(c) 钢筋混凝土楼板

图 8-3　楼板的类型

楼板的类型与特点

1. 木楼板

木楼板是在木搁栅之间设置剪刀撑，形成有足够整体性和稳定性的骨架，并在木搁栅上下铺钉木板所形成的楼板。这种楼板构造简单、自重轻、导热系数小，但耐久性和耐火性差、耗费木材量大，目前已很少使用。

2. 砖拱楼板

砖拱楼板是先在墙或柱上架设钢筋混凝土小梁，然后在钢筋混凝土小梁之间用砖砌成拱形结构所形成的楼板。这种楼板节省木材、钢筋和水泥，造价低，但承载能力和抗震能力差，结构层所占的空间大、顶棚层不平整、施工较烦琐，已基本不再使用。

3. 钢筋混凝土楼板

钢筋混凝土楼板的强度高、刚度大、耐久性和耐火性好，具有良好的可塑性，便于工业化的生产，是目前应用最广泛的楼板类型。

钢筋混凝土楼板按施工方式的不同，分为现浇式、预制装配式和装配整体式三种。

8.2.2　现浇式钢筋混凝土楼板

现浇式钢筋混凝土楼板是在施工现场经过支模、绑扎钢筋、浇筑混凝土及养护等工序所形成的楼板。这种楼板具有能够自由成型、整体性强、抗震性能好的优点，但模板用量大、工序多、工期长、工人劳动强度大，在施工中受季节影响较大。

现浇式钢筋混凝土楼板根据其受力和传力情况，分为板式楼板、梁板式楼板、无梁楼板和压型钢板组合楼板。

1. 板式楼板

将楼板现浇成一块平板，四周直接支承在墙上，这种楼板称为板式楼板。板式楼板的底面平整，便于支模施工，但当楼板跨度大时，需增加楼板的厚度，耗费材料较多。所以板式楼板适用于平面尺寸较小的空间，如厨房、卫生间及走廊等。

板式楼板按其受力和传力方式分为单向板和双向板，如图 8-4 所示。当板的长边与短边之比大于 2 时，板上的荷载基本上沿短边传递，这种板称为单向板；当板的长边与短边之比小于或等于 2 时，板上的荷载将沿两个方向传递，这种板称为双向板。

2. 梁板式楼板

当房间平面尺寸较大时，为了避免楼板的跨度过大，可在楼板下设梁来减小楼板的跨

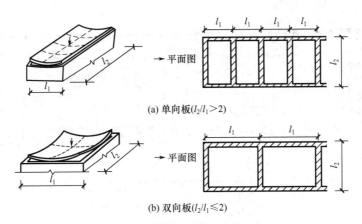

(a) 单向板($l_2/l_1 > 2$)

(b) 双向板($l_2/l_1 \leqslant 2$)

图 8 - 4　板式楼板的受力和传力方式

度，这种由梁、板组成的楼板称为梁板式楼板。根据梁的布置情况，梁板式楼板分为单梁式楼板、双梁式楼板和井式楼板。

（1）单梁式楼板。

当房间有一个方向的平面尺寸相对较小时，可以只沿短向设梁，梁直接搁置在墙上，这种梁板式楼板属于单梁式楼板（图 8 - 5）。单梁式楼板荷载的传递途径为：板→梁→墙。单梁式楼板适用于教学楼、办公楼等建筑物。

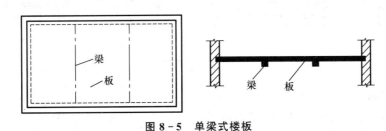

图 8 - 5　单梁式楼板

（2）双梁式楼板。

当房间两个方向的平面尺寸都较大时，则需要在板下沿两个方向设梁，一般沿房间的短向设置主梁，沿长向设置次梁。这种由板和主、次梁组成的梁板式楼板属于双梁式楼板（图 8 - 6）。双梁式楼板荷载的传递途径为：板→次梁→主梁→墙。双梁式楼板适用于平面尺寸较大的建筑物，如教学楼、办公楼、小型商店等。

（3）井式楼板。

当房间的跨度超过 10m，并且平面形状近似正方形时，常在板下沿两个方向设置等距离、等截面尺寸的井字形梁，这种楼板称为井式楼板（图 8 - 7）。井式楼板是一种特殊的双梁式楼板，梁无主次之分，通常采用正交正放和正交斜放的布置形式。由于其结构形式整齐，井式楼板具有较强的装饰性，多用于公共建筑的门厅和大厅式的房间，如会议室、餐厅、小礼堂、歌舞厅等。

为了保证墙体对楼板和梁的支承强度，使楼板和梁能够可靠地传递荷载，楼板和梁必须有足够的搁置长度。楼板在砖墙上的搁置长度一般不小于板厚，且不小于 110mm。梁在砖墙上的搁置长度与梁高有关，当梁高不超过 500mm 时，搁置长度不小于 180mm；当梁高超过 500mm 时，搁置长度不小于 240mm。

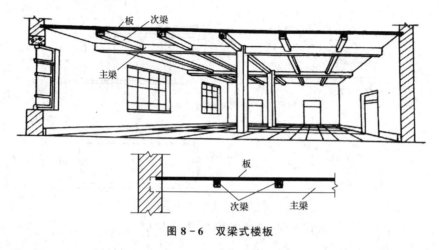

图 8-6 双梁式楼板

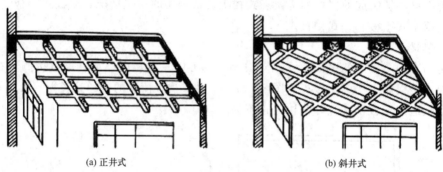

(a) 正井式 （b) 斜井式

图 8-7 井式楼板

3. 无梁楼板

无梁楼板是在楼板跨中设置柱子来减小板跨，不设梁的楼板（图 8-8）。在柱与楼板连接处，柱顶构造分为有柱帽和无柱帽两种。当楼面荷载较小时，采用无柱帽的形式；当楼面荷载较大时，为提高楼板的承载能力、刚度和抗冲切能力，可以在柱顶设置柱帽和托板来减小板跨、增加柱对楼板的支托面积。无梁楼板的柱间距宜为 6m，呈方形布置。由

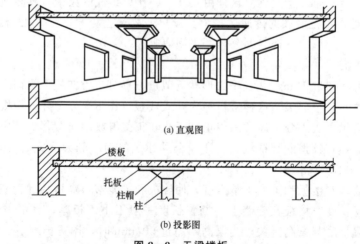

(a) 直观图

(b) 投影图

图 8-8 无梁楼板

于楼板的跨度较大，故板厚不宜小于 150mm，一般为 160～200mm。

无梁楼板的板底平整，室内净空高度大，采光、通风条件好，便于采用工业化的施工方式，适用于楼面荷载较大的公共建筑（如商店、仓库、展览馆等）和多层工业厂房。

4. 压型钢板组合楼板

以压型钢板为衬板，在上面浇筑混凝土所形成的整体式楼板称为压型钢板组合楼板（图 8-9）。这种楼板主要由楼面层、组合板和钢梁三部分组成。压型钢板的跨度一般为 2～3m，铺设在钢梁上，与钢梁之间用栓钉连接。压型钢板上面浇筑的混凝土厚 100～150mm。

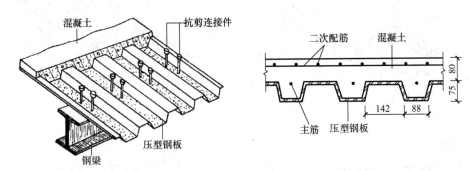

图 8-9 压型钢板组合楼板

压型钢板组合楼板中的压型钢板承受施工产生的荷载，是板底的受拉钢筋，也是楼板的永久性模板。这种楼板可简化施工程序，加快施工进度，并且具有较强的承载力、刚度和整体稳定性，但耗钢量较大，适用于多、高层的框架或框架-剪力墙结构的建筑物。

8.2.3 预制装配式钢筋混凝土楼板

预制装配式钢筋混凝土楼板是指将钢筋混凝土楼板在预制厂或施工现场进行预先制作，施工时运输安装而成的楼板，即预制板。这种楼板可节约模板、减少现场工序、缩短工期、提高施工工业化水平。

1. 预制板的类型

预制板按构造形式分为实心平板、槽形板、空心板三种。

（1）实心平板。

实心平板如图 8-10 所示。实心平板上下板面平整，跨度一般不超过 2.4m，板厚为 60～100mm，板宽为 600～1000mm。由于板厚小，隔声效果差，实心平板一般不用作房间的楼板，多用作楼梯平台、走道板、搁板、阳台栏板、管沟盖板等。

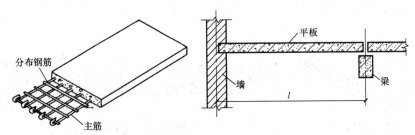

图 8-10 实心平板

（2）槽形板。

槽形板是一种梁板合一的构件，在板的两侧设有肋（又叫小梁），构成槽形断面，故称槽形板。当板肋位于板的下面时，槽口向下，结构合理，为正槽板［图8-11（a）］；当板肋位于板的上面时，槽口向上，为反槽板［图8-11（b）］。

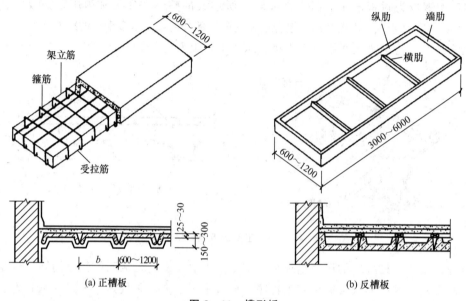

（a）正槽板　　　　　　　　　　　（b）反槽板

图8-11　槽形板

槽形板的跨度为3～7.2m，板宽为600～1200mm，板肋高一般为150～300mm。由于板肋形成了板的支点，跨度减小，所以板厚较小，只有25～35mm。为了增加槽形板的刚度和便于搁置槽形板，板的端部需设端肋与纵肋相连。当板长超过6m时，需沿着板长每隔1000～1500mm增设横肋。

槽形板具有自重轻、节省材料、造价低、便于开孔留洞等优点。但正槽板的板底不平整、隔声效果差，常用于对观瞻要求不高或做悬吊顶棚的房间；而反槽板的受力情况与经济性不如正槽板，但板底平整，朝上的槽口内可填充轻质材料，以提高楼板的保温隔热效果。

（3）空心板。

空心板是将平板沿纵向抽孔，将多余的材料去掉，形成中空的一种钢筋混凝土楼板，如图8-12所示。板中孔洞有方孔、椭圆孔和圆孔等。由于圆孔板构造合理，制作方便，因此应用广泛。空心板侧缝的形式与生产预制板的侧模有关，一般有V形缝、U形缝和凹槽缝三种，如图8-13所示。

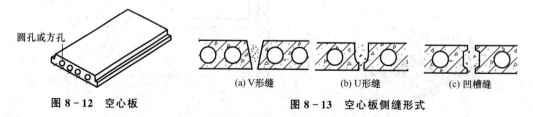

（a）V形缝　　　　　　（b）U形缝　　　　　　（c）凹槽缝

图8-12　空心板　　　　　　　　　　　**图8-13　空心板侧缝形式**

空心板的跨度一般为 2.4～7.2m，板宽通常为 500mm、600mm、900mm、1200mm，板厚有 120mm、150mm、180mm、240mm 等。

2. 预制板的安装构造

空心板在安装前，为了提高板端的承压能力，避免灌缝材料进入孔洞内，应用混凝土或砖填塞端部孔洞。

对预制板进行结构布置时，应根据房间的平面尺寸，并结合所选板的规格来定。当房间的平面尺寸较小时，可采用板式结构，即将预制板直接搁置在墙上，由墙来承受板传来的荷载，如图 8-14（a）所示。当房间的开间、进深尺寸都较大时，需先在墙上搁置梁，由梁来支承预制板，即梁板式结构，如图 8-14（b）所示。

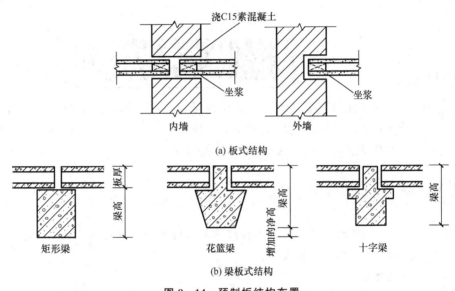

图 8-14 预制板结构布置

预制板安装时，应先在墙或梁上铺 10～20mm 厚的 M5 水泥砂浆进行坐浆，然后铺板，以使板与墙或梁有较好的连接，也能保证墙或梁受力均匀。预制板在墙和梁上均应有足够的搁置长度，在梁上的搁置长度应不小于 80mm，在砖墙上的搁置长度应不小于 100mm。

预制板安装后，板的端缝和侧缝应用细石混凝土浇筑，以提高板的整体性。

8.2.4 装配整体式钢筋混凝土楼板

装配整体式钢筋混凝土楼板是将楼板中的部分构件预制安装后，再通过现浇的部分连接成整体。这种楼板整体性较好，又可节省模板，施工速度较快。叠合楼板是装配整体式钢筋混凝土楼板中常见的类型。

叠合楼板是以预制钢筋混凝土薄板为永久模板，承受施工荷载，上面现浇混凝土叠合层所形成的一种整体楼板，如图 8-15 所示。板中混凝土叠合层强度为 C20 级，厚度一般为 100～120mm。这种楼板具有良好的整体性，板中预制钢筋混凝土薄板起到结构、模板、装修等多种功能，施工简便，适用于住宅、宾馆、教学楼、办公楼、医院等建筑物。

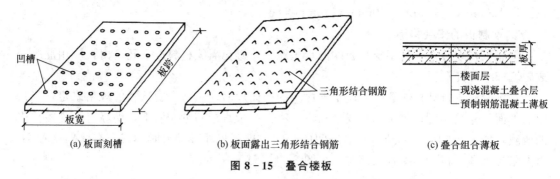

(a) 板面刻槽 (b) 板面露出三角形结合钢筋 (c) 叠合组合薄板

图 8 - 15　叠合楼板

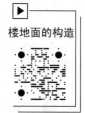

楼地面的构造

8.3　楼地面的构造

楼地面指楼面和地面，是楼板层和地坪层的面层部分。面层对结构起着保护作用，使结构层免受损坏，同时也起着室内装饰的作用。根据各房间的功能要求不同，楼地面有不同的做法。

8.3.1　整体楼地面

整体楼地面是采用在现场拌和的湿料经浇抹形成的面层，具有构造简单、造价较低的特点，是一种应用较广泛的楼地面类型。

1. 水泥砂浆楼地面

水泥砂浆楼地面是在楼板或混凝土垫层上抹水泥砂浆形成面层，通常有单层和双层两种做法。其特点是构造简单、坚固、耐磨、防水、造价低廉，但导热系数大、易结露、易起尘、不易清洁，是一种被广泛采用的低档楼地面。图 8 - 16 为水泥砂浆地面的做法。

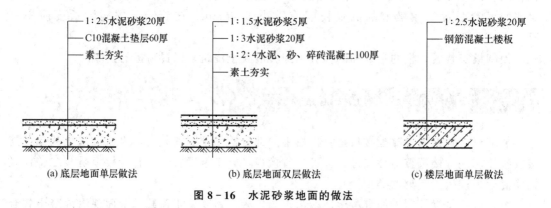

(a) 底层地面单层做法 (b) 底层地面双层做法 (c) 楼层地面单层做法

图 8 - 16　水泥砂浆地面的做法

2. 现浇水磨石楼地面

现浇水磨石楼地面整体性好、防水、不起尘、易清洁、装饰效果好，但导热系数偏大、弹性小，适用于人群停留时间较短，或需经常用水清洗的楼地面，如门厅、营业厅、厨房、盥洗室等房间。其构造为双层构造，底层用10～15mm厚的水泥砂浆找平后，按设计图案用1:1的水泥砂浆嵌分隔条（玻璃条或金属条），然后浇1:(1.5～2.5)水泥石子浆，厚度为12mm，经养护一周后磨光打蜡形成。图8-17为现浇水磨石地面构造。

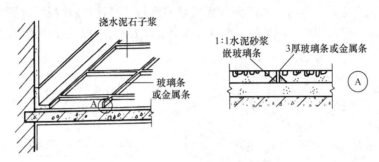

图8-17 现浇水磨石地面构造

8.3.2 块材楼地面

块材楼地面是利用各种天然或人造的预制块材或板材，通过铺贴形成面层的楼地面。这种楼地面易清洁、经久耐用、花色品种多、装饰效果强，但工效低、价格高，属于中高档的楼地面，适用于人流量大、清洁要求和装饰要求高、有水作用的建筑物。

1. 缸砖、瓷砖、陶瓷锦砖楼地面

缸砖、瓷砖、陶瓷锦砖的共同特点是表面致密光洁、耐磨、吸水率低、不变色，属于小型块材，它们的铺贴工艺很类似，一般做法是：在楼板或混凝土垫层上抹12～20mm厚1:3的水泥砂浆找平，再用5～8mm厚1:1的水泥砂浆或水泥胶（水泥:108胶:水＝1:0.1:0.2）黏结，最后用素水泥浆擦缝。陶瓷锦砖在整张铺贴后，用滚筒压平，使水泥砂浆挤入缝隙，待水泥砂浆硬化后，用草酸洗去牛皮纸，然后用白水泥浆擦缝。图8-18为缸砖地面和陶瓷锦砖地面构造。

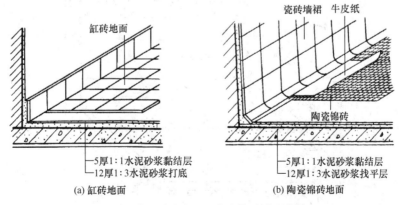

图8-18 缸砖地面和陶瓷锦砖地面构造

2. 花岗石板、大理石板楼地面

花岗石板、大理石板的尺寸一般为 300mm×300mm～600mm×600mm，厚度为 20～30mm，属于高级楼地面材料。铺设前应按房间尺寸预定制作，铺设时需预先试铺，试铺合适后再开始正式粘贴。具体做法是：先在楼板或混凝土垫层找平层上实铺 30mm 厚 1：（3～4）干硬性水泥砂浆做结合层，上面洒素水泥面（洒适量清水），然后铺楼地板材，缝隙挤紧，用橡皮锤或木槌敲实，最后用素水泥擦缝。图 8-19 为花岗石板、大理石板地面构造。

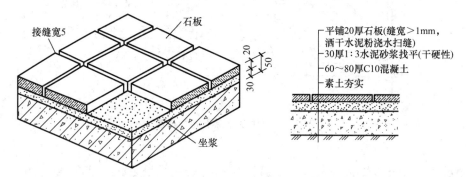

图 8-19 花岗石板、大理石板地面构造

花岗石板的特点是耐磨性与装饰效果好，但价格较贵。

8.3.3 木楼地面

木楼地面弹性好、不起尘、易清洁、导热系数小，但造价较高，是一种高级楼地面的类型。木楼地面按构造方式分为空铺式和实铺式两种。

1. 空铺式木楼地面

空铺式木楼地面是将木楼地面架空铺设，使板下有足够的空间便于通风，以保持干燥，具体构造如图 8-20 所示。由于其构造复杂，耗费木材较多，故一般用于要求环境干燥、对楼地面有较高弹性要求的房间。

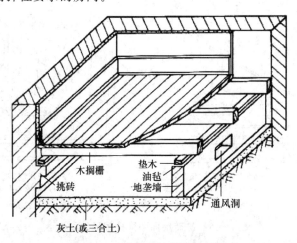

图 8-20 空铺式木楼地面构造

2. 实铺式木楼地面

实铺式木楼地面有铺钉式和粘贴式两种构造。

铺钉式木楼地面是在楼板或混凝土垫层上固定小断面的木搁栅，木搁栅的断面尺寸一般为 50mm×50mm 或 50mm×70mm，间距为 400～500mm，然后在木搁栅上铺钉木板材，木板材可采用单层和双层做法，如图 8-21（a）所示。

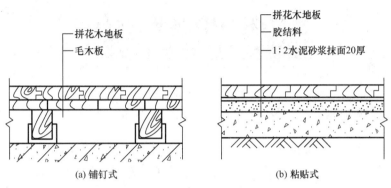

图 8-21　拼花木地板构造

粘贴式木楼地面是在楼板或混凝土垫层上先用 20mm 厚 1∶2 的水泥砂浆找平，干燥后用专用胶结料粘贴木板材，如图 8-21（b）所示。粘贴式木楼地面由于省去了木搁栅，比铺钉式节约木材、施工简便、造价低，故应用广泛。

当在地坪层上采用实铺式木地面时，须在混凝土垫层上设防潮层。

8.3.4　楼地层的细部构造

1. 踢脚板

踢脚板是楼墙面与地面交接处的构造处理，其主要作用是遮盖墙面与楼地面的接缝，防止碰撞墙面或擦洗地面时弄脏墙面。踢脚板可以看作是楼地面在墙面上的延伸，一般采用与楼地面相同的材料，有时采用木材制作，其高度一般为 150～200mm，可凸出墙面、与墙面平齐或凹进墙面，如图 8-22 所示。

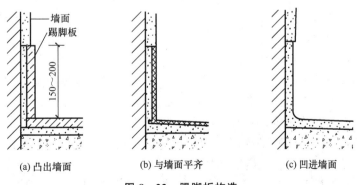

图 8-22　踢脚板构造

2. 墙裙

墙裙是内墙装修层在下部的处理，其主要作用是防止人们在建筑物内活动时碰撞或污染墙面，并起一定的装饰作用。墙裙应采用有一定强度、耐污染、方便清洗的材料，如油漆、水泥砂浆、瓷砖、木材等，通常做法同贴瓷砖。墙裙的高度与房间的用途有关，一般为 900～1200mm，对于受水影响的房间，高度为 900～2000mm。

8.4 阳台与雨篷

8.4.1 阳台

阳台是建筑物中各层伸出室外的平台，它为人们提供了一处不需下楼就可享用的室外活动空间，人们在阳台上可以休息、眺望、从事家务活动等。阳台由阳台板、栏杆、扶手组成，阳台板是阳台的承重结构，栏杆、扶手是阳台的围护构件，设在阳台临空的一侧。

阳台按照其与外墙的相对位置，分为挑阳台、凹阳台和半凸半凹阳台，如图 8-23 所示；按照其在建筑平面上的位置，分为中间阳台和转角阳台；按照其施工方式，分为现浇阳台和预制阳台。

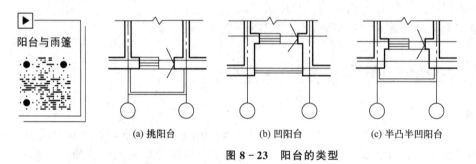

| (a) 挑阳台 | (b) 凹阳台 | (c) 半凸半凹阳台 |

图 8-23 阳台的类型

1. 阳台的结构布置

阳台的结构布置有墙承式、挑板式和挑梁式三种形式。

（1）墙承式：即将阳台板直接搁置在墙上，如图 8-24（a）所示。这种结构稳定、可靠，施工方便，多用于凹阳台。

（2）挑板式：即将阳台板悬挑。一般有两种做法：一种是将房间楼板直接向墙外悬挑形成阳台板，即楼板悬挑式 [图 8-24（b）]；另一种是将阳台板和墙梁（或过梁、圈梁）现浇在一起，利用梁上部墙体的自重来防止阳台倾覆，即墙梁悬挑式 [图 8-24（c）]。挑板式阳台底面平整、构造简单、外形轻巧，但板受力复杂。

（3）挑梁式：即从建筑物的横墙上伸出挑梁，上面搁置阳台板，如图 8-24（d）所示。为防止阳台倾覆，挑梁压入横墙部分的长度应不小于悬挑部分长度的 1.5 倍。这种阳台底面不平整，挑梁端部外露，影响美观，也使阳台构造复杂化，工程中一般在挑梁端部增设与其垂直的边梁，来克服其缺陷。

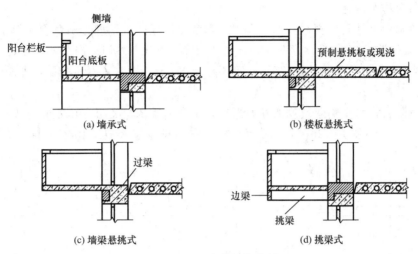

图 8 – 24 阳台的结构布置

2. 阳台的细部构造

（1）阳台的栏杆、扶手。

① 栏杆。阳台栏杆的形式有三种：空花栏杆、栏板（实心栏杆）和由空花栏杆与栏板组合而成的组合栏杆，如图 8 – 25 所示。空花栏杆空透，有较高的装饰性，在公共建筑和南方地区建筑中应用较多；栏板便于封闭阳台，在北方地区的居住建筑中应用广泛。

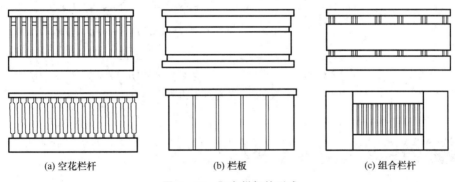

图 8 – 25 阳台栏杆的形式

空花栏杆有金属栏杆或预制混凝土栏杆两种。金属栏杆一般采用圆钢、方钢、扁钢或钢管等制作。为保证安全，栏杆应有适宜的尺寸，低、多层住宅阳台栏杆净高不应低于1.05m；中、高层住宅阳台栏杆净高不应低于1.1m，但也不应大于1.2m。空花栏杆垂直杆之间的净距不应大于110mm，也不应设水平分格，以防儿童攀爬。此外，栏杆应与阳台板有可靠的连接，通常是在阳台板顶面预埋扁钢与金属栏杆焊接，也可将栏杆插入阳台板的预留孔洞中，用砂浆灌注。

栏板现多采用钢筋混凝土板，有现浇和预制两种。现浇栏板通常与阳台板整浇在一起；预制栏板可预留钢筋，与阳台板的预留部分浇筑在一起，或预埋铁件焊接。

② 扶手。扶手供人手扶持所用，有金属管、塑料、混凝土等类型。空花栏杆上多采用金属管和塑料扶手，栏板和组合栏杆多采用混凝土扶手。

（2）阳台排水构造。

为避免阳台上的雨水积存和流入室内，阳台须做好排水处理。阳台面应低于室内地面20～50mm，还应在阳台面上设置不小于1%的排水坡，坡向排水口。排水口内埋设 $\phi40\sim\phi50$ 的镀锌钢管或塑料管（称作水舌），外挑长度不小于80mm，雨水由水舌排除，如图 8-26（a）所示。

为避免阳台排水影响建筑物的立面形象，阳台的排水口还可与雨水管相连，由雨水管排除阳台积水，如图 8-26（b）所示；或与室内排水管相连，由室内排水管排除阳台积水。

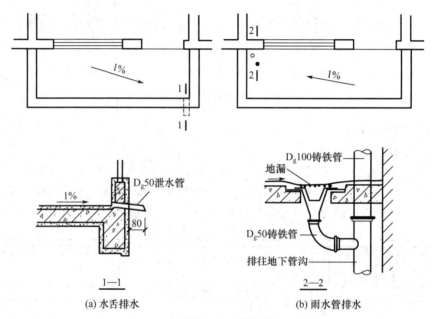

(a) 水舌排水   (b) 雨水管排水

图 8-26　阳台排水构造

8.4.2　雨篷

雨篷一般设置在建筑物外墙出入口的上方，用来遮挡风雨、保护大门，同时对建筑物的立面有较强的装饰作用。按结构形式的不同，雨篷有板式和梁板式两种。

1. 板式雨篷

板式雨篷一般与门洞口上的过梁整浇，上下表面相平，从受力角度考虑，雨篷板一般做成变截面形式，根部厚度不小于70mm，端部厚度不小于50mm，如图 8-27（a）所示。

2. 梁板式雨篷

当门洞口尺寸较大，雨篷挑出尺寸也较大时，雨篷应采用梁板式结构，即雨篷由梁和板组成，为使雨篷底面平整，梁一般翻在板的上面形成翻梁，如图 8-27（b）所示。当雨篷尺寸更大时，可在雨篷下面设柱支撑。

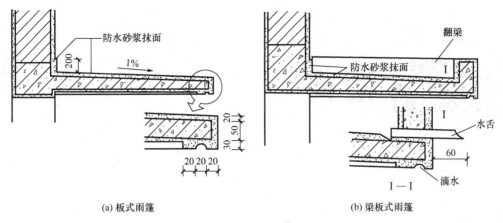

(a) 板式雨篷　　　　　　　　　　　(b) 梁板式雨篷

图 8 - 27　雨篷

　　雨篷顶面应做好防水和排水处理，一般采用 20mm 厚的防水砂浆抹面。防水砂浆应沿墙面上升，高度不小于 250mm，同时在板的下部边缘做滴水，防止雨水沿板底漫流。雨篷顶面需设置 1% 的排水坡，并在一侧或双侧设排水管将雨水排除。为了立面需要，可将雨水由雨水管集中排除，这时雨篷外缘上部需做挡水边坎。

本章小结

　　(1) 楼板层的构造包括面层、结构层、顶棚层、附加层等；地坪层的构造包括面层、垫层、基层、附加层等。
　　(2) 楼板的类型包括木楼板、砖拱楼板、钢筋混凝土楼板；现浇式钢筋混凝土楼板有板式楼板、梁板式楼板、无梁楼板、压型钢板组合楼板；预制装配式钢筋混凝土楼板有实心平板、槽形板、空心板。
　　(3) 整体楼地面有水泥砂浆楼地面、现浇水磨石楼地面等。

思考题与实践题

一、思考题

1. 楼板层的构造分为哪几个部分？各有什么特点？
2. 简述地坪层的做法。
3. 楼板的类型有哪些？
4. 阳台的结构布置有哪几种形式？挑梁式阳台有什么构造要求？

二、实践题

1. 观察生活中所见雨篷的构造类型及特点，绘制板式雨篷和梁板式雨篷简图各一张。
2. 绘制地坪层的构造图。

第9章 楼梯

情境导入

　　楼梯是建筑构造的重要内容，是建筑构成六大要素之一。楼梯在建筑物中作为楼层间垂直交通的构件，学习楼梯构造可以提高学生对于建筑构造的理解，增强学习兴趣。

　　本章从楼梯的基本类型、设计要求入手，由易而难地讲述楼梯的组成、尺寸和一般构造，进而深入讲解钢筋混凝土楼梯的细部构造。

思维导图

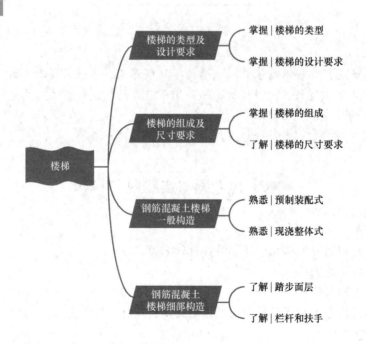

楼梯

- 楼梯的类型及设计要求
  - 掌握 | 楼梯的类型
  - 掌握 | 楼梯的设计要求
- 楼梯的组成及尺寸要求
  - 掌握 | 楼梯的组成
  - 了解 | 楼梯的尺寸要求
- 钢筋混凝土楼梯一般构造
  - 熟悉 | 预制装配式
  - 熟悉 | 现浇整体式
- 钢筋混凝土楼梯细部构造
  - 了解 | 踏步面层
  - 了解 | 栏杆和扶手

9.1 楼梯的类型及设计要求

楼梯是指让人顺利上下两个空间的通道。楼梯的结构设计必须合理，才能使人们行走便利，而所占空间最少。从建筑艺术和美学的角度来看，楼梯是视觉的焦点，也是彰显建筑个性的一大亮点。

9.1.1 楼梯的类型

楼梯可按不同方式进行分类，具体如下。

（1）按照楼梯的材料分类，有钢筋混凝土楼梯、钢楼梯、木楼梯及组合材料楼梯。

（2）按照楼梯的位置分类，有室内楼梯和室外楼梯。

（3）按照楼梯的使用性质分类，有主要楼梯、辅助楼梯、疏散楼梯及消防楼梯。

（4）按照楼梯的平面形式分类，主要可分为单跑直楼梯、双跑直楼梯、转角楼梯、双跑平行楼梯、双分平行楼梯、螺旋楼梯、交叉楼梯等，如图9-1所示。

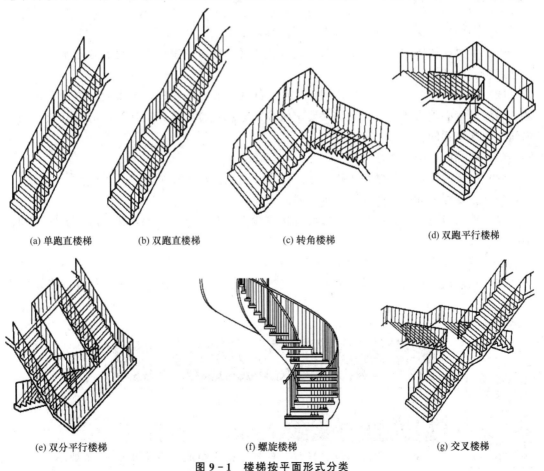

(a) 单跑直楼梯　　(b) 双跑直楼梯　　(c) 转角楼梯　　(d) 双跑平行楼梯

(e) 双分平行楼梯　　(f) 螺旋楼梯　　(g) 交叉楼梯

图9-1 楼梯按平面形式分类

楼梯间可按照楼梯平面形式分类，分为开敞楼梯间、封闭楼梯间、防烟楼梯间，如图 9-2 所示。

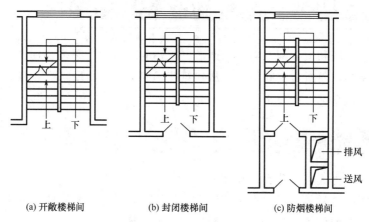

(a) 开敞楼梯间 (b) 封闭楼梯间 (c) 防烟楼梯间

图 9-2　楼梯间按平面形式分类

9.1.2　楼梯的设计要求

不同类型的楼梯，其设计要求也不同，具体如下。

（1）主要楼梯应临近主要出入口，且位置明显，同时应避免垂直交通与水平交通在交界处拥挤、堵塞。

（2）必须满足防火要求。楼梯间除允许直接对外开窗采光外，不得向室内任何房间开窗，四周墙壁必须为防火墙。对防火要求较高的建筑物特别是高层建筑，应设计成封闭楼梯间或防烟楼梯间。

（3）楼梯间必须有良好的自然采光。

（4）楼梯的数量、位置和楼梯间形式应方便使用并满足安全疏散的要求。

（5）主要楼梯的梯段净宽不应少于两股人流。

（6）楼梯应至少一侧设扶手，梯段宽达三股人流时应设在两侧，达四股人流时应加设中间扶手。

（7）踏步前缘应设有防滑措施。

（8）儿童用楼梯井较宽时，须采取安全措施。栏杆应不易攀爬，垂直杆件间净距应不大于 0.11m。

9.2　楼梯的组成及尺寸要求

楼梯的组成
及尺寸要求

9.2.1　楼梯的组成

楼梯一般由梯段、平台、栏杆、扶手组成，具体如图 9-3 所示。

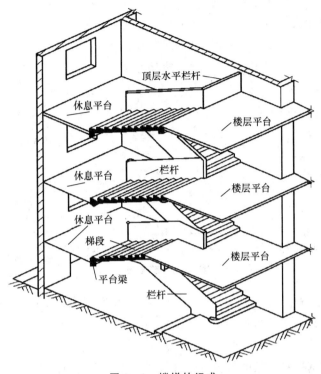

图9-3 楼梯的组成

1. 梯段

梯段是楼梯的主要使用构件和承重构件，它由若干个踏步组成。为减少人们上下楼梯时的疲劳和适应人体行走的习惯，踏步不宜超过18级，也不应少于3级。

2. 平台

平台是连接两梯段的水平板，有楼层平台和休息平台之分。

3. 栏杆、扶手

栏杆、扶手是设在楼梯及平台边缘的安全保护构件。当梯段宽度不大时，可只在楼梯临空面设置扶手；当梯段宽度较大时，非临空面也应加设扶手；当梯段宽度很大时，则需在梯段中间加设中间扶手。

9.2.2 楼梯的尺寸要求

1. 楼梯的坡度与踏步尺寸

楼梯的坡度指梯段的斜率，用斜面与水平面的夹角 α 表示，也可用斜面在垂直面上的投影高和在水平面上的投影宽之比来表示。梯段的最大坡度不宜超过38°；当坡度小于20°时，采用坡道；当坡度大于45°时，由于坡度较陡，人们已经不容易自如地上下，需要借助扶手的助力扶持，此时应采用爬梯。

楼梯的坡度应根据建筑物的使用性质和层高来确定。对人流集中、交通量大的建筑物，楼梯的坡度应小些；对使用人数较少、交通量小的建筑物，楼梯的坡度可以略大些。

/

楼梯的坡度实质上与楼梯踏步密切相关，踏步高与宽之比即可构成楼梯的坡度。踏步尺寸与人行步距有关，如图 9-4 所示，用经验公式表示为

$$2h+b=600\sim620mm$$

$$h+b\approx450mm$$

式中：h——踏步高，mm；

b——踏步宽，mm。

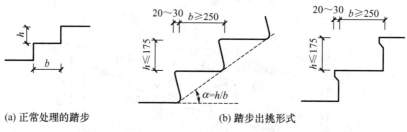

(a) 正常处理的踏步　　(b) 踏步出挑形式

图 9-4　踏步尺寸

在居住建筑中，踏步宽一般为 250~300mm，踏步高一般为 150~175mm。学校、办公室坡度应平缓些，通常踏步宽为 280~340mm，踏步高为 140~160mm。

2. 梯段的宽度

梯段的宽度根据通行人数的多少（设计人流股数）和建筑防火要求确定。

通常情况下，非主要通行的楼梯，应满足单人携带物品通过的需要，梯段的宽度一般不小于900mm [图 9-5 (a)]；主要通行用的楼梯，其梯段宽度应至少满足两人相对通行（即大于等于两股人流）的需要 [图 9-5 (b)]；三人通行的梯段宽度如图 9-5 (c) 所示。我国规定每股人流按 [0.55+(0~0.15)]m 计算梯段宽度，其中 0~0.15m 为人在行进中的摆幅。住宅建筑内楼梯的梯段净宽，当一边临空时，不应小于 750mm；当两侧有墙时，不应小于 900mm。

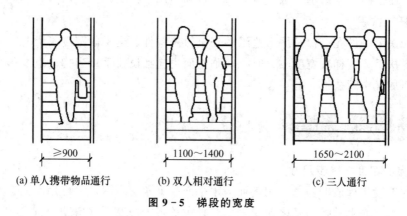

(a) 单人携带物品通行　　(b) 双人相对通行　　(c) 三人通行

图 9-5　梯段的宽度

《建筑设计防火规范（2018 年版）》规定，高层民用建筑每层疏散楼梯总净宽度，一、二级建筑应按疏散人数每 100 人不小于 1.00m 计算，三级建筑应按每 100 人不小于 1.25m 计算。高层公共建筑疏散楼梯的最小净宽度应符合表 9-1 的规定。

表 9 - 1　高层公共建筑疏散楼梯的最小净宽度

建筑类别	最小净宽度/m
高层医疗建筑	1.30
其他高层公共建筑	1.20

3. 楼梯扶手的高度

楼梯扶手的高度与楼梯的坡度和使用要求有关。很陡的楼梯，扶手的高度应矮些，坡度平缓时高度可稍大。扶手的常用高度，在 30°左右的坡度下为 900mm；儿童使用的楼梯一般为 600mm。

4. 平台宽度

楼梯的平台宽度是指墙面到转角扶手中心线的距离，平台净宽是指扶手端部到墙面的宽度。为了方便搬运家具设备和通行顺畅，楼梯平台净宽不应小于梯段净宽，并且不小于 1.1m。双跑平行楼梯对中间平台的深度也做出了具体的规定，如图 9 - 6 所示。

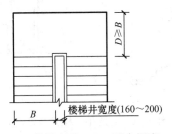

B—梯段宽度　　D—平台深度

图 9 - 6　双跑平行楼梯梯段宽度和平台深度的尺寸关系

5. 楼梯的净空高度

楼梯的净空高度即净高，是指梯段的任何一级踏步至上一层平台梁底的垂直高度，或底层地面至底层平台（或平台梁）底的垂直距离，或下层梯段与上层梯段间的高度。

为保证在这些部位通行或搬运物件时不受影响，净高在平台部位应不小于 2m，在梯段处应不小于 2.2m，如图 9 - 7 所示。

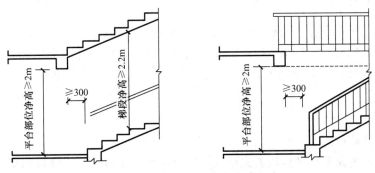

图 9 - 7　平台部位及梯段净高要求

以双跑平行楼梯为例，建筑物层高 2.8m，若按 16 级踏步设计，则每级高为 175mm。

根据结构计算，一般底层平台梁高为250mm，当平台下作为建筑物的出入口时，如果设计两段等跑楼梯，则平台下的净高仅为1150mm。为使平台过道处净高满足不小于2m的要求，可采用以下两种方法。

（1）将双跑平行楼梯设计成"长短跑"，使第一跑的踏步多些，第二跑的踏步少些，利用踏步的多少来调节下部的净高，如图9-8（a）所示。

（2）前一种措施虽然能使平台下净高有所增加，但有时还不能满足不小于2m的要求，此时可采取第二步措施，即利用室内外地面高差，将室外的踏步移一部分到室内来，将平台下地面标高降低，如图9-8（b）所示。还可以采用其他办法，如将底层楼梯改为直跑楼梯等，但必须以经济适用为原则。

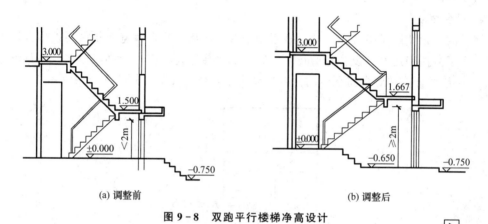

（a）调整前   （b）调整后

图9-8 双跑平行楼梯净高设计

9.3 钢筋混凝土楼梯一般构造

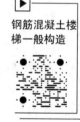

钢筋混凝土楼梯一般构造

钢筋混凝土楼梯分为预制装配式和现浇整体式两大类。

9.3.1 预制装配式钢筋混凝土楼梯构造

预制装配式钢筋混凝土楼梯按其构造方式可分为梁承式、墙承式和墙悬臂式等类型。下面主要介绍预制装配式梁承式钢筋混凝土楼梯。这种楼梯的梯段采用由平台梁支承的构造方式，其预制构件可划分为梯段（梁板式或板式梯段）、平台梁、平台板三部分，如图9-9所示。

1. 梯段

（1）梁板式梯段。

梁板式梯段由踏步板和梯段斜梁组成，在踏步板两端各设一根梯段斜梁，踏步板支承在梯段斜梁上，梯段斜梁的两端搁置在平台梁上。平台板大多搁置在横墙上，也有的一端搁置在平台梁上，而另一端搁置在纵向墙上。

① 踏步板。踏步板断面形式有一字形、L形、倒L形、三角形等，如图9-10所示。

断面厚度根据受力情况而定,一般约为 40~80mm。

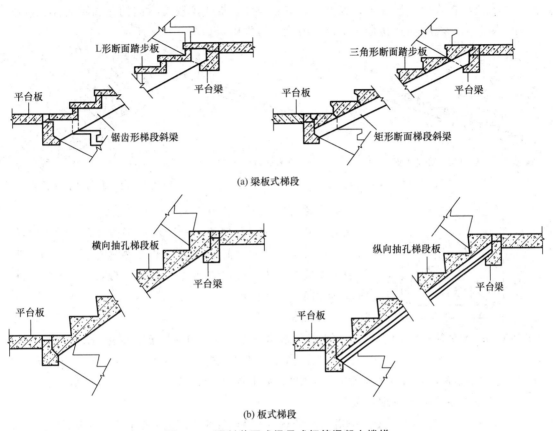

(a) 梁板式梯段

(b) 板式梯段

图 9 - 9   预制装配式梁承式钢筋混凝土楼梯

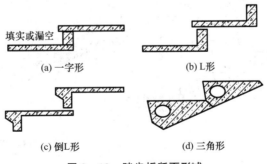

图 9 - 10   踏步板断面形式

② 梯段斜梁。梯段斜梁一般为矩形断面,也可做成 L 形断面。用于支承一字形、L 形、倒 L 形断面踏步板的梯段斜梁为锯齿形变断面构件,其形式如图 9-11 (a) 所示;用于支承三角形断面踏步板的梯段斜梁为等断面构件,如图 9-11 (b) 所示,梯段斜梁一般按 $L/12$ 估算其断面有效高度(L 为梯段斜梁水平投影跨度)。

(2) 板式梯段。

板式梯段为整块的条板,上下端直接支承在平台梁上,其有效断面厚度可按 $L/20~$

$L/30$ 估算。

为了减轻板式梯段的自重，也可做成空心构件。板式梯段有横向抽孔和纵向抽孔两种形式，横向抽孔较纵向抽孔合理易行，因此较为常用，如图 9-12 所示。

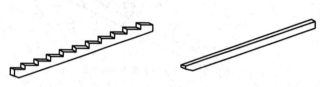

(a) 支承一字形、L形、倒L形断面踏步板　(b) 支承三角形断面踏步板

图 9-11　梯段斜梁形式

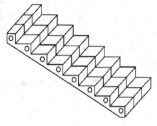

图 9-12　横向抽孔板式梯段

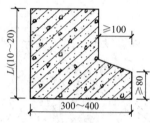

图 9-13　平台梁断面尺寸

2. 平台梁

为了便于支撑梯段斜梁或梯段板，平衡梯段水平分力并减少平台梁所占结构空间，一般将平台梁做成 L 形断面，其构造高度按 $L/(10\sim12)$ 估算（L 为平台梁跨度）。平台梁断面尺寸如图 9-13 所示。

3. 平台板

平台板可根据需要采用钢筋混凝土空心板、槽形板或平板。

需注意的是，平台上有管道井时，不宜布置空心板。平台板一般平行于平台梁布置，以加强楼梯间的整体刚度；如垂直于平台梁布置，常使用小平板。

4. 梯段与平台梁节点细部处理

梯段与平台梁节点细部处理是构造设计的难点。就两梯段之间的关系而言，一般有梯段齐步和错步两种方式；就平台梁与梯段之间的关系而言，有埋步和不埋步两种方式，如图 9-14 所示。

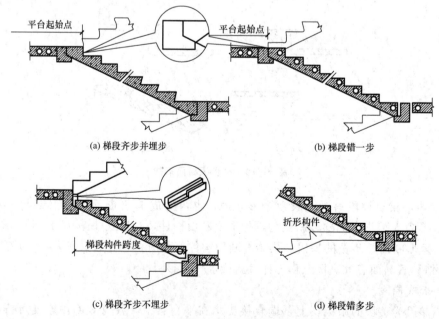

(a) 梯段齐步并埋步　　　　　　　　　　(b) 梯段错一步

(c) 梯段齐步不埋步　　　　　　　　　　(d) 梯段错多步

图 9-14　梯段与平台梁节点细部处理

（1）梯段齐步布置的节点处理：上下梯段起步和末步梯面对齐，平台完整，可节省楼梯间进深尺寸。

（2）梯段错步布置的节点处理：上下梯段起步和末步梯面相错一步，在平台梁与梯段连接方式相同的情况下，平台梁底标高可比齐步方式抬高，有利于减少结构空间。但错步方式使平台不完整，并且多占楼梯间进深尺寸。

当两梯段采用长短跑时，它们之间相错步数便不止一步，需将短跑梯段做成折形构件。

5. 构件连接

（1）踏步板与梯段斜梁连接：一般在梯段斜梁支承踏步板处用水泥砂浆坐浆连接。如需加强，可在梯段斜梁上预埋插筋，与踏步板支承端预留孔插接，用高标号水泥砂浆填实，如图 9-15（a）所示。

（2）梯段斜梁或梯段板与平台梁连接：除了在支座处用水泥砂浆坐浆外，还应在连接端预埋钢板焊接，如图 9-15（b）所示。

（3）梯段斜梁或梯段板与梯基连接：在楼梯底层起步处，梯段斜梁或梯段板下应做梯基，梯基常用砖或混凝土，或将平台梁埋入地下，如图 9-15（c）所示。

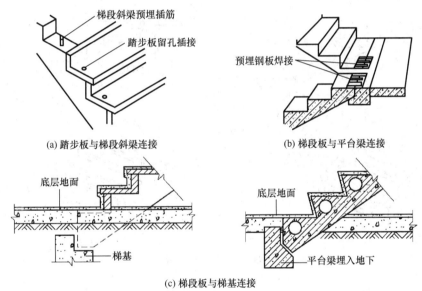

(a) 踏步板与梯段斜梁连接　　　　　(b) 梯段板与平台梁连接

(c) 梯段板与梯基连接

图 9-15　构件连接

9.3.2　现浇整体式钢筋混凝土楼梯构造

现浇整体式钢筋混凝土楼梯根据梯段的传力特点与结构形式的不同，分为板式楼梯和梁式楼梯两种。

1. 板式楼梯

板式楼梯的梯段板两端搁在平台梁上，相当于斜放的一块板，如图 9-16 所示。

板式楼梯的特点是底面光滑平整、外形简单、施工方便，但耗材多，当荷载较大时，

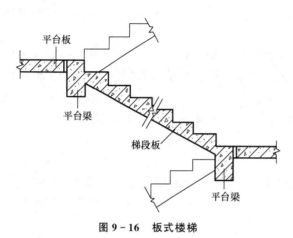

图 9－16　板式楼梯

板的厚度将增大，适用梯段长度≤3m 的楼梯。

2. 梁式楼梯

踏步板搁置在梯段斜梁上，梯段斜梁由上下两端的平台梁支承的现浇整体式钢筋混凝土楼梯为梁式楼梯。梁式楼梯的宽度相当于踏步板的跨度，平台梁的间距即为梯段斜梁的跨度，梯段的荷载主要由梯段斜梁承担。梁式楼梯适用于荷载较大、建筑层高较高的建筑物，以及梯段长度≥3m 的楼梯。

梁式楼梯的梯段斜梁设到踏步板的上面，梯段下面是平整的斜面，称为暗步，如图 9－17（a）所示。梯段斜梁一般暴露在踏步板的下面，从梯段侧面就能看见踏步板，称为明步，如图 9－17（b）所示。

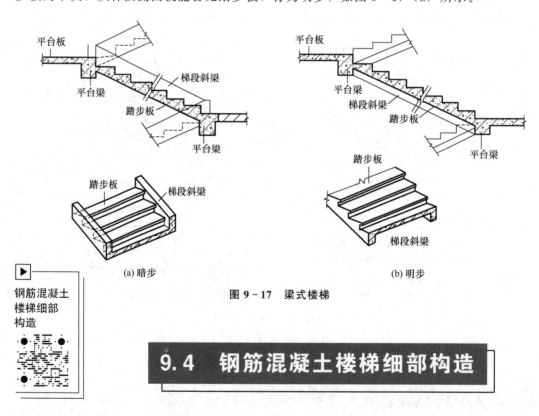

(a) 暗步　　　　　　　　　　　　　(b) 明步

图 9－17　梁式楼梯

钢筋混凝土楼梯细部构造

9.4　钢筋混凝土楼梯细部构造

9.4.1　踏步面层

踏步面层应当平整光滑，耐磨性好。公共建筑楼梯踏步面层经常与走廊地面面层采用相同的材料。面层材料要便于清扫，并且应当具有一定的装饰效果。常见的踏步面层有水泥砂浆、水磨石、地面砖、各种天然石材等。

在踏步前缘应有防滑措施，踏步前缘也是踏步磨损最厉害的部位，同时也容易受到其他硬物的破坏。设置防滑措施可以提高踏步前缘的耐磨程度，起到保护作用。踏步的防滑构造如图9－18所示。

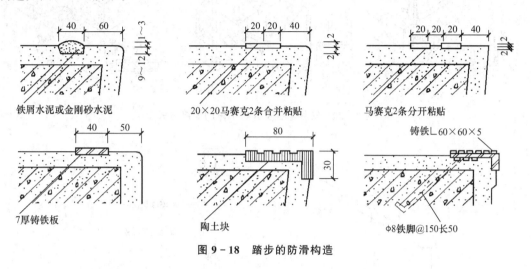

图9－18　踏步的防滑构造

9.4.2　栏杆和扶手

栏杆应有足够的强度，能够保证在人多拥挤时楼梯的使用安全。

栏杆的形式如图9－19所示。经常有儿童活动的建筑物，栏杆的分格应设计成儿童不易攀爬的形式，以确保安全。

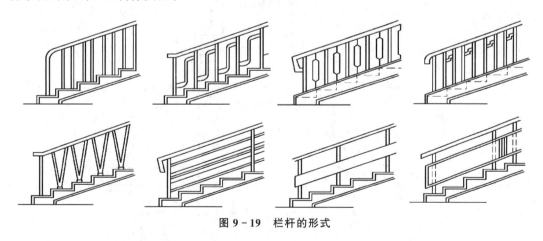

图9－19　栏杆的形式

栏杆垂直构件之间的净距不应大于110mm，且垂直构件必须要与梯段有牢固、可靠的连接，应根据工程实际情况和施工能力合理选择连接方式，如图9－20所示。

栏板是用实体材料制作的，常用的材料有钢筋混凝土、加设钢筋网的砖砌体、木材、玻璃等。栏板的表面应平整光滑，便于清洗。栏板可以与梯段直接相连，也可以安装在垂直构件上。图9－21是栏板构造示例。

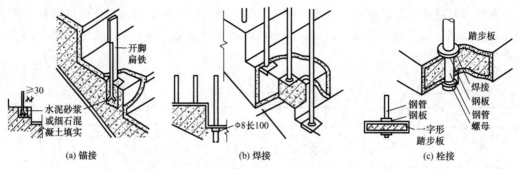

(a) 锚接   (b) 焊接   (c) 栓接

图 9 - 20 栏杆垂直构件与梯段的连接方式

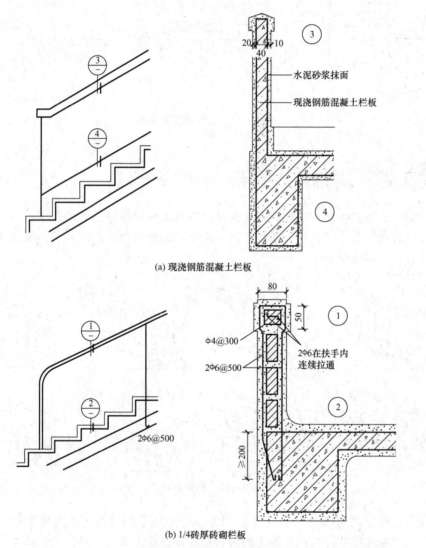

(a) 现浇钢筋混凝土栏板

(b) 1/4砖厚砖砌栏板

图 9 - 21 栏板构造示例

楼梯扶手可以用优质硬木、金属型材（铁管、不锈钢、铝合金等）、工程塑料、水泥砂浆抹灰、水磨石、天然石材制作。室外楼梯不宜使用木扶手，以免淋雨后变形和开裂。

不论何种材料的扶手，其表面必须要光滑、圆顺，以便于扶持。

绝大多数扶手是连续设置的，接头处应当仔细处理，使之平滑过渡。金属扶手通常与栏杆焊接；抹灰类扶手在栏板上端直接饰面；木扶手及塑料扶手在安装之前应事先在栏杆顶部设置通长的倾斜扁铁，扁铁上预留安装钉孔，然后把扶手安放在扁钢上，并用木螺钉固定好。扶手类型及构造如图 9-22 所示。

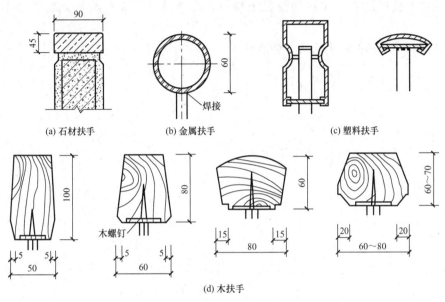

(a) 石材扶手   (b) 金属扶手   (c) 塑料扶手

(d) 木扶手

图 9-22 扶手类型及构造

本 章 小 结

(1) 楼梯一般由梯段、平台、栏杆、扶手组成。

(2) 梯段的宽度根据通行人数的多少（设计人流股数）和建筑防火要求确定；楼梯平台净宽不应小于梯段净宽，并且不小于 1.1m；梯段净高在平台处应不小于 2m，在梯段处应不小于 2.2m。

(3) 钢筋混凝土楼梯分为预制装配式和现浇整体式两大类；预制装配式钢筋混凝土楼梯按其构造方式可分为梁承式、墙承式和墙悬臂式等类型；现浇整体式钢筋混凝土楼梯根据梯段的传力与结构形式的不同，分为板式楼梯和梁式楼梯两种。

思考题与实践题

一、思考题

1. 现浇整体式钢筋混凝土楼梯按楼梯的传力特点与结构形式的不同可以分为哪两类？

2. 楼梯一般由哪些部分构成？分别有什么特点？

3. 楼梯栏杆（扶手）的高度如何确定？

4. 预制装配式钢筋混凝土楼梯踏步板的断面形式有哪几种？

5. 简述常见的楼梯分类。

6. 楼梯的坡度如何确定？与楼梯踏步有何关系？

二、实践题

1. 观察学校现浇整体式钢筋混凝土楼梯，思考其结构有什么特点，总结个人心得体会。

2. 绘制教学楼楼梯踏步的防滑构造简图。

第10章 屋顶

情境导入

　　屋顶是建筑构造的重要内容之一，涉及抵抗风、雨、雪的荷载和检修荷载等，还需满足保温隔热和排水等要求。学好这部分内容，将为学生以后学习各部分构造打下良好基础，提高学生对建筑构造的理解，增强学习兴趣。

　　本章从屋顶的基本类型、构造组成、排水设计入手，进一步讲解屋顶的柔性和刚性防水构造要求，以及屋顶的保温隔热做法和顶棚构造。

思维导图

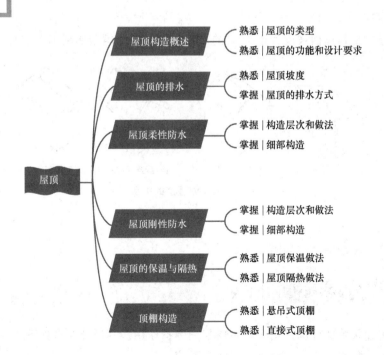

10.1 屋顶构造概述

10.1.1 屋顶的类型

屋顶的类型受到功能、设计要求、构造等多方面的影响，应结合工程所在地的实际情况酌情选择。屋顶的类型包括平屋顶、坡屋顶、曲面形式的屋顶等。按照排水坡度划分，曲面形式的屋顶宜划入坡屋顶。

（1）平屋顶。

平屋顶通常是指排水坡度小于5％的屋顶，常用坡度为2％～3％。平屋顶的类型如图 10-1 所示。

屋顶的类型
及构造组成

(a) 悬挑平屋顶　　(b) 女儿墙平屋顶　(c) 女儿墙悬挑平屋顶

图 10-1　平屋顶的类型

（2）坡屋顶。

坡屋顶通常是指屋面坡度大于10％的屋顶。坡屋顶的类型如图 10-2 所示。

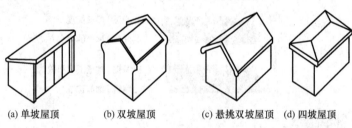

(a) 单坡屋顶　　　(b) 双坡屋顶　　　(c) 悬挑双坡屋顶　(d) 四坡屋顶

图 10-2　坡屋顶的类型

（3）曲面形式的屋顶。

曲面形式的屋顶的类型如图 10-3 所示。

10.1.2 屋顶的功能和设计要求

屋顶作为建筑物的外围护结构，主要起到围护作用。其设计要求如下。

（1）保温、隔热、隔声、防火——冬暖夏凉。

（2）防水、排水。

屋顶也是建筑物的承重结构，其设计的关键在于安全性及耐久性。其设计要求如下。

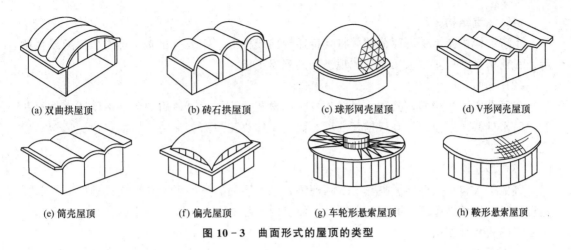

(a) 双曲拱屋顶　　　(b) 砖石拱屋顶　　　(c) 球形网壳屋顶　　　(d) V形网壳屋顶

(e) 筒壳屋顶　　　(f) 偏壳屋顶　　　(g) 车轮形悬索屋顶　　　(h) 鞍形悬索屋顶

图 10 - 3　曲面形式的屋顶的类型

（1）强度、刚度及整体稳定性满足要求——保证结构安全。

（2）满足正常使用要求。

10.1.3　屋顶构造

1. 屋顶的一般构造

屋顶一般由承重结构和屋面两部分组成，必要时还有保温层及顶棚等。屋顶的一般构造如图 10 - 4 所示。

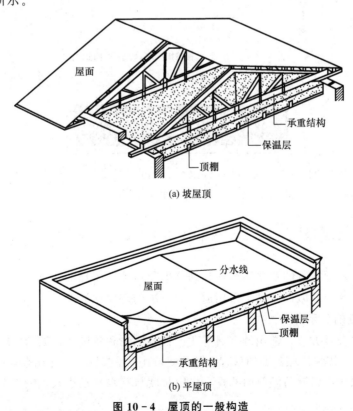

(a) 坡屋顶

(b) 平屋顶

图 10 - 4　屋顶的一般构造

（1）承重结构。

承重结构主要承受屋面荷载并将其传递到墙或柱上，一般有椽条、檩条、屋架或大梁等。目前承重结构基本采用屋架或现浇钢筋混凝土板。

（2）屋面。

屋面是屋顶的表面，其防水材料为各种瓦材及与瓦材配合使用的各种涂膜防水材料和卷材防水材料。屋面的种类根据瓦的种类而定，如块瓦屋面、油毡瓦屋面、块瓦形钢板彩瓦屋面等。

（3）其他层次。

其他层次包括保温层、隔热层及顶棚等。保温层和隔热层可设在屋面或顶棚，视需要进行设置。顶棚是屋顶下面的遮盖部分，使室内上部平整，可反射一定的光线，也可起到保温隔热和装饰作用。

2. 坡屋顶构造

坡屋顶主要由屋脊、屋面、天沟、檐口、泛水等组成，其构造如图 10-5 所示。

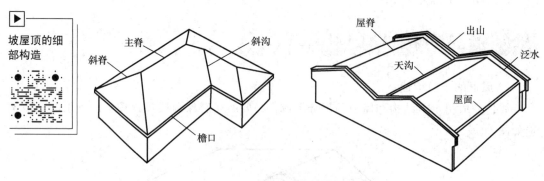

图 10-5　坡屋顶构造

10.2　屋顶的排水

为了迅速排除屋面雨水，需对屋顶进行周密的排水设计，其内容包括：选择屋顶坡度、确定屋顶排水方式和进行屋顶排水组织设计三个部分。

10.2.1　屋顶坡度

屋顶坡度是屋顶构造的重要内容，是划分平屋顶和坡屋顶的依据。影响屋顶坡度设置的因素很多，应结合多方面因素，采用适宜的方法确定屋顶坡度。

1. 屋顶坡度的表示方法

屋顶坡度的表示方法，常用的有斜率法、百分比法和角度法，如图 10-6 所示。

（1）斜率法：以屋顶倾斜面的垂直投影长度与其水平投影长度之比来表示屋顶的坡度。

（2）百分比法：以屋顶倾斜面的垂直投影长度与其水平投影长度的百分比值来表示屋顶的坡度。

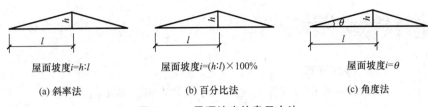

图 10 - 6 屋顶坡度的表示方法

（3）角度法：以倾斜屋面与水平面所成的夹角来表示屋顶坡度。

坡屋顶一般采用斜率法来表示坡度，平屋顶一般采用百分比法来表示坡度，角度法使用较少。

2. 影响屋顶坡度的因素

（1）屋面防水材料与排水坡度的关系。

如果屋面的防水材料尺寸较小，则接缝必然较多，容易产生缝隙渗漏，因而屋面应选择较大的排水坡度，以便将屋面积水迅速排除。如果屋面的防水材料覆盖面积大，接缝少而且严密，则屋面的排水坡度可以小一些。

（2）降雨量大小与坡度的关系。

降雨量大的地区，屋面渗漏的可能性较大，屋顶的排水坡度应适当加大；反之，屋顶排水坡度宜小一些。

3. 屋顶坡度的形成方法

屋面坡度的形成方法主要有材料找坡和结构找坡两大类。

（1）材料找坡。

材料找坡是指屋顶坡度由垫坡材料形成，一般用于坡向长度较小的屋面，如图 10 - 7（a）所示。为了减轻屋面荷载，应选用轻质材料找坡，如水泥炉渣、石灰炉渣等。找坡层的厚度最薄处不小于 20mm。平屋顶材料找坡的坡度宜为 2%。材料找坡的屋面板可以水平放置，天棚面平整；但会增加屋面荷载，材料和人工消耗较多。

（2）结构找坡。

结构找坡是指屋顶结构自身带有排水坡度，如图 10 - 7（b）所示。平屋顶结构找坡的坡度宜为 3%。结构找坡无须在屋面上另加找坡材料，构造简单，不增加荷载；但天棚顶倾斜，室内空间不够规整。

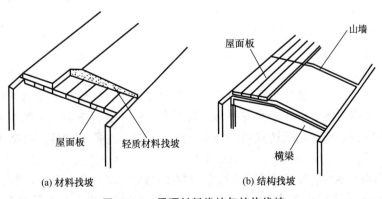

图 10 - 7 屋顶材料找坡与结构找坡

10.2.2 屋顶的排水方式

屋顶的排水方式及涂膜防水

1. 排水方式

屋顶的排水方式分为无组织排水和有组织排水两大类。

（1）无组织排水。

无组织排水是指屋面雨水直接从檐口滴落至地面的一种排水方式，因为不用天沟、雨水管等导流雨水，故又称自由落水。无组织排水主要适用于少雨地区的建筑物或一般的低层建筑物，相邻屋面高差小于 4m，不宜用于临街建筑物和较高的建筑物。

（2）有组织排水。

有组织排水是指雨水经由天沟、雨水管等排水装置被引导至地面或地下管沟的一种排水方式，目前在建筑工程中应用广泛。

2. 排水方式的选择

（1）等级较低的建筑物，为了控制造价，采用无组织排水。

（2）积灰较多的屋面采用无组织排水。

（3）有腐蚀性介质的工业建筑不宜采用有组织排水。

（4）在降雨量大的地区或房屋较高的情况下，采用有组织排水。

（5）临街建筑物雨水排向人行道时采用有组织排水。

3. 有组织排水方案

有组织排水分为外排水和内排水。外排水是指屋面雨水汇集在檐沟内，经过雨水口和室外雨水管排入下水系统；内排水是指屋面雨水汇集在天沟内，经过雨水口和室内雨水管排入下水系统。

（1）外排水方案。

外排水方案是指雨水管装设在室外的一种排水方案，其优点是雨水管不妨碍室内空间使用和美观，构造简单，因而被广泛采用。明装的雨水管有损建筑立面，故在一些重要的公共建筑中，常采取暗装的方式，把雨水管隐藏在假柱或空心墙中，假柱可以处理成建筑立面上的竖线条。外排水方案可归纳成以下四种。

① 挑檐沟外排水，如图 10 - 8（a）所示。

② 女儿墙外排水，如图 10 - 8（b）所示。

③ 女儿墙挑檐沟外排水，如图 10 - 8（c）所示。

④ 暗管外排水，如图 10 - 8（d）所示。

（2）内排水方案。

内排水方案是指雨水管装设在室内的一种排水方案。有些情况下采用外排水方案并不恰当，例如，在高层建筑中，维修室外雨水管既不方便，也不安全；在严寒地区，室外雨水管中雨水可能会结冻，也不适宜用外排水，此时可选用内排水方案。内排水方案可归纳为以下两种。

① 中间天沟内排水：当房屋宽度较大时，可在房屋中间设一纵向天沟形成内排水。这种方案特别适用于内廊式多层或高层建筑，雨水管可布置在走廊内，不影响走廊两旁的房间。

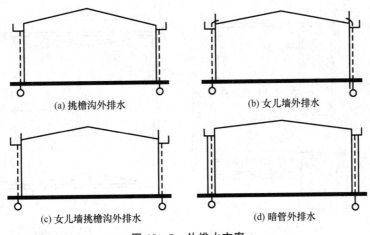

(a) 挑檐沟外排水　　　　　　　　(b) 女儿墙外排水

(c) 女儿墙挑檐沟外排水　　　　　　(d) 暗管外排水

图 10 - 8　外排水方案

② 高低跨内排水：高低跨双坡屋顶在两跨交界处也常常需要设置内天沟来汇集低跨屋面的雨水，高低跨可共用一根雨水管。

10.2.3　屋面排水组织设计

屋面排水组织设计的主要任务是将屋面划分成若干排水区，分别将雨水引向雨水管，要求排水线路简捷、雨水口负荷均匀、排水顺畅、避免屋顶积水而引起渗漏。屋面排水组织设计一般按下列步骤进行。

（1）确定排水方式。

（2）根据屋面宽度确定屋面排水坡面的数目。平屋顶宽度小于 12m 时，用单坡排水；平屋顶宽度大于 12m 时，用双坡或四坡排水。

（3）划分排水区面积。在每个排水区布置雨水管，使每个排水区的雨水排向各自的雨水管。排水区的面积是指排水区内屋面水平投影的面积，每一根雨水管的屋面最大排水区面积不宜大于 200m² 。雨水口的理论间距为 18~24m，常用间距为 12~18m。

（4）确定天沟所用材料，以及天构的断面形式及尺寸。

天沟即屋面上的排水沟，位于檐口部位时又称檐沟。设置天沟的目的是汇集屋面雨水，并将屋面雨水有组织地迅速排除。天沟根据屋顶类型的不同有多种做法。坡屋顶中可用钢筋混凝土、镀锌铁皮、石棉水泥等材料做成槽形或三角形天沟。平屋顶的天沟一般用钢筋混凝土制作，当采用女儿墙外排水方案时，可利用倾斜的屋面与垂直的墙面构成三角形天沟，如图 10 - 9 所示；当采用檐沟外排水方案时，通常用专用的槽形板做成矩形天沟，如图 10 - 10 所示。

（5）确定雨水管的规格及间距。雨水管的材料有铸铁、镀锌铁皮、塑料、石棉水泥等，目前多采用铸铁和塑料雨水管。雨水管的直径有 50mm、75mm、100mm、125mm、150mm、200mm 几种规格，一般民用建筑最常用的雨水管直径为100mm，面积较小的露台或阳台可采用 50mm 或 75mm 的雨水管。雨水管的位置应在实墙面处，其间距一般在18m 以内，最大间距不宜超过 24m。若间距过大，则沟底纵坡面越长，会使沟内的垫坡材料增厚，减少了天沟的容水量，造成雨水溢向屋面引起渗漏或从檐沟外侧涌出。

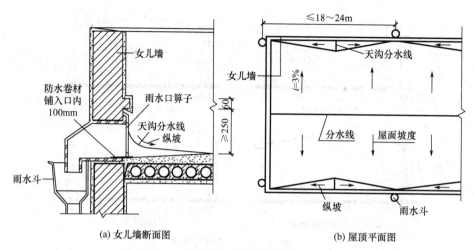

(a) 女儿墙断面图　　　　　(b) 屋顶平面图

图 10 - 9　平屋顶女儿墙外排水三角形天沟

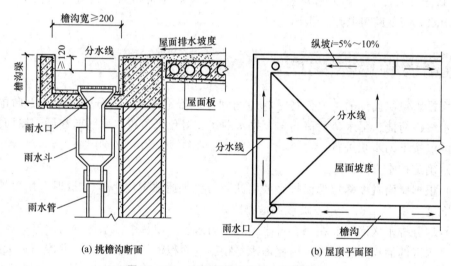

(a) 挑檐沟断面　　　　　(b) 屋顶平面图

图 10 - 10　平屋顶檐沟外排水矩形天沟

10.3　屋顶柔性防水

　　屋顶柔性防水是以防水卷材和沥青胶结材料分层粘贴组成防水层的屋面防水做法，其形成的屋面为柔性防水屋面。下面以沥青油毡为例讲解柔性防水屋面的构造和做法。

10.3.1　柔性防水屋面构造层次和做法

　　柔性防水屋面由多层材料叠合而成，其基本构造层次为结构层、找平层、结合层、防水层和保护层，有时可加设顶棚，如图 10 - 11 （a）所示，沥青油毡防水屋面做法如图 10 - 11 （b）所示。

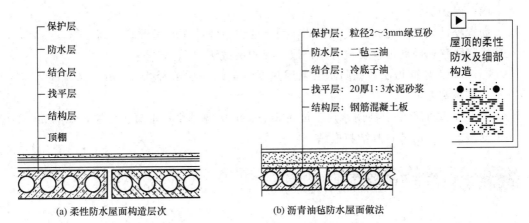

图 10 - 11 柔性防水屋面构造层次及油毡防水屋面做法

（1）结构层。

一般用钢筋混凝土板做结构层。

（2）找平层。

找平层可以保证油毡基层表面的平整度，用1∶3水泥砂浆做找平层，厚度为15~20mm。

（3）结合层。

结合层的作用是使油毡防水层与基层黏结。在找平层上刷一道稀释后的沥青溶液——冷底子油做结合层。

（4）防水层。

油毡防水层由沥青和胶结材料交替黏结而成。工程上采用二毡三油，二毡即两层油毡，三油即铺两层油毡需涂三层沥青胶结料。

防水层也可采用卷材，防水层卷材一般平行于屋脊，由檐口向上铺，铺贴时采用搭接的方法，上下边搭接长度不小于100mm，左右边搭接长度不小于70mm，上下层油毡的接缝要错开。为了防止沥青胶结料因厚度过大而龟裂，每层沥青胶结料的厚度要控制在1~1.5mm内。卷材铺贴的接缝及收头处理如图10-12所示。

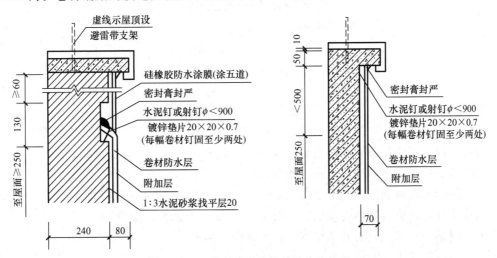

图 10 - 12 卷材铺贴的接缝及收头处理

（5）保护层。

沥青胶结料在阳光和大气的长期作用下会失去弹性而变脆开裂，高温季节会流淌，使油毡滑移脱落，因此屋顶要设置保护层。保护层做法如下。

① 不上人屋面做法：在防水层上用热沥青黏结一层粒径为 3～6mm 的粗砂，厚度为 7mm，俗称绿豆砂。

② 上人屋面做法：在防水层上浇筑 30～40mm 厚的细石混凝土面层，每隔 2m 左右设一道变形缝，缝用沥青胶结料嵌满。

10.3.2 柔性防水屋面细部构造

1. 泛水

泛水指屋面防水层与垂直墙面相交处的构造处理，其做法如图 10-13 所示。泛水的构造要点如下。

（1）先用水泥砂浆或混凝土在转角处做成圆弧（$R=50～100mm$）或 45°斜面，以防粘贴卷材时因直角转弯而折断或铺不实。

（2）在其上粘贴卷材，泛水高度不小于 250mm，通常为 300mm。

（3）为了防止卷材脱离墙面而渗漏雨水，泛水上口要做收头处理。

（4）泛水顶部应有挡雨措施，防止雨水顺立墙流进油毡收口处引起漏水。

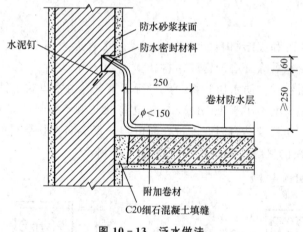

图中标注：防水砂浆抹面、防水密封材料、水泥钉、250、$\phi<150$、卷材防水层、≥250、60、附加卷材、C20细石混凝土填缝

图 10-13　泛水做法

2. 檐口

柔性防水屋面的檐口构造有无组织排水挑檐、有组织排水挑檐沟和女儿墙檐口等。挑檐和挑檐沟构造都应注意处理好卷材的收头固定、檐口饰面，并做好滴水。

（1）无组织排水挑檐（自由落水檐口）。

无组织排水挑檐做法为在距檐口 0.2～0.5m 范围内，将屋面坡度加大到 15%，使屋面雨水迅速排除，檐口处做滴水线，并用 1∶3 水泥砂浆抹面，如图 10-14（a）所示。挑檐口的关键是防止油毡收头处粘贴不牢，出现张口漏水。

（2）有组织排水挑檐沟。

有组织排水挑檐沟做法一为混凝土檐口用油膏嵌槽，在混凝土檐口上用细石混凝土或水泥砂浆先做一凹槽，然后将油毡铺在槽内，上面用油膏嵌填，如图 10-14（b）所示。此做法简单方便，但嵌缝材料一旦开裂或流淌，油毡收头处在风雨袭击下易出现张口而引起漏水。有组织排水挑檐沟做法二为混凝土檐口用钉固油毡，在混凝土檐口内预埋木砖，再在木砖上钉通长木条，将油毡收头钉于木条上，最后嵌填油膏，如图 10-14（c）所示。此做法比前者复杂，但耐久性较好。

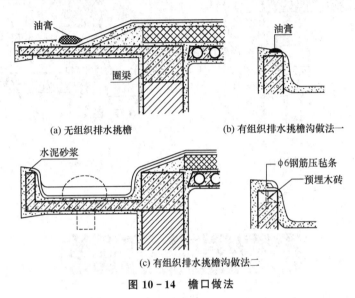

(a) 无组织排水挑檐　　　　(b) 有组织排水挑檐沟做法一

(c) 有组织排水挑檐沟做法二

图 10-14　檐口做法

为了更好地保护檐口，可以采用镀锌铁皮包檐，其上再包一层镀锌铁皮，以保护檐口。铁皮上方凸起形成保护棱，使油毡收口处不易被大风吹翻。

（3）女儿墙檐口。

女儿墙檐口做法的关键是泛水的构造处理，其顶部通常做钢筋混凝土压顶，并设有坡度坡向屋面，如图 10-15 所示。

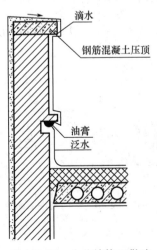

图 10-15　女儿墙檐口做法

3. 雨水口

雨水口构造分为水平雨水口和垂直雨水口两种，做法如图 10-16 所示。

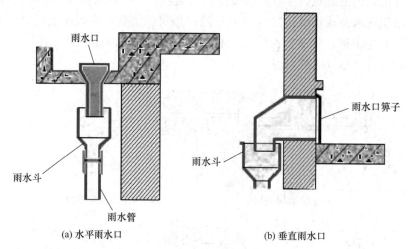

(a) 水平雨水口　　　　　　　　　　　　(b) 垂直雨水口

图 10-16　雨水口做法

10.4　屋顶刚性防水

屋顶刚性水泥是采用水泥砂浆或细石混凝土做防水层的屋面防水做法。水泥砂浆防水屋面，现浇不小于 40mm 厚的细石混凝土，内配 Φ4@100～200 双向钢丝网。细石混凝土防水屋面，采用 1∶2 或 1∶3 水泥砂浆掺入 3%～5% 防水剂，抹两道，总厚度 20～25mm。刚性防水屋面施工方便、构造简单、造价低，但对温度变形敏感，易产生裂缝。

10.4.1　刚性防水屋面构造层次和做法

刚性防水屋面一般由结构层、找平层、隔离层和防水层组成，如图 10-17 所示。

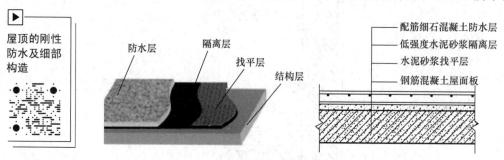

屋顶的刚性防水及细部构造

防水层　　隔离层　　找平层　　结构层

配筋细石混凝土防水层
低强度水泥砂浆隔离层
水泥砂浆找平层
钢筋混凝土屋面板

图 10-17　刚性防水屋面构造层次

（1）结构层。

刚性防水屋面的结构层要求具有足够的强度和刚度，一般应采用现浇或预制装配的钢筋混凝土屋面板，并在结构层现浇或铺板时形成屋面的排水坡度。

（2）找平层。

为保证防水层厚薄均匀，通常应在结构层上用 20mm 厚 1：3 水泥砂浆找平。若采用现浇钢筋混凝土屋面板或设有纸筋灰等材料时，也可不设找平层。

（3）隔离层。

为减少结构层变形及温度变化对防水层的不利影响，宜在防水层下设置隔离层。隔离层可采用纸筋灰、低强度等级砂浆或在薄砂层上干铺一层油毡等。当防水层中加有膨胀剂类材料时，其抗裂性有所改善，也可不做隔离层。

（4）防水层。

常用配筋细石混凝土防水层的混凝土强度等级应不低于 C20，其厚度宜不小于 40mm，双向配置 φ4～6.5 钢筋，间距为 100～200mm 的双向钢筋网片。为提高防水层的抗渗性能，可在细石混凝土内掺入适量外加剂（如膨胀剂、减水剂、防水剂等），以提高密实性。

10.4.2 刚性防水屋面细部构造

刚性防水屋面细部构造包括屋面防水层的分格缝、泛水、檐口、雨水口等部位的构造处理。在此只讲述分格缝，其余构造可参考柔性防水屋面。屋面分格缝实质上是在屋面防水层上设置的变形缝，其作用是防止温度变形引起防水层开裂，以及防止结构变形将防水层拉坏。

因此，屋面分格缝的位置应设置在温度变形允许的范围以内和结构变形敏感的部位。结构变形敏感的部位主要是指装配式屋面板的支承端、屋面转折处、现浇屋面板与预制屋面板的交接处、泛水与立墙交接处等部位。一般情况下，分格缝间距不宜大于 6m。分格缝的位置如图 10－18 所示。

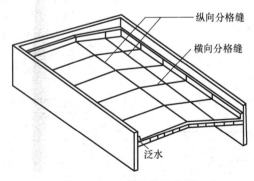

图 10－18 分格缝的位置

分格缝的构造如图 10－19 所示，其构造要点如下。

（1）防水层内的钢筋在分格缝处应断开。

（2）屋面板缝用浸过沥青的木丝板等密封材料嵌填，缝口用油膏等嵌填。

（3）缝口表面用防水卷材铺贴盖缝，卷材的宽度为 200～300mm。

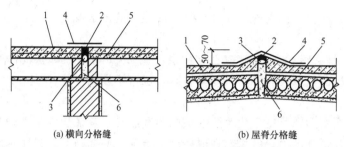

(a) 横向分格缝　　　　　　　　(b) 屋脊分格缝

1—刚性防水层；2—密封材料；3—背衬材料；4—防水卷材；5—隔离层；6—细石混凝土

图 10 - 19　分格缝的构造

10.5　屋顶的保温与隔热

屋顶的保温
与隔热

10.5.1　屋顶的保温

为了满足建筑物的使用要求及节能的需要，应当在屋顶设置保温层。屋顶保温层的材料有很多，散粒保温层的保温材料为炉渣、矿渣等工业废料，现浇轻质混凝土保温层的保温材料为炉渣、陶粒、蛭石等，板块保温层的保温材料为预制膨胀珍珠岩板、蛭石板等。

平屋顶保温层构造有正铺法保温屋面体系和倒铺法保温屋面体系，如图 10 - 20 所示。

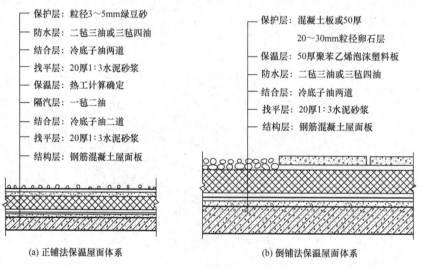

(a) 正铺法保温屋面体系　　　　　　　　(b) 倒铺法保温屋面体系

图 10 - 20　平屋顶保温层构造

10.5.2　屋顶的隔热

建筑物的屋顶是建筑物外围护结构中受室外热作用影响最大的部位，尤其是在冬冷夏热的地区，气候特点是冬季时间短、寒冷阴湿，夏季时间长、炎热闷湿，因此该地区屋顶既要兼顾冬季保温，又要做好夏季隔热。隔热层的隔热原理主要有通风隔热和蓄水隔热等，具体类型及做法如下。

（1）实体材料隔热屋面：包括大阶砖或混凝土板实铺屋面、堆土植被屋面和砾石层屋面。

（2）通风隔热屋面：其立面构造如图 10-21 所示，平面构造如图 10-22 所示。

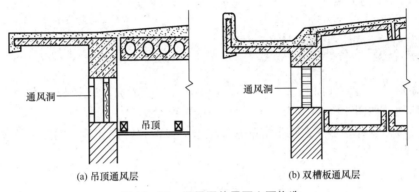

(a) 吊顶通风层　　　　　　　　(b) 双槽板通风层

图 10-21　通风隔热屋面立面构造

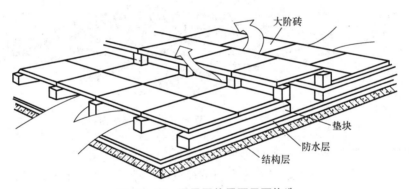

图 10-22　通风隔热屋面平面构造

（3）蒸发散热降温屋面：包括蓄水屋面、淋水屋面和喷雾屋面，其中蓄水屋面构造如图 10-23 所示。

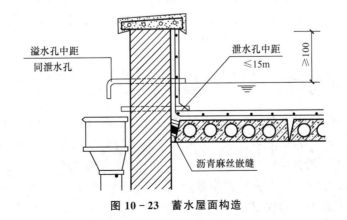

图 10-23　蓄水屋面构造

10.6 顶 棚 构 造

顶棚按饰面与基层的关系，可归纳为悬吊式顶棚和直接式顶棚两大类，下面分别简单做以介绍。

10.6.1 悬吊式顶棚

悬吊式顶棚是指装饰面悬吊于屋面板或楼板下并与屋面板或楼板留有一定距离的顶棚，俗称吊顶，如图 10-24 所示。悬吊式顶棚可结合灯具、通风口、音响、喷淋、消防设施等进行整体设计，形成变化丰富的立体造型，以改善室内环境，满足不同使用功能的要求。

▶ 屋顶吊顶的构造特点及分类

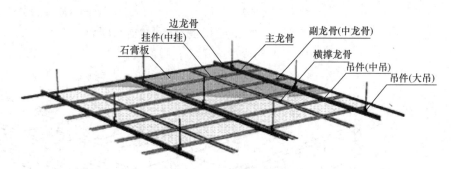

图 10-24 悬吊式顶棚

悬吊式顶棚的类型很多，从外观上分类，有平滑式顶棚、井格式顶棚、跌落式顶棚、悬浮式顶棚；以龙骨材料分类，有木龙骨悬吊式顶棚、轻钢龙骨悬吊式顶棚、铝合金龙骨悬吊式顶棚；以饰面层和龙骨的关系分类，有活动装配式悬吊式顶棚、固定式悬吊式顶棚；以顶棚结构层的显露状况分类，有开敞式悬吊式顶棚、封闭式悬吊式顶棚；以顶棚面层材料分类，有木质悬吊式顶棚、石膏板悬吊式顶棚、矿棉板悬吊式顶棚、金属板悬吊式顶棚、玻璃发光悬吊式顶棚、软质悬吊式顶棚；以顶棚受力大小分类，有上人悬吊式顶棚、不上人悬吊式顶棚；以施工工艺的不同分类，有暗龙骨悬吊式顶棚和明龙骨悬吊式顶棚。

10.6.2 直接式顶棚

直接式顶棚是指在屋面板或楼板结构底面直接做饰面材料的顶棚，如图 10-25 所示。它具有构造简单、构造层厚度小、施工方便、可取得较高的室内净空及造价低等特点，但由于没有隐蔽管线、设备的内部空间，故多用于普通建筑或空间高度受到限制的房间。

直接式顶棚按施工方法可分为直接抹灰式顶棚、直接喷刷式顶棚、直接粘贴式顶棚、直接固定装饰板顶棚及结构顶棚。

图 10 - 25　直接式顶棚

本章小结

（1）屋顶一般由承重结构和屋面两部分组成，必要时还有保温层及顶棚等。坡屋顶主要由屋脊、屋面、天沟、檐口、泛水等组成。

（2）屋顶坡度的表示方法，常用的有斜率法、百分比法和角度法；屋顶找坡方法有材料找坡和结构找坡；屋顶的排水方式分为无组织排水和有组织排水。

（3）屋顶柔性防水及细部构造，屋顶刚性防水及细部构造，泛水、檐口、雨水口等细部构造，屋顶的保温与隔热构造。

（4）顶棚按饰面与基层的关系，可归纳为悬吊式顶棚和直接式顶棚两大类。

思考题与实践题

一、思考题

1. 影响屋面坡度的因素有哪些？

2. 屋面排水的方式有哪几种？

3. 简述柔性防水屋面的基本做法。

4. 屋面排水组织设计主要包括哪些内容？具体要求是什么？

5. 柔性防水屋面的细部构造有哪些？

6. 简述刚性防水屋面的构造层次及做法。

二、实践题

1. 观察实训楼屋面排水的方式。

2. 绘制柔性防水屋面的细部构造图。

第11章 其他构造

情境导入

　　本章主要讲述的建筑构造包括窗、门、台阶、坡道和遮阳设施。窗的主要功能是采光、通风和立面装饰；门的主要功能是交通出入、分隔和联系室内外空间，还兼具通风、采光及立面装饰等作用；台阶和坡道都是为了解决室内外地面高差；遮阳设施是为了遮挡阳光。

思维导图

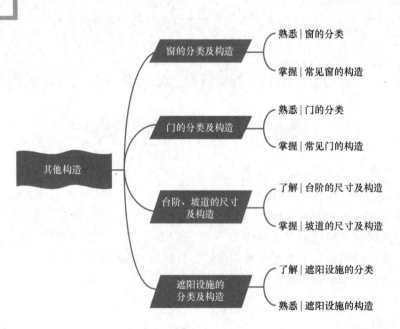

其他构造

- 窗的分类及构造
  - 熟悉｜窗的分类
  - 掌握｜常见窗的构造
- 门的分类及构造
  - 熟悉｜门的分类
  - 掌握｜常见门的构造
- 台阶、坡道的尺寸及构造
  - 了解｜台阶的尺寸及构造
  - 掌握｜坡道的尺寸及构造
- 遮阳设施的分类及构造
  - 了解｜遮阳设施的分类
  - 熟悉｜遮阳设施的构造

11.1 窗的分类及构造

窗被称为建筑物的"眼睛"。随着人们生活水平的不断提高，人们对窗的要求除了采光、通风外，还希望能兼具保温、隔热、隔声、防水、防火等功能。现在普遍采用的双层玻璃窗，除了能起到增强保温的效果，其更重要的作用就是隔声。随着城市越来越繁华，住宅越来越密集，交通产生的噪声越来越多，窗的隔声作用越来越受到人们的青睐。

11.1.1 窗的分类

1. 按框料材料分类

窗按框料材料分类，主要有铝合金窗、塑钢窗、彩板窗、木窗、钢窗等。

（1）铝合金窗：由铝合金建筑型材制作框、扇结构的窗，分为普通铝合金窗和断桥铝合金窗。铝合金窗具有美观、密封、强度高的特点，广泛应用于建筑工程领域，家装中常用铝合金窗封装阳台。

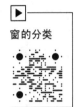

窗的分类

（2）塑钢窗：以聚氯乙烯树脂为主要原料，加上一定比例的稳定剂、着色剂、填充剂、紫外线吸收剂等，经挤出成型材，然后通过切割、焊接或螺接的方式制成门窗框扇，配装上密封胶条、毛条、五金件等制成的窗。为增强型材的刚性，超过一定长度的型材空腔内需填钢衬（加强筋）。

（3）彩板窗：以冷轧镀锌铁板为基板，涂敷耐候型高抗蚀面层，由现代化工艺制成的彩色涂层建筑外用卷板。

（4）木窗：常见的窗形式，具有自重轻、制作简单、维修方便、密闭性好等优点；但耗用木材，木材会因气候的变化而胀缩，有时开关不便，同时易被虫蛀、易腐朽，不如其他窗经久耐用。

（5）钢窗：按材料可分为普通碳素钢窗、不锈钢窗、高档断热钢窗等。

2. 按镶嵌材料分类

窗按镶嵌材料分类，主要有玻璃窗、纱窗、百叶窗。

（1）玻璃窗：主要有平板玻璃、装饰玻璃、安全玻璃和节能装饰型玻璃四大类，现在常用的钢化玻璃属于安全玻璃的一种。玻璃是窗最常见的镶嵌材料，玻璃主要成分是二氧化硅和钙、钠、钾、镁的氧化物，是一种无规则结构的非晶态固体。

（2）纱窗：指挡住蚊蝇虫的网，主要作用是防蚊。纱窗材质主要有三种，尼龙类纱窗、金属类纱窗和玻璃纤维类纱窗，现在还有隐形纱窗和可拆卸纱窗。常用的金刚网防盗纱窗采用高强度不锈钢丝编织而成，表面再经过电泳喷涂处理，可长期抵御各种严峻天气或环境腐蚀因素，可实现无阻隔感、无遮挡感、无压抑感，使室内随时保持明亮自然。

（3）百叶窗：采用数片条形材料平行排列，其叶片可以是固定的，也可以是活动的，活动式百叶窗可通过转动叶片的角度来控制采光和通风。其叶片常用铝合金、木材或玻璃制成。

3. 按层数分类

窗按层数分类，主要有单层窗和双层窗。双层窗常见于北方，可起到保温、隔声等作用。

4. 按开启方式分类

窗按开启方式分类，主要有平开窗、悬窗、立转窗、推拉窗、固定窗等，如图 11 - 1 所示。

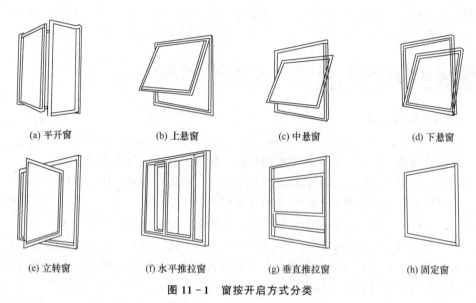

(a) 平开窗	(b) 上悬窗	(c) 中悬窗	(d) 下悬窗
(e) 立转窗	(f) 水平推拉窗	(g) 垂直推拉窗	(h) 固定窗

图 11 - 1 窗按开启方式分类

（1）平开窗：其窗扇开合是沿着某一水平方向移动的，故称平开窗。其优点是开启面积大、通风好、密封性好，隔声、保温、抗渗性能优良。

（2）悬窗：指沿水平轴开启的窗。根据铰链和转轴位置的不同，分为上悬窗、中悬窗、下悬窗。上悬窗：铰链安装在窗扇的上边，一般向外开启，防雨好。中悬窗：窗扇两边中部装水平转轴，开关方便、省力、防雨。下悬窗：铰链安装在窗扇的下边，一般向内开启，通风较好，但不防雨。

（3）立转窗：沿中心铅垂线固定，旋转开启的窗，又称立旋窗。

（4）推拉窗：分左右、上下推拉两种。推拉窗有不占据室内空间的优点，外观美丽、价格经济、密封性较好。推拉窗开启灵活，配上大块的玻璃，既增加室内采光，又改善建筑物的整体形貌。窗扇的受力状态好、不易损坏，但通风面积受一定限制。

（5）固定窗：一般是在窗框上直接镶玻璃或将窗扇固定在窗框上不能开启的窗，供采光、眺望用。

5. 按功能分类

窗按功能分类，主要有防火窗、隔声窗、保温窗等。

防火窗是指在一定时间内能满足耐火稳定性和耐火完整性要求的窗。隔声窗和保温窗顾名思义，即具有良好隔声性能和良好保温性能的窗。

6. 按位置分类

窗按位置分类，主要有侧窗和天窗。

侧窗就是指安装在侧墙上的窗，一般的窗都是侧窗。天窗则安装在屋顶上。

11.1.2　窗的尺寸和组成

1. 窗的尺寸

窗的尺寸应根据采光、通风的需求来确定，还应兼顾立面效果和建筑模数的要求。

首先，窗洞口的面积应该主要根据该房间的功能和面积两个因素来确定，一般要求窗洞口面积与该房间地面面积之比不应小于1/7，即窗地面积比≥1/7。具体的窗地面积比还应根据房间的具体功能来确定。其次，为了避免影响房屋的保温节能效果，窗不能过大，一般规定除严寒地区，单一立面上窗的面积与墙的面积之比不宜大于0.7，即窗墙面积比（某一朝向的外窗总面积与同朝向墙面总面积之比）宜≤0.7。

天窗不同于普通侧窗，因其位置特殊，天窗洞口面积与屋顶面积之比不应大于20%。

此外，窗的可开启部分面积不能小于该房间地面面积的5%，且不宜小于外墙面积的10%。窗的尺寸规范中，对于不同材质、不同款式的窗，窗的尺寸规范要求也不一样。

比如，铝合金推拉窗基本的窗洞高度有900mm、1200mm、1400mm、1500mm、1800mm、2100mm，基本窗洞宽度有1200mm、1500mm、1800mm、2100mm、2400mm、2700mm、3000mm；铝合金平开门窗有40系列、50系列、70系列，其中"40""50""70"表示窗框的厚度，其基本窗洞高度有600mm、900mm、1200mm、1400mm、1500mm、1800mm、2100mm，基本窗洞宽度有600mm、900mm、1200mm、1500mm、1800mm、2100mm，玻璃厚度一般为5mm或6mm；常见住宅空间的窗的尺寸，客厅为1.5m×1.8m～1.8m×2.1m，儿童房为1.2m×1.5m～1.5m×1.8m，大卧室为1.5m×1.8m～1.8m×2.1m，卫生间为0.6m×0.9m～0.9m×1.4m。

2. 窗的组成

窗一般由窗框、窗扇和五金零件组成。窗框是窗与墙的连接部分。窗扇是窗的主体部分，分为活动窗扇和固定窗扇。五金零件包括铰链、插销、执手、滑撑、撑挡、合页、窗钩、防盗链等。

当建筑物的室内装修标准较高时，窗洞口周围可增设贴脸、筒子板、压条、窗台板及窗帘盒等，统称窗套，如图11-2所示。

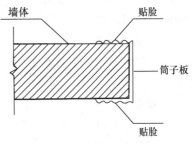

图11-2　窗套的组成

11.2　门的分类及构造

门是居室中不可缺少的一部分。门是分割有限空间的一种实体，是可以连接和关闭两个或多个空间的出入口。发展至今，门已经历过木门、钢门、铝合金门、塑钢门四个时代。木门价格适中，密封性差，怕火易燃，易变形开裂，用于外门时使用寿命短。钢门价格低，档次低，易腐蚀，易变形，维护费用高，使用寿命短，面临淘汰。铝合金门阻燃性好，外观大气，但整体性较差，保温性差，隔热差，隔声效果不强。塑钢门目前应用较为广泛。

11.2.1 门的分类

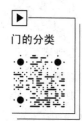

门的分类

1. 按开启方式分类

门按开启方式分类，主要有平开门、推拉门、弹簧门、折叠门、转门、卷帘门、伸缩门等。

（1）平开门：铰链安在侧边，可水平开启，有单扇、双扇、内开、外开之分。平开门构造简单，开启灵活，安装维修方便，是房屋建筑中使用最广泛的一种形式。

（2）推拉门：门扇通过上下轨道左右推拉滑动进行开关门。开启后，占用空间少，但可开启面积往往只有一半。推拉门适用于两个空间需扩大联系之处。在人流较多的场所，还可以采用光电式或触动式自动启闭推拉门。

（3）弹簧门：水平开启的门，门扇侧边使用弹簧铰链或地弹簧，可内外弹动，自动关闭。弹簧门适用于人流较多、需要自动关闭的场所。为了避免逆向人流开门时互相碰撞，一般门芯板为透明玻璃。

（4）折叠门：有几个较窄的门扇互相用铰链连接而成的门。开启后，门扇折叠在一起，占用空间小。

（5）转门：由三或四扇门连成风车形，固定在中轴上，可在弧形门套内旋转。门扇旋转时，有两扇门的边框与门套接触，可阻止室内外空气对流。

（6）卷帘门：门扇由金属叶片互相连接而成，在门洞的上方设转轴，通过转轴的转动来控制叶片的启闭。其特点是开启时不占使用空间，常用于不频繁启闭的商业建筑大门。

（7）伸缩门：可以通过门体伸缩、自由移动来控制门洞大小，以及拦截和放行行人或车辆的一种门。伸缩门主要由门体、驱动电动机、滑道、控制系统构成。

2. 按材料分类

门按材料分类，主要有木门、铝合金门、塑钢门、彩板门、玻璃门、钢门、铁门、铜门等。

3. 按功能分类

门按功能分类，主要有防盗门、防火门、保温门、隔声门、防射线门等。

4. 按形式和制造工艺分类

门按形式和制造工艺分类，主要有镶板门、拼板门、夹板门、纱门等。

（1）镶板门：门扇由骨架和门心板组成的门。门心板可采用木板、玻璃、硬质纤维板、胶合板和塑料板等。

（2）拼板门：门扇由骨架和木条组成的门。无骨架的拼板门则称为实拼门。

（3）夹板门：也称为合板门，由骨架和面板组成。其骨架夹在两面板之间，一般为木材，面板一般为胶合板、硬质纤维板或塑料板等。这种门用料少、自重轻、外形光洁、制造简单，常用于民用建筑的内门。

（4）纱门：又称磁性防蚊门帘，两片门帘之间常用磁扣连接。

5. 按平面位置分类

根据门的平面位置分类，门主要有内门和外门。

11.2.2 门的尺寸和组成

1. 门的尺寸

门的尺寸指门洞的高宽尺寸，其大小应根据人流疏散、家具设备搬运的要求来确定，还应兼顾立面效果和建筑模数的要求。

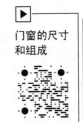

门窗的尺寸和组成

一般情况下，门保证通行的高度不小于 2m，也不宜超过 2.4m，否则有空洞感，门扇制作也需特别加强。当上方设亮子时，应加高 300～600mm。如有造型、通风、采光需要时，可在门上加腰窗，其高度至少为 0.4m，但也不宜过高。

门的宽度应满足一个人通行，并考虑必要的空隙，一般为 700～1000mm，通常设置为单扇门。对于人流量较大的公共建筑的门，其宽度应满足疏散要求，可设置两扇以上的门。一般房门宽为 0.8～0.9m，厨房门宽 0.8m 左右，卫生间门宽 0.7～0.8m，考虑到现代家具的造型和尺寸，最好取上限。公共建筑的门宽，一般单扇为 1m，双扇门为 1.2～1.8m，若大于一般宽度，需考虑制作门扇，双扇门或多扇门的门扇宽以 0.6～1.0m 为宜。

房门标准尺寸一般为高 2100mm、宽 900mm。公共建筑大门的尺寸，在保证通行的情况下，应结合建筑立面形象确定。

2. 门的组成

门一般由门框、门扇和五金零件组成。门框是门与墙的连接部分。门扇是门的主体部分，分为活动门扇和固定门扇，一般为活动门扇。五金零件包括铰链、插销、门锁、拉手等。

当建筑物的室内装修标准较高时，门洞口周围可增设贴脸板、筒子板、门蹬等，统称为门套，如图 11-3 所示。

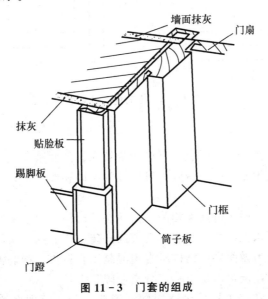

图 11-3 门套的组成

11.3 台阶、坡道的尺寸及构造

台阶、坡道的尺寸及构造

为了防潮和防水，一般建筑物底层室内外地坪均设有高差，所以通常需要在建筑物入口处设置台阶和坡道作为室内外的过渡。在一般情况下，台阶的踏步数不多，坡道长度也不大，但有些建筑物由于使用功能或精神功能的需要，设有较大的室内外高差，或者把建筑物入口设在二层，此时就需要大型的台阶和坡道与其配合。台阶和坡道对建筑立面有一定的装饰作用，因此设计时既要考虑实用性，又要考虑美观性。

11.3.1 台阶

1. 台阶的尺寸

如图 11-4 所示，台阶上方顶部平台应比门每边宽出 500mm 以上，并比室内地坪低 20~50mm，向外做出约 1% 的排水坡度。踏步宽度不宜小于 300mm，高度不宜大于 150mm，并不宜小于 100mm。室外台阶顶部平台深度一般不应小于 1000mm，室内台阶踏步数不应少于 2 级，当高差不足 2 级时，应按坡道设置。人流密集的场所台阶高度超过 0.7m 并侧面临空时，应有防护设施。

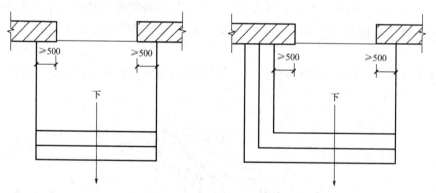

图 11-4 台阶的尺寸要求

2. 台阶的构造

常见的台阶形式如图 11-5 所示，有单面踏步式、两面踏步式、三面踏步式、单面踏步带花池式等。按构造做法不同，台阶又可以分为实铺和架空两种形式，大多数台阶采用实铺的形式。

实铺台阶的构造与地面构造基本相同，由面层、结构层和垫层组成，各层次常用的材料如下：面层材料常用水泥砂浆、水磨石面层或缸砖、马赛克、天然石或人造石等块材面层，注意条石台阶无须另做面层；结构层常用混凝土、石块、钢筋混凝土、砖等，其中混凝土台阶应用最普遍；垫层常用灰土、三合土或碎石等。

架空台阶的平台板和踏步板均为预制钢筋混凝土板，分别搁置在梁上或砖砌地垄墙上，有时也整体现浇形成。

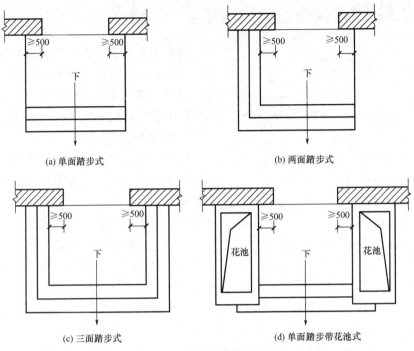

(a) 单面踏步式

(b) 两面踏步式

(c) 三面踏步式

(d) 单面踏步带花池式

图 11 - 5　常见的台阶形式

根据材料及形式不同，台阶又可以具体分为混凝土台阶、石砌台阶、钢筋混凝土架空台阶、换土地基台阶四种，各种类构造如图 11 - 6 所示。

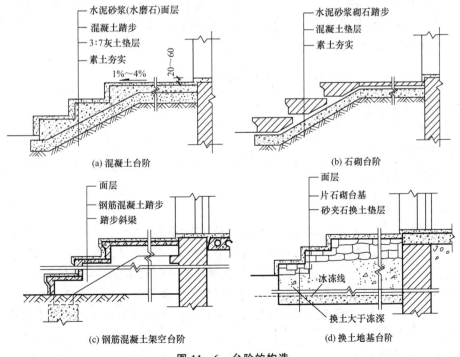

(a) 混凝土台阶

水泥砂浆(水磨石)面层
混凝土踏步
3:7灰土垫层
素土夯实
1%～4%
20～60

(b) 石砌台阶

水泥砂浆砌石踏步
混凝土垫层
素土夯实

(c) 钢筋混凝土架空台阶

面层
钢筋混凝土踏步
踏步斜梁

(d) 换土地基台阶

面层
片石砌台基
砂夹石换土垫层
冰冻线
换土大于冻深

图 11 - 6　台阶的构造

11.3.2 坡道

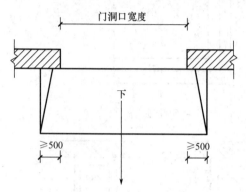

图 11-7 坡道的宽度要求

坡道按其用途分为行车坡道和轮椅坡道两类，行车坡道又可分为普通坡道和回车坡道两种。坡道一般设置在车辆经常出入或者不适宜做台阶的公共建筑入口部位，多为单面形式。

1. 坡道的尺寸

坡道的宽度应大于连通的门洞口宽度，且每边至少宽出 500mm，如图 11-7 所示。坡道的坡度一般为 1:12～1:6，坡度为 1:10 的坡道较为舒适。面层光滑的坡道，坡度不宜大于 1:10；粗糙材料和设防滑条的坡道，坡度可稍大，但不应大于 1:6；锯齿形坡道的坡度可加大至 1:4。室内坡道水平投影长度超过 15m 时，坡道中部应设休息平台，休息平台长度应不小于 1.2m；坡道转弯时应设休息平台，休息平台长度应不小于 1.50m。

轮椅坡道应符合《无障碍设计规范》（GB 50763—2012）的要求，包括以下内容：轮椅坡道宜设计成直线形、直角形或折返形；轮椅坡道的净宽度不应小于 1.00m，无障碍出入口的轮椅坡道净宽度不应小于 1.20m；轮椅坡道的高度超过 300mm 且坡度大于 1:20 时，应在两侧设置扶手，坡道与休息平台的扶手应保持连贯，扶手应符合本规范第 3.8 节的相关规定；轮椅坡道的最大高度和水平长度应符合表 11-1 的规定；轮椅坡道的坡面应平整、防滑、无反光；轮椅坡道起点、终点和中间休息平台的水平长度不应小于 1.50m；轮椅坡道临空侧应设置安全阻挡措施；轮椅坡道应设置无障碍标志，无障碍标志应符合本规范第 3.16 节的有关规定。

表 11-1 轮椅坡道的最大高度和水平长度

坡度	1:20	1:16	1:12	1:10	1:8
最大高度/m	1.20	0.90	0.75	0.60	0.30
水平长度/m	24.00	14.40	9.00	6.00	2.40

注：其他坡度可用插入法进行计算。

2. 坡道的构造

坡道与台阶一样，也是由面层、结构层和垫层组成的。坡道应采用耐久、耐磨和抗冻性好的材料。结构层材料有钢筋混凝土或石块等，面层以水泥砂浆居多，基层应注意防止不均匀沉降和冻胀土的影响。坡道的构造要求和做法与台阶相似，但对防滑的要求更高。对于坡度较陡、处于潮湿环境或用水磨石做面层的，需做防滑处理。混凝土坡道可在水泥砂浆面层上划格，以增加摩擦力，亦可设防滑条，或做成锯齿形；天然石坡道可对表面做粗糙处理。

根据构造和做法的不同，坡道可分为混凝土坡道、锯齿形坡道、水磨石防滑条坡道、块石坡道等，如图 11-8 所示。

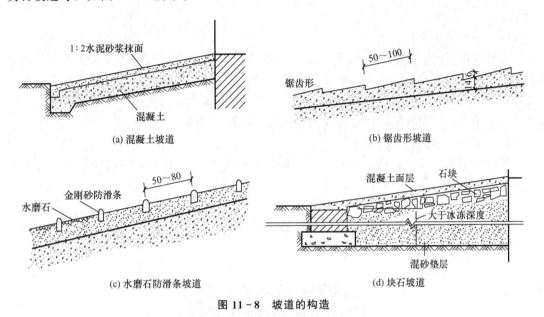

图 11-8 坡道的构造

11.4 遮阳设施的分类及构造

在炎热地区的夏季，为防止大量的太阳辐射热通过窗进入室内和避免炫光，可在窗洞口外侧设置遮阳设施，这对于降低建筑物室内环境温度，降低空调负荷具有重要作用。

11.4.1 遮阳设施的分类

遮阳设施的分类方法主要有 3 种。

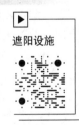

遮阳设施

（1）根据工作特征，遮阳设施分为两类，其中固定在建筑物上的遮阳设施称为固定遮阳设施，反之则为活动遮阳设施。

（2）根据遮阳的方向，遮阳设施分为水平式遮阳、垂直式遮阳、综合式遮阳、挡板式遮阳等。

（3）根据使用的材料，遮阳设施分为塑料遮阳、木质遮阳、钢筋混凝土结构遮阳等。

11.4.2 遮阳设施的构造

（1）水平式遮阳。

水平式遮阳用于遮挡正午时太阳高度角较大的阳光，一般用于南向窗口。水平式遮阳常为固定遮阳设施，形式有单层和多层，遮阳板伸出的比例由当地的实际遮阳角度确定。遮阳板以前多采用钢筋混凝土、石棉瓦等材料，现阶段多为轻质铝合金等金属遮阳板。

（2）垂直式遮阳。

垂直式遮阳用于遮挡上午或下午太阳高度角较低时的阳光，一般用于东西向窗口的垂直遮阳，做成倾斜式，而用于北向窗口的遮阳则垂直于窗口。固定垂直式遮阳常为预制或现浇钢筋混凝土板，活动垂直式遮阳可用木百叶、吸热玻璃、石棉水泥板、钢丝网水泥板或金属板制作，常用撑挡、齿轮传动或插销定位调整遮阳角度。

（3）综合式遮阳。

综合式遮阳适用于遮挡从窗侧上方斜射下来的阳光，一般用于东南和西南方向的窗口，主要包括格式、百叶式和板式。

（4）挡板式遮阳。

挡板式遮阳适用于遮挡太阳高度角较低、正射窗口的阳光，主要用于东、西向窗口，常用的有花格式、百叶式和板式。

本章小结

（1）窗按框料材质可分为铝合金窗、塑钢窗、彩板窗、木窗、钢窗等，按镶嵌材料分为玻璃窗、纱窗、百叶窗等，按层数分为单层窗和双层窗，按开启方式分为平开窗、悬窗、立转窗、推拉窗、固定窗等。窗的尺寸应根据采光、通风的需求来确定，还应兼顾立面效果和建筑模数的要求。窗一般由窗框、窗扇和五金零件组成。

（2）门按开启方式分为平开门、推拉门、弹簧门、折叠门、转门、卷帘门、伸缩门等，按材料可分为木门、铝合金门、塑钢门、彩板门、玻璃门、钢门、铁门、铜门等，按功能分为防盗门、防火门、保温门、隔声门、防射线门等，按形式和制造工艺分为镶板门、拼板门、夹板门、纱门等，按平面位置分为内门和外门。门的尺寸应根据人流疏散、家具设备搬运的要求来确定，还应兼顾立面效果和建筑模数的要求。门一般由门框、门扇和五金零件组成。

（3）台阶和坡道设置在建筑物入口处，对建筑立面有一定的装饰作用，因此设计时既要考虑实用性，又要考虑美观性。

（4）遮阳设施的分类方法主要有3种，其中根据遮阳方向，遮阳设施可分为水平式遮阳、垂直式遮阳、综合式遮阳、挡板式遮阳等。

思考题与实践题

一、思考题

1.门窗的开启方式有哪些？各有何特点？

2.门窗的大小根据什么确定？

3.门的分类有哪些？

4. 室外台阶的尺寸有哪些要求？台阶有哪些基本形式？

5. 遮阳设施有哪些形式？各适用于哪个朝向的窗口？

二、实践题

1. 指出教室及宿舍的门窗类型。

2. 指出教学楼外台阶或坡道的类型，有无遮阳设施，若有，请指出其类型。

第12章 工业建筑概述

情境导入

　　工业建筑是各类工厂为工业生产需要而建造的各种不同用途的建筑物和构筑物的总称。工业厂房是指工业建筑中供生产用的建筑物，在工业厂房内，通常把按生产工艺进行生产的单位称为生产车间。一个工厂除了有若干个生产车间外，还有辅助生产车间、锅炉房、水泵房、办公及生活用房等生产服务用房。

　　一般来说，工业厂房与民用房屋相比，其基建投资多，占地面积大，而且受生产工艺条件制约。工业厂房的设计除要满足生产工艺的要求以外，更要为广大工人创造一个安全、卫生、劳动保护条件良好的生产环境，这就要求工业厂房设计要符合国家、地方的有关基本建设方针、政策，做到坚固适用、经济合理、技术先进、施工方便，并为实现建筑工业化创造条件。

思维导图

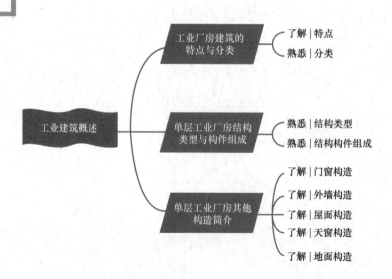

12.1　工业厂房建筑的特点与分类

12.1.1　工业厂房建筑的特点

工业厂房建筑和民用建筑都具有建筑的共性，在设计原则、建筑技术和建筑材料等方面有许多共同之处。但由于工业厂房建筑是直接为工业生产服务的，因此在建筑平面空间布局、建筑结构、建筑构造、建筑施工等方面与民用建筑有很大差别。工业厂房建筑的特点归纳如下。

（1）厂房首先要满足生产工艺的要求，并为工人创造良好的劳动卫生条件，以便提高产品质量和劳动生产率。工业生产类别繁多，各类工业都具有不同的生产工艺和特征，对厂房也有不同的要求，厂房设计也随之而异。

（2）厂房内一般都有笨重的机械设备、起重运输设备等，这就要求厂房建筑有较大的空间。同时，厂房结构要承受较大的静、动荷载及振动或撞击力等的作用。

（3）有的厂房在生产过程中会散发大量的余热、烟尘、有害气体、腐蚀性的液体及生产噪声等，这就要求厂房有良好的通风和采光。

（4）有的厂房为保证生产正常，要求保持一定的湿度、温度或要求具有防尘、防爆、防震、防菌、防放射线等条件。

（5）生产过程往往需要各种工程技术管网，如上下水、热力、压缩空气、煤气、氧气管道和电力供应等，厂房设计时应考虑各种管道的铺设要求及其承受的荷载。

（6）生产过程中有大量的原料、加工零件、半成品、成品、废料等，需要用吊车、电瓶车、汽车或火车进行运输。厂房设计时应考虑所采用运输工具的通行问题。

12.1.2　工业厂房建筑的分类

1. 按用途分类

（1）主要生产厂房：指进行产品的备料、加工、装配等主要工艺流程的厂房。以机械制造工厂为例，包括铸造车间、锻造车间、冲压车间、铆焊车间、电镀车间、热处理车间、机械加工车间和机械装配车间等。

（2）辅助生产厂房：指为主要生产厂房服务的厂房，如机械制造工厂的机械修理车间、电机修理车间、工具车间等。

（3）动力用厂房：为全厂提供能源的厂房，如发电站、变电所、锅炉房、煤气站、乙炔站、氧化站和压缩空气站等。

（4）仓储建筑：储存原材料、半成品与成品的房屋，即仓库。如机械制造工厂包括金属料库、炉料库、砂料库、木材库、燃料库、油料库、易燃易爆材料库、辅助材料库、半成品库及成品库等。

（5）运输用建筑：管理、贮存及检修交通运输工具用的房屋，包括机车库、汽车库、电瓶车库、起重车库、消防车库和站场用房等。

（6）其他建筑：如水泵房、污水处理建筑等。

工业生产规模较大而生产工艺又较完整的工业厂房建筑可同时包含以上各种类型，中、小型工厂或以协作为主的工厂，则仅有上述类型中的一部分。此外，也有一间厂房中包括多种类型用途的车间或部门的情况。

2. 按层数分类

（1）单层工业厂房：多用于冶金、重型及中型机械工业等，如图 12-1 所示。

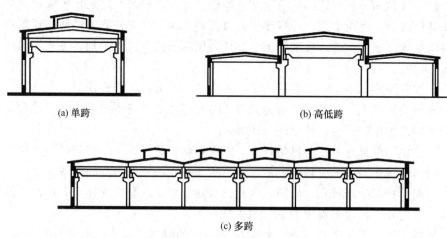

(a) 单跨   (b) 高低跨

(c) 多跨

图 12-1　单层工业厂房

（2）多层工业厂房：多用于食品、电子、精密仪器工业等，如图 12-2 所示。

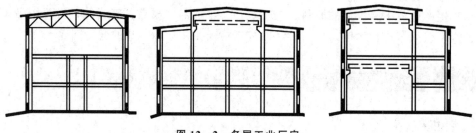

图 12-2　多层工业厂房

（3）层次混合厂房：如某些热电厂的主厂房、化工车间等。图 12-3（a）所示为一热电厂的主厂房，汽轮发电机设在单层跨内，其他为多层；图 12-3（b）所示为一化工车间，高大的生产设备位于中间的单层跨内，两个边跨则为多层。

3. 按内部生产状况分类

（1）冷加工车间：生产操作是在正常温度、湿度条件下进行的厂房，如机械加工、机械装配、工具、机修等车间。

（2）热加工车间：生产中散发大量余热，有时伴随烟雾、灰尘和有害气体的产生，有时在红热状态下加工的厂房，如铸造、热锻、冶炼、热轧、锅炉房等，应考虑其通风及散热问题。

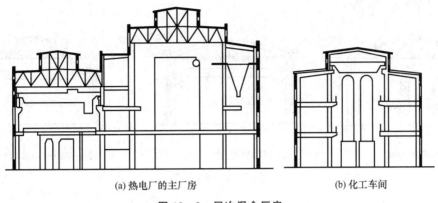

(a) 热电厂的主厂房   (b) 化工车间

图 12 - 3 层次混合厂房

（3）恒温恒湿车间：为保证产品质量，要求维持稳定的温度及湿度条件的厂房，如精密机械、纺织、酿造等车间。

（4）洁净车间：为保证产品质量，防止大气中灰尘及细菌污染，要求保持高度洁净的厂房，如集成电路车间、精密仪器加工及装配车间、医药工业中的粉针剂车间等。

（5）特种状况车间：如有爆炸可能性、有大量腐蚀性物质、有放射性物质、防微振、高度隔声、防电磁波干扰车间等。

内部生产状况是确定厂房平面、立面、剖面及围护结构形式的主要因素之一，设计时应予以考虑。

12.2 单层工业厂房结构类型与构件组成

12.2.1 单层工业厂房结构类型

在工业厂房建筑中，由承载各种荷载作用的构件所组成的骨架，通常称为结构。单层工业厂房基本结构类型按其承重结构的材料可分为混合结构、钢筋混凝土结构和钢结构等，按其主要承重结构的形式可分为排架结构、刚架结构和空间结构等。

（1）排架结构。

排架结构是由屋架（屋面梁）、柱、基础构成的一种骨架体系。它的基本特点是把屋架（屋面梁）看成一个刚度很大的横梁，屋架（屋面梁）与柱的连接为铰接，柱与基础的连接为刚接。依其所用材料的不同，排架结构分为砖排架结构、钢筋混凝土排架结构和钢筋混凝土柱与钢屋架排架结构，如图 12-4 所示。我国单层工业厂房一般采用装配式钢筋混凝土横向排架结构。

（2）刚架结构。

刚架结构是将屋架与柱合并成一个构件，柱与屋架连接处为整体刚性节点，柱与基础连接处为铰接点。常用的有门式刚架结构和钢框架刚架结构两种。装配式钢筋混凝土门式刚架结构如图 12 - 5 所示。

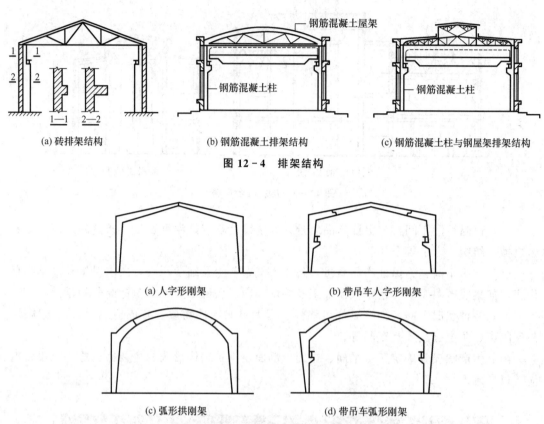

(a) 砖排架结构　　　　(b) 钢筋混凝土排架结构　　　　(c) 钢筋混凝土柱与钢屋架排架结构

图 12 - 4　排架结构

(a) 人字形刚架　　　　　　　　(b) 带吊车人字形刚架

(c) 弧形拱刚架　　　　　　　　(d) 带吊车弧形刚架

图 12 - 5　装配式钢筋混凝土门式刚架结构

（3）空间结构。

空间结构即屋盖为空间结构，如各类薄壳结构、悬索结构、网架结构等，图 12 - 6 列举了几种空间结构。这种结构普遍用于大柱距的单层工业厂房中。

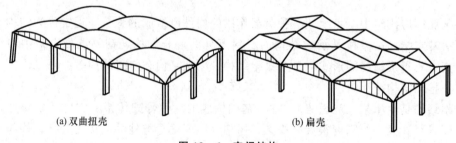

(a) 双曲扭壳　　　　　　　　　(b) 扁壳

图 12 - 6　空间结构

12.2.2　单层工业厂房主要结构构件组成

我国单层工业厂房一般采用的结构是装配式钢筋混凝土横向排架结构，其构件组成如

图 12-7 所示。下面将对一些重要的结构构件进行简要说明。

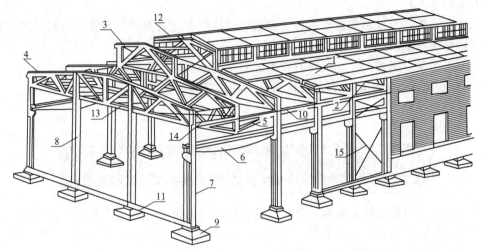

1—屋面板；2—天沟板；3—天窗架；4—屋架；5—托架；6—吊车梁；7—排架柱；
8—抗风柱；9—基础；10—连系梁；11—基础梁；12—天窗架垂直支撑；
13—屋架下弦横向水平支撑；14—屋架端部垂直支撑；15—柱间支撑

图 12-7 单层工业厂房的构件组成

（1）基础：承受柱和基础梁传来的全部荷载，并将荷载传给地基。

（2）排架柱：厂房结构的主要承重构件，承受屋架、吊车梁、支撑、连系梁和外墙传来的荷载，并将其传给基础。常见的钢筋混凝土排架柱如图 12-8 所示。

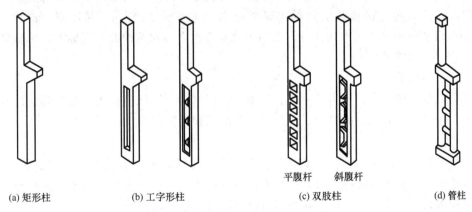

(a) 矩形柱　　　　(b) 工字形柱　　　　　平腹杆　斜腹杆　　　(d) 管柱
　　　　　　　　　　　　　　　　　　　(c) 双肢柱

图 12-8 常见的钢筋混凝土排架柱

（3）屋架（屋面梁）：屋盖结构的主要承重构件，承受屋盖上的全部荷载，并将荷载传给柱。

（4）吊车梁：承受吊车和起重机的荷载及运行中所有的荷载（包括吊车启动或刹车产生的横向、纵向刹车力），并将其传给排架柱。

（5）基础梁：承受上部墙体荷载，并将其传给基础，减小不均匀沉降。

（6）连系梁：厂房纵向柱列的水平联系构件，用以增加厂房的纵向刚度，承受风荷载和上部墙体的荷载，并将荷载传给纵向柱列。

（7）支撑系统构件：加强厂房的空间整体刚度和稳定性，主要传递水平荷载和吊车产生的水平刹车力。

（8）屋面板：直接承受板上的各类荷载（包括屋面板自重，屋面覆盖材料、雪、积灰及施工检修等荷载），并将荷载传给屋架。

（9）天窗架：承受天窗上的所有荷载并将其传给屋架。

（10）抗风柱：同山墙一起承受风荷载，并将荷载中的一部分传给厂房纵向柱列，另一部分直接传给基础。

12.3 单层工业厂房其他构造简介

工业厂房建筑除主要结构构件外，其他构件较普通民用建筑也有较大区别，例如，大门除了要满足人流通行外，还要满足生产运输的要求。本节针对单层工业厂房的门窗、外墙、屋面、天窗及地面等构造进行简要阐述。

12.3.1 门窗构造

1. 大门

（1）大门的尺寸。

单层工业厂房的大门主要用于生产运输和人流通行，因此大门的尺寸应根据运输工具的类型、运输货物的外形尺寸及通行方便等因素确定。为了使满载货物的车辆能顺利地通过大门，门的宽度应比满载货物的车辆外轮廓宽 600～1000mm，高度则应高出 400～500mm。为了便于采用标准构配件，大门的尺寸应符合《建筑模数协调标准》的规定，以300mm 作为扩大模数进级。

（2）大门的类型。

单层工业厂房的大门按材质一般分为木门、钢木门、钢板门和铝合金门等，按开启方式分为平开门、折叠门、推拉门、上翻门、升降门和卷帘门等。

2. 侧窗

单层工业厂房的侧窗不仅要满足采光和通风的要求，还应满足工艺上的泄压、保温、防尘等要求。由于侧窗面积较大，处理不当容易产生变形损坏和开关不便，因此侧窗的构造须坚固耐久、开关方便，同时满足节省材料及降低造价的要求。

（1）侧窗的尺寸。

单层工业厂房侧窗洞口的尺寸应符合《建筑模数协调标准》的规定，以利于窗的设计、加工制作标准化和定型化。窗洞口的宽度通常为 900～6000mm。当洞口宽度小于或等于2400mm 时，按300mm 的模数进级；当洞口宽度大于2400mm 时，则应按600mm 的模数进级。洞口的高度通常为 900～4800mm。当洞口的高度为 1200～4800mm 时，按600mm 的模数进级。

（2）侧窗的类型。

通常单层工业厂房采用单层窗，但在寒冷地区或有特殊要求的车间应采用双层窗。侧窗按材料可分为木窗、钢窗和铝合金窗等，按开启方式可分为平开窗、悬窗、固定窗和立转窗等。

外墙构造

单层工业厂房的外墙，按材料不同可分为砖墙、块材墙和板材墙；按承重不同可分为承重墙、承自重墙和框架墙等。当厂房跨度小于15m、吊车吨位不超过5t时，一般可以采用承重墙（图12-9中Ⓐ轴的墙），直接承受屋盖与起重运输设备等的荷载。当厂房的高度与跨度都比较大时，通常由钢筋混凝土排架柱来承受屋盖与起重运输设备等的荷载，而外墙承受自重，并起围护作用，这种墙体称为承自重墙（图12-9中Ⓓ轴的墙）。为避免墙柱的不均匀沉降所引起的墙体开裂与外倾，墙体一般不做基础，而由柱基础上的钢筋混凝土基础梁支承墙体。当墙体较高时，上部墙体荷载由连系梁承担，经柱牛腿将荷载传至基础，这种墙称为框架墙（图12-9中Ⓑ轴的墙）。承自重墙与框架墙是厂房外墙的主要形式。

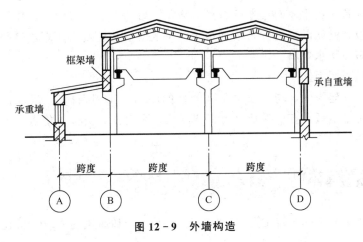

图12-9 外墙构造

屋面构造

单层工业厂房屋面与民用建筑屋面构造基本相同，但也存在一定的差异：一是屋面面积大、自重大；二是直接受厂房内部的振动、高温、腐蚀性气体、积灰等因素的影响。因此，单层工业厂房的屋面排水、防水构造复杂，造价也比较高。

1. 屋面排水

厂房的屋面排水也分为无组织排水和有组织排水两种。无组织排水适用于高度较低或屋面积灰较多的厂房。有组织排水又可分为外排水、内排水和内落外排水：外排水适用于厂房较高或地区降水量较大的南方地区厂房，内排水适用于多跨厂房或严寒多雪的北方地区厂房，内落外排水适用于多跨厂房或地下管线铺设复杂的厂房。

厂房排水装置主要有天沟、雨水斗和雨水管三部分。天沟有钢筋混凝土槽形天沟和直接在钢筋混凝土屋面板上做成的"自然天沟"两种。为使天沟内的雨水、雪水顺利流向低处的雨水斗，沟底应分段设置坡度，一般为 0.5%～1%，最大不宜超过 2%，垫坡一般用轻混凝土找坡，然后再用水泥砂浆抹面。槽形天沟的分水线与沟壁顶面的高差应不小于 50mm，以防雨水出槽而导致渗漏。雨水斗的形式较多，常采用铸铁雨水斗，铸铁雨水斗由上部的分页网盖、中间的防水盘及下部的下水管道主体三件组合而成。雨水管一般也采用铸铁雨水管，铸铁雨水管管径常选用 100mm、150mm 和 200mm 三种，当有防腐要求时可采用塑料雨水管。

2. 屋面防水

（1）卷材防水屋面。

卷材防水屋面是我国单层工业厂房中使用最多的防水屋面，其接缝严密、防水比较可靠、有一定的变形能力，因此对气温变化和振动有一定的适用能力；但易老化、耐久性差，维修费用也较大。屋面可做成保温和非保温两种，保温防水屋面的构造一般为基层、找平层、隔汽层、保温层、找平层、防水层，非保温防水屋面的构造一般为基层、找平层、防水层。单层工业厂房的卷材防水屋面的构造原则和做法与民用建筑基本相同。

（2）构件自防水屋面。

构件自防水屋面利用屋面板本身的密实性和抗渗性来承担屋面防水作用，常用的有钢筋混凝土屋面板、钢筋混凝土 F 形屋面板及波形瓦等。板缝则采用聚乙烯胶泥、油膏等嵌缝、贴缝，以满足防水要求。

（3）压型钢板屋面。

我国各地工业建筑中，均有采用压型钢板的屋面。压型钢板有 W 形板、V 形板、保温夹心板等。压型钢板具有质量轻、施工速度快、耐锈蚀、美观等优点，但造价高、维修复杂。

12.3.4　天窗构造

在大跨度或多跨度的单层工业厂房中，为满足采光和通风的要求，常在厂房屋顶上设置天窗。

天窗按其与屋面位置关系的不同分为上凸式天窗、下沉式天窗和平天窗三类。上凸式天窗有矩形天窗、M 形天窗、锯齿形天窗等；下沉式天窗有纵向下沉式天窗、横向下沉式天窗、井式天窗等；平天窗有采光板平天窗、采光罩平天窗、采光带平天窗等，如图 12-10 所示。其中矩形天窗、锯齿形天窗、平天窗、横向下沉式天窗的主要作用为采光，纵向下沉式天窗、井式天窗、M 形天窗的主要作用为通风。常见的有矩形天窗、矩形通风天窗、下沉式天窗、平天窗等。

1. 矩形天窗

矩形天窗横断面呈矩形，两侧采光面与水平面垂直，具有光线均匀、防雨较好、窗扇可开启兼作通风口等优点，在冷加工车间中应用广泛。其缺点是构件类型多、自重大、造价高。

矩形天窗主要由天窗架、天窗屋面板、天窗端壁、天窗侧板和天窗扇等组成，如图 12-11 所示。

2. 矩形通风天窗

矩形通风天窗即用作通风的矩形天窗，为使天窗能稳定排风，应在天窗口外加设挡风板。除寒冷地区采暖的车间外，其窗口开敞，不装设窗扇，为了防止飘雨，需设置挡雨设施。

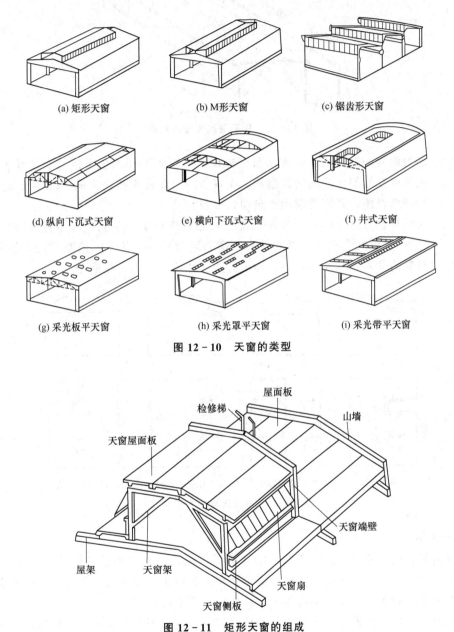

(a) 矩形天窗　　　　(b) M形天窗　　　　(c) 锯齿形天窗

(d) 纵向下沉式天窗　　　(e) 横向下沉式天窗　　　(f) 井式天窗

(g) 采光板平天窗　　　(h) 采光罩平天窗　　　(i) 采光带平天窗

图 12 - 10　天窗的类型

图 12 - 11　矩形天窗的组成

　　矩形通风天窗由矩形天窗及其两侧的挡风板组成，如图 12 - 12 所示。

3. 下沉式天窗

　　下沉式天窗常见的类型有纵向下沉式天窗、横向下沉式天窗和井式天窗。纵向下沉式天窗是将下沉的屋面板沿厂房纵轴方向搁置在屋架下弦上，利用屋架高度形成纵向下沉式天窗，其适用于纵轴为东西向的厂房，且多用于热加工车间。横向下沉式天窗将相邻柱距的整跨屋面板一上一下交替布置在屋架上、下弦上，利用屋架高度形成横向下沉式天窗，

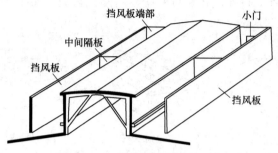

图 12 - 12　矩形通风天窗的组成

其适用于纵轴为南北向的厂房。井式天窗将拟设天窗位置的屋面板下沉铺在屋架下弦上，在屋面上形成凹嵌在屋架空间内的天窗井，在井壁的三面或四面设置采光或排气窗口，同时设置挡雨和排水设施，其广泛应用于热加工车间。

井式天窗的布置方式有四种：单侧布置、两侧对称布置、两侧错开布置、跨中布置，如图 12 - 13 所示。单侧或两侧布置的井式天窗通风效果好，排水、清灰容易，但采光效果差；跨中布置的井式天窗通风较差，排水、清灰麻烦，但采光效果好。

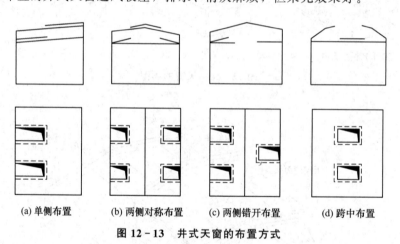

（a）单侧布置　　　（b）两侧对称布置　　　（c）两侧错开布置　　　（d）跨中布置

图 12 - 13　井式天窗的布置方式

4．平天窗

平天窗是根据采光需要设置带孔洞的屋面板，在孔洞上安装透光材料所形成的天窗。它具有采光效率高、不设天窗架、构造简单、屋面荷载小、布置灵活等优点；但易造成太阳直接热辐射和眩光，防雨、防雹较差，易产生冷凝水和积灰。

平天窗宜采用安全玻璃，但此类材料价格较高；当采用平板玻璃、磨砂玻璃、压花玻璃等非安全玻璃时，为防止玻璃破碎落下伤人，需加安全网。

平天窗可分为采光板平天窗、采光罩平天窗和采光带平天窗三种类型。采光板平天窗是在屋面板上留孔，后装平板式透光材料。采光罩平天窗是在屋面板上留孔，后装弧形采光材料，有固定和开启两种。采光带平天窗是将部分屋面板的位置空出来，铺上透光材料做成较长的横向或纵向采光带。

12.3.5 地面构造

单层工业厂房地面的基本构造层一般由面层、垫层和基层组成。当它们不能充分满足使用要求和构造要求时，可增设其他构造层，如结合层、找平层、隔离层等。

1. 面层

面层直接承受各种物理、化学作用，如摩擦、冲击、冷冻、酸碱侵蚀等，因此应根据生产特征、垫层的使用要求和技术经济条件来选择面层。面层的选择可参见表 12-1。

表 12-1 面层的选择

生产特征及垫层的使用要求	适宜的面层	举　例
机动车行驶、受坚硬物体磨损	混凝土、铁屑水泥、粗石	行车通道、仓库
坚硬物体对地面产生冲击	矿渣、碎石、素土、混凝土、块石、缸砖	机械加工车间、金属结构车间、铸造、锻压、冲压等
受高温作用地段（500℃以上）	矿渣、凸缘铸铁板、素土	铸造车间的融化浇铸工段、轧钢车间加热和轧机工段、玻璃熔制工段
有水和其他中性液体作用地段	混凝土、水磨石、陶板	选矿车间、造纸车间
有防爆要求	菱苦土、木砖沥青砂浆	精苯车间、氢气车间、火药仓库等
有酸性介质作用	耐酸陶板、聚氯乙烯塑料	硫酸车间、硝酸车间
有碱性介质作用	耐碱沥青混凝土、陶板	纯碱车间、液氨车间
不导电地面	石油沥青混凝土、聚氯乙烯塑料	电解车间
要求高度清洁	水磨石、陶板马赛克、拼花木地板、聚氯乙烯塑料、地漆布	光学精密器械、仪器仪表、电讯器材装配

2. 垫层

按材料性质不同，垫层可分为刚性垫层、半刚性垫层和柔性垫层三种。刚性垫层是指用混凝土、沥青混凝土和钢筋混凝土等材料做成的垫层，它整体性好、不透水、强度大、变形小。半刚性垫层是指用灰土、三合土、四合土等材料做成的垫层，它整体性稍差，受力后有一定的塑性变形。柔性垫层是用砂、碎石、矿渣等材料做成的垫层，它造价低、施工方便。常见的混凝土垫层厚度不小于 60mm，矿渣垫层厚度不小于 80mm。

3. 基层

单层工业厂房的基层通常是素土夯实。

4. 结合层

结合层是连接块状材料的中间层，起结合作用。常用的材料为水泥砂浆、沥青胶泥、水泥玻璃胶泥等。结合层厚度见表12-2。

表12-2　结合层厚度

面　层	结合层材料	厚度/mm
预制混凝土板	砂、炉渣	20~30
陶瓷锦砖（马赛克）	1:1水泥砂浆或1:4干硬性水泥砂浆	20~30
普通黏土砖、煤矸石砖、耐火砖	砂、矿渣	20~30
水泥花砖	1:2水泥砂浆或1:4干硬性水泥砂浆	15~20 20~30
块石	砂、炉渣	20~50
花岗岩条石	1:2水泥砂浆	15~20
大理石、花岗岩、预制水泥	1:2水泥砂浆	20~30
磨石板	1:2水泥砂浆	10~15
地面陶瓷砖（板）	1:2水泥砂浆	45
铸铁板	砂、炉渣	≥60
塑料、橡胶、聚氯乙烯塑料等板材	黏结剂	—
木地板	黏结剂、木板小钉	—
导静电塑料板	配套导静电黏结剂	—

5. 找平层（找坡层）

找平层（找坡层）常用材料为不小于15mm厚的1:3水泥砂浆或不小于30mm厚C7.5、C10混凝土。

6. 隔离层

常用的隔离层材料有石油沥青油毡、热沥青等，隔离层的层数见表12-3。

表12-3　隔离层的层数

隔离层材料	层　数	隔离层材料	层　数
石油沥青油毡	1~2层	防水冷胶剂	一布三胶
沥青玻璃布油毡	1层	防水涂膜（聚氨酯类涂料）	2~3道
再生胶油毡	1层	热沥青	2道
软聚氯乙烯卷材	1层	防油渗胶泥玻璃纤维布	一布二胶

常见的单层工业厂房地面构造做法如图12-14所示。

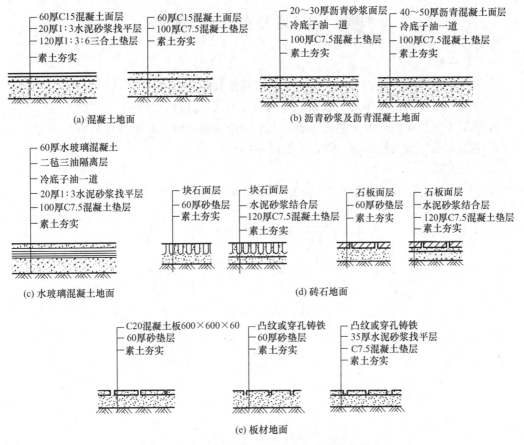

图 12-14 常见的单层工业厂房地面构造做法

本 章 小 结

(1) 工业厂房建筑是直接为工业生产服务的，因此在建筑平面空间布局、建筑结构、建筑构造、建筑施工等方面与民用建筑有很大差别。

(2) 工业厂房建筑按用途分为主要生产厂房、辅助生产厂房、动力用厂房、仓储建筑和运输用建筑等，按层数分为单层工业厂房、多层工业厂房和层次混合厂房，按内部生产状况分为冷加工车间、热加工车间、恒温恒湿车间、洁净车间和特种状况车间等。

(3) 单层工业厂房基本结构类型按其承重结构的材料可分为混合结构、钢筋混凝土结构和钢结构等类型，按其主要承重结构的形式可分为排架结构、刚架结构和空间结构等类型。

(4) 单层工业厂房主要结构构件有基础、排架柱、屋架、吊车梁、基础梁、连系梁、支撑系统构件、屋面板、天窗架及抗风柱。除主要结构构件外，其他构件如大门、侧窗、外墙、屋面、天窗及地面等构造较普通民用建筑也有较大区别。

思考题与实践题

一、思考题

1. 工业厂房建筑的特点有哪些？工业厂房建筑有哪些分类？

2. 单层工业厂房的结构类型有哪些？其主要结构构件有哪些？

3. 单层工业厂房的天窗类型有哪些？主要作用为通风的天窗类型有哪些？

4. 单层工业厂房的地面基本构造包括哪些部分？

二、实践题

找出学校附近的工业厂房建筑，并进行参观学习。

第13章 房屋建筑施工图的基本知识

情境导入

　　房屋建筑施工图是指设计人员遵照国家建筑制图标准，用正投影的方法，详细、准确地表达建筑物的大小、位置、内外形状及各部分的结构、构造、装修和设备等内容，并按照一定的编排规律形成的一套图样。

　　房屋建筑施工图是指导施工、审批建筑工程项目的依据，是编制工程概算、预算和决算及审核工程造价的依据，也是竣工验收和工程质量评价的依据，是具有法律效力的文件。

思维导图

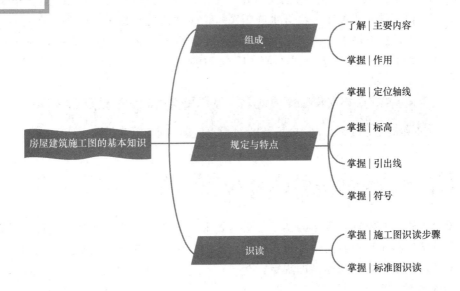

13.1　房屋建筑施工图的组成

房屋建筑工程是一项系统工程。它是由建筑工程、设备工程等多种专业施工队伍协调配合，按房屋建筑施工图的设计要求及相应专业工种施工流程，并按验收规范的要求，在规定的期限及费用范围内完成的工程。

一套完整的房屋建筑施工图按专业分工，主要分为建筑施工图、结构施工图和设备（水暖电）施工图三部分。

施工图的绘制原理及组成

1. 建筑施工图（简称"建施"）

建筑施工图主要表示房屋的建筑设计内容，包括总平面图、平面图、立面图、剖面图和构造详图等。

2. 结构施工图（简称"结施"）

结构施工图主要表示房屋的结构设计内容，包括结构平面布置图、构件详图等。

施工图纸的编排

3. 设备施工图（简称"设施"，又分为"水施""暖施""电施"）

设备施工图主要表示给水排水、采暖通风、电气照明等设备的设计内容，包括平面布置图、系统图等。

一套简单的房屋建筑施工图就有数十张图纸，一套大型复杂建筑物的图纸含有成百上千张也毫不夸张。因此，为了便于看图，易于查找，应把这些图纸按顺序编排。房屋建筑施工图的一般编排顺序是：图纸目录—建筑施工图—结构施工图—给排水施工图—采暖通风施工图—电气施工图。各专业工种的施工图纸，按图样内容的主从关系系统编排，总体图在前，局部图在后，布置图在前，构件图在后，先施工的在前，后施工的在后，以便前后对照，清晰识读。

13.2　房屋建筑施工图的规定与特点

13.2.1　房屋建筑施工图的相关规定

房屋建筑施工图要符合投影的图示方法与要求。此外，为了保证制图质量，提高制图效率，还应做到图面清晰、简明，符合设计、施工、存档的要求。绘制房屋建筑施工图时应严格遵守国家颁布的相关标准的规定。

1. 定位轴线

房屋建筑施工图中的定位轴线是确定建筑物主要承重构件位置的基准线，是施工定位、放线的重要依据。定位轴线的绘制应符合以下规定。

（1）定位轴线应以细点画线绘制。

（2）定位轴线一般应编号，编号应注写在轴线端部的圆圈内。圆圈应以细实线绘制，直径应为 8mm，详图上可增至 10mm，圆心应在定位轴线的延长线上或延长线的折线上。

（3）平面图上定位轴线的编号编写，横向编号应用阿拉伯数字，从左至右顺序编写；竖向编号应用大写拉丁字母，从下至上顺序编写，如图 13-1 所示。

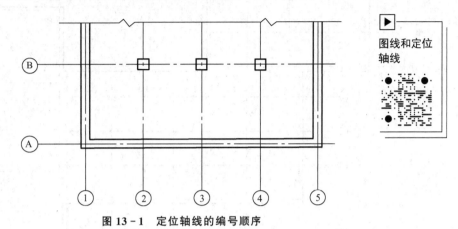

图 13-1　定位轴线的编号顺序

拉丁字母的 I、O、Z 不得用作轴线编号。如字母数量不够使用，可增用双字母或单字母加注脚，如 A_A、B_A、…、Y_A 或 A_1、B_1、…、Y_1。

（4）当有建筑物局部构造或结构时，可采用附加轴线定位。附加轴线的编号应以分数的形式表示，分母用前一轴线的编号或后一轴线的编号前加零表示，分子表示附加轴线的编号，编号宜用阿拉伯数字按顺序编号，示例如下。

$\frac{1}{3}$ 表示 3 号轴线后附加的第 1 条轴线。

$\frac{2}{B}$ 表示 B 号轴线后附加的第 2 条轴线。

$\frac{1}{03}$ 表示 3 号轴线前附加的第 1 条轴线。

$\frac{1}{0A}$ 表示 A 号轴线前附加的第 1 条轴线。

（5）一个详图适用于几根轴线时，应同时注明各有关轴线的编号，如图 13-2 所示。通用详图中的定位轴线，应只画圆圈，不注写轴线编号。

图 13-2　详图的轴线编号

（6）定位轴线也可采用分区编号，即在轴线号前加区号（数字），此时编号的注写形式应为：区号-该区轴线号，如⑴-1或⑴-A，如图 13-3 所示。

2. 标高

标高是表示建筑物某一部位相对于基准面（标高的零点）的竖向高度，是标注建筑物高度的另一种尺寸形式，是竖向定位的依据。标高按基准面的不同

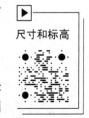

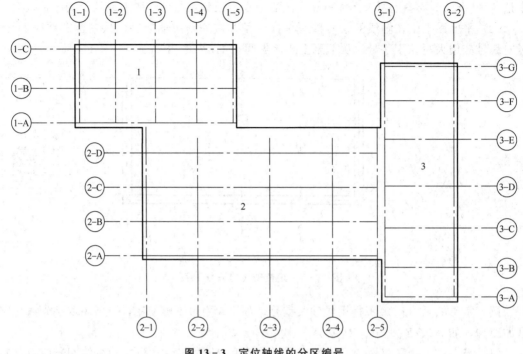

图 13-3　定位轴线的分区编号

分为绝对标高和相对标高。

（1）绝对标高：以国家或地区统一规定的基准面作为零点的标高，称为绝对标高。我国规定以山东青岛附近的黄海平均海平面为标高的零点。

（2）相对标高：标高的基准面可以根据工程需要自由选定，这种标高称为相对标高。一般以建筑物一层室内主要地面作为相对标高的零点。

标高应按图 13-4 所示的方法标注，具体规定如下。

（1）标高符号应以直角等腰三角形表示。总平面图室外地坪标高符号，用涂黑的直角等腰三角形表示。

（2）标高数字以 m 为单位，注写到小数点第 3 位，总平面图中可注写到小数点后两位。零点标高注写成"±0.000"。正数标高不注"＋"号，负数标高应注"－"号。

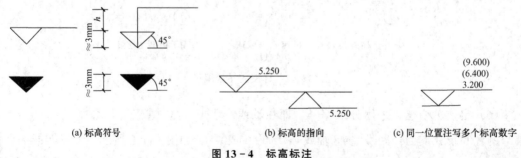

| (a) 标高符号 | (b) 标高的指向 | (c) 同一位置注写多个标高数字 |

图 13-4　标高标注

3. 引出线

引出线的绘制应符合以下规定。

（1）引出线应以细实线绘制，宜采用水平方向的直线或与水平方向呈30°、45°、60°、90°角的直线，或经上述角度再折为水平线，如图13-5所示。

图 13-5　引出线

（2）同时引出几个相同部分时采用共同引出线，如图13-6所示。

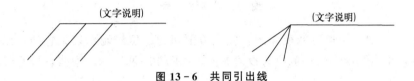

图 13-6　共同引出线

（3）多层构造或多层管道一般采用共同引出线，引出线应通过被引出的各层。文字说明宜注写在横线的上方，也可注写在横线的端部，说明的顺序应由上至下，并应与被说明的层次相互一致；如层次为横向排列，则由上至下的说明顺序应与由左至右的层次相互一致，如图13-7所示。

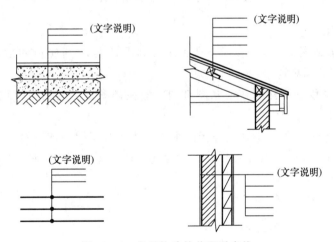

图 13-7　多层构造的共同引出线

4. 索引符号与详图符号

（1）索引符号。

对图样中的某一局部或构件，如需另见详图，应以索引符号索引，如图13-8（a）所示。索引符号由直径为10mm的圆和水平直径组成，圆及水平直径均应以细实线绘制。索引符号应按下列规定编写。

① 索引出的详图，如与被索引的详图同在一张图纸内，应在索引符号的上半圆中用阿拉伯数字注明该详图的编号，并在下半圆中间画一段水平细实线，如图13-8（b）所示。

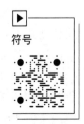

符号

235

② 索引出的详图，如与被索引的详图不在同一张图纸内，应在索引符号的上半圆中用阿拉伯数字注明该详图的编号，在索引符号的下半圆中用阿拉伯数字注明该详图所在图纸的编号，如图 13 - 8（c）所示。数字较多时可加文字标注。

③ 索引出的详图，如采用标准图，应在索引符号水平直径的延长线上加注该标准图集的编号，如图 13 - 8（d）所示。

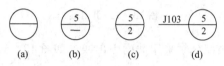

图 13 - 8　索引符号

④ 索引符号如用于索引剖视详图，应在被剖切的部位绘制剖切位置线，以引出线引出索引符号，引出线所在的一侧应为投射方向，如图 13 - 9 所示。索引符号的编写同上。

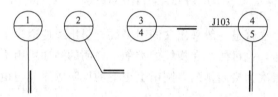

图 13 - 9　用于索引剖视详图的索引符号

（2）详图符号。

详图的位置和编号，应以详图符号表示。详图符号的圆应以粗实线绘制，直径为 14mm。详图应按下列规定编号。

① 详图与被索引的图样同在一张图纸内，应在详图符号内用阿拉伯数字注明详图的编号，如图 13 - 10（a）所示。

② 详图与被索引的图样不在同一张图纸内，应用细实线在详图符号内画一水平直径，在上半圆中注明详图编号，在下半圆中注明被索引的图纸的编号，如图 13 - 10（b）所示。

(a) 与被索引的图样同在一张图纸内　　(b) 与被索引的图样不在同一张图纸内

图 13 - 10　详图符号

5. 其他符号

（1）对称符号。对称符号由对称线和两端的两对平行线组成。平行线用细实线绘制，其长度宜为 6～10mm，每对的间距宜为 2～3mm；对称线用细点画线绘制，垂直平分两对平行线，两端超出平行线宜为 2～3mm，如图 13 - 11（a）所示。

（2）连接符号。连接符号应以折断线表示需要连接的部位。两部分相距过远时，折断线两端靠图样一侧应标注大写拉丁字母，两个被连接的图样必须用相同的字母编号，如图 13 - 11（b）所示。

（3）指北针。指北针如图 13-11（c）所示，其圆的直径宜为 24mm，用细实线绘制，指针尾部的宽度宜为 3mm，指针头部应注"北"或"N"。需用较大直径绘制指北针时，指针尾部宽度宜为直径的 1/8。

（4）钢筋等编号。钢筋、杆件、设备等的编号，以直径为 4～6mm（同一图样应保持一致）的细实线圆表示，其编号应用阿拉伯数字按顺序编写，如图 13-11（d）所示。

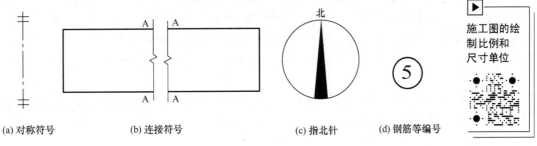

(a) 对称符号　　　　　(b) 连接符号　　　　　　　　(c) 指北针　　　(d) 钢筋等编号

图 13-11　其他符号

13.2.2　房屋建筑施工图的特点

（1）房屋建筑施工图主要是用正投影法绘制的。由于房屋形体较大，图纸幅面有限，房屋建筑施工图一般都用缩小的比例绘制。平面图、立面图、剖面图可以分别单独画出。

（2）在用缩小比例绘制的施工图中，对于一些细部构造、配件及卫生设备等不能如实画出，为此多采用统一规定的图例或代号来表示。

（3）房屋建筑施工图中的不同内容采用不同规格的图线绘制，选取规定的线型和线宽，用以表明内容的主次和丰富图面效果。

（4）采用标准定型设计的房屋建筑施工图，可只标明标准图集的编号、页数和图号。

13.3　房屋建筑施工图识读

房屋建筑施工图是综合应用投影的各种图示方法和规定画法绘制的，所以识读房屋建筑施工图，必须具备相关的知识，按照正确的方法和步骤进行识读。

1. 房屋建筑施工图识读的一般要求

（1）具备基本的投影知识。

（2）了解房屋组成与构造。

（3）掌握形体的各种图示方法及制图标准规定。

（4）熟记常用比例、线型、符号、图例等，认真细致，全面准确。

2. 房屋建筑施工图识读的一般方法与步骤

识读施工图的一般方法是：先看首页图（图纸目录和设计说明），按图纸顺序通读一遍，再按专业次序仔细识读，先基本图，后详图，分专业对照识读（看是否衔接一致）。

一套房屋建筑施工图是由不同专业工种的图样综合组成的，它们之间有着密切的联系，识读时应注意前后对照，以防出现差错和遗漏。识读房屋建筑施工图的一般步骤如下。

(1) 对于全套图样来说，先看说明书、首页图，后看建施、结施和设施。

(2) 对于每一张图样来说，先看图标、文字，后看图样。

(3) 对于建施、结施和设施来说，先看建施，后看结施、设施。

(4) 对于建施来说，先看平面图、立面图、剖面图，后看详图。

(5) 对于结施来说，先看基础施工图、结构布置平面图，后看构件详图。

当然，上述步骤并不是孤立的，而是要经常相互联系进行，反复阅读才能看懂。

3. 标准图识读

一些常用的构配件和构造做法，通常直接采用标准图，所以在阅读了首页图之后，就要查阅本工程所采用的标准图集。

(1) 标准图集分类。

按编制单位和使用范围，标准图集可分为以下三类。

① 国家通用标准图集。

② 省级通用标准图集。

③ 各大设计单位（院级）通用标准图集。

(2) 标准图的查阅方法。

① 按房屋建筑施工图中注明的标准图集的名称、编号和编制单位，查找相应图集。

② 识读时应先看总说明，了解该图集的设计依据、使用范围、施工要求及注意事项等内容。

③ 按施工图中的详图索引编号查阅详图，核对有关尺寸和要求。

本 章 小 结

房屋建筑施工图是建造房屋的技术依据。本章对房屋建筑施工图做了概括性的阐述，包括房屋建筑施工图的组成、规定、特点与识读。

(1) 一套房屋建筑施工图按专业分工，主要分为建筑施工图、结构施工图和设备（水暖电）施工图三部分。

(2) 房屋建筑施工图除了要符合投影的图示方法与要求外，还应严格遵守国家颁布的相关标准的规定。要了解房屋建筑施工图的图示特点。

(3) 识读房屋建筑施工图，必须具备一定的知识和要求，按照正确的方法和步骤进行识读。

思考题与实践题

一、思考题

1. 房屋建筑施工图按专业分工是如何分类的？

2. 什么是标高、绝对标高、相对标高？

3. 简述房屋建筑施工图识读的一般方法与步骤。

二、实践题

1. 练习定位轴线的标注。

2. 练习标高符号的标注。

3. 练习引出线及其他符号的标注。

第14章 建筑施工图

情境导入

　　建筑施工图是房屋建筑施工图中具有全局性地位的图纸，反映房屋的平面形状、功能布局、外观特征、各项尺寸和构造做法，是其他专业进行设计、施工的技术依据和条件，通常编排在整套图纸的最前位置。一套完整的建筑施工图见本书所附案例图纸。

　　建筑施工图由首页图和总平面图、建筑平面图、建筑立面图、建筑剖面图、建筑详图等组成。

思维导图

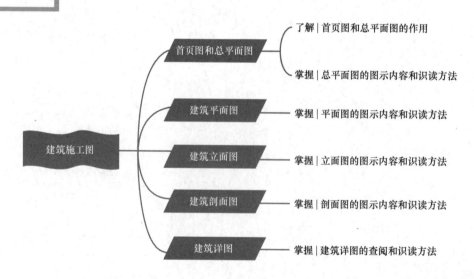

14.1 首页图和总平面图

14.1.1 首页图

建筑施工图中除各种图样外，还包括图纸目录、设计说明、工程构造做法、门窗表等表格和文字说明。这部分内容通常集中编写，编排在施工图的前部，当内容较少时，可以全部绘制于施工图的第一张图纸之上，称为建筑施工图首页图。

首页图和总平面图

首页图服务于全套图纸，但习惯上多由建筑设计人员编写，所以可认为是建筑施工图的一部分。建筑施工图首页图是本套图纸的第一张图样，主要包括图纸目录、建筑设计总说明、工程构造做法表、门窗表等。

1. 图纸目录

图纸目录说明该工程项目由哪几类专业图纸组成，各专业图纸的名称、张数和图纸顺序，以便查阅图纸。由于整套施工图最终要折叠装订成 A4 大小的设计文件，所以图纸目录常单独绘制于 A4 幅面的图纸上，并置于全套图的首页。内容较多时，可分页绘制。看图前应首先检查整套施工图图纸与目录是否一致，防止缺页给识图和施工造成不必要的麻烦。

表 14-1 为某单位综合楼图纸目录。由表可知，本套施工图含有 7 张图纸。

表 14-1 某单位综合楼图纸目录

图纸目录		
图纸编号	图纸内容	图幅大小
01	建筑设计总说明	A1
02	工程构造做法表	A1
03	建筑节能设计说明（居住）	A1
04	一层平面图	A1+1/4
05	二层平面图　　　　三层平面图	A1+1/4
06	屋顶平面图　　　　①～⑤轴立面图	A1+1/4
07	Ⓐ～Ⓖ轴立面图　　　　Ⓖ～Ⓐ轴立面图	A1+1/4
	1—1 剖面图　　　　2—2 剖面图	
	墙身大样　　　　门窗大样	

2. 建筑设计总说明

建筑设计说明主要用于说明该工程设计依据、工程概况、构造做法与用料、施工要求及注意事项等。有时，其他专业的设计说明可以和建筑设计说明合并为整套图纸的总说明，放置于所有施工图的前面。

表 14-2 为某单位运动俱乐部建筑设计总说明。

表 14-2 某单位运动俱乐部建筑设计总说明

一、工程概况	二、设计依据
1. 工程名称：玉湖公园—运动俱乐部 建设单位：小蓝经济技术开发区管委会 建设地点：小蓝经济技术开发区 2. 建筑面积：单体总建筑面积 1010.68 m 总占地建筑面积 620.80 m² 3. 建筑层数：地下 1 层，地上 2 层 建筑高度： 9.160 m 4. 建筑结构形式：框架结构，使用年限为 50 年 5. 抗震设防烈度：6 度 6. 建筑耐火等级：地上部分为 二 级	1. 甲方要求 2. 用地现状图、红线图 3. 现行国家、地方有关规范、规定和标准 《民用建筑设计统一标准》（GB 50352—2019） 《民用建筑热工设计规范》（GB 50176—2016） 《建筑工程建筑面积计算规范》 （GB/T 50353—2013） 《建筑设计防火规范》（GB 50016—2014） 《办公建筑设计标准》（JGJ/T 67—2019） 《全国民用建筑工程设计技术措施-规划·建筑》 《无障碍设计规范》（GB 50763—2012）

3. 工程构造做法表

工程构造做法表主要是对建筑各部位构造做法用表格的形式加以详细说明。当大量引用标准图集中的做法时，使用工程构造做法表更方便、高效。

工程构造做法表的内容一般包括工程构造的部位、名称、做法及备注说明等，因为多数工程构造做法属于房屋的基本土建装修，所以又称为建筑装修表。表 14-3 为某单位运动俱乐部的部分工程构造做法表，表中对各施工部位的名称、做法等都做了详细、清楚的表述。当采用标准图集中的做法时，应注明所采用标准图集的代号，做法编号如有改变，应在备注中说明。

表 14-3 某单位运动俱乐部的部分工程构造做法表

一、地面	二、踢脚
地面 1（无水房间区域）：（图集：12J304 $\frac{\text{DB17}}{59}$）（燃烧性能 A） （1）铺 8 厚防滑防潮地砖面层，干水泥擦缝 （2）20 厚 1：3 干硬性水泥砂浆结合层，表面抹水泥粉 （3）水泥砂浆一道（内掺建筑胶） （4）80 厚 C15 混凝土垫层 （5）素土夯实，压实系数大于 94% 地面 2（有水区域）：（图集：12J304 $\frac{\text{DB20}}{60}$）（燃烧性能 A） （1）铺 8 厚防滑防潮地砖面层，干水泥擦缝	踢脚（彩色釉面砖踢脚）：（图集：12J304 $\frac{19}{183}$） （1）120 高 8～10 厚彩色釉面砖（同地面），干水泥擦缝 （2）10～15 厚 1：2 水泥砂粘贴 （3）将基体用水湿透 （4）烧结多孔砖墙体 三、内墙 内墙 1（普通房间）： （1）内墙乳胶漆 3～5 遍

（2）30 厚 1∶3 水泥砂浆结合层，表面抹水泥粉	（2）6 厚 1∶0.3∶3 水泥石灰膏砂浆压实抹光
（3）1.5 厚 SPU 聚氨酯防水涂料两道，四周翻起 1800 高	（3）12 厚 1∶1∶8 水泥石灰膏砂浆打底拉毛
（4）最薄处 20 厚 1∶3 水泥砂浆或细石混凝土找坡层，抹平	（4）喷（刷）混凝土界面处理剂一遍
（5）水泥浆一道（内掺建筑胶）	（5）烧结多孔砖内墙
（6）80 厚 C15 垫层	
（7）素土夯实，压实系数大于 94％	

4. 门窗表

门窗表是对建筑物上所有不同类型门窗的统计表格。它主要反映门窗的类型、大小、所选用的标准图集及其类型编号等，如有特殊要求，应在备注中加以说明。表 14-4 为某小区住宅的门窗表。

表 14-4 某小区住宅的门窗表

统一编号	图集编号	洞口尺寸 （长/mm×高/mm）	数量/个	材 料	部 位	备 注
M-1	98J4(一)-51-2PM₁-59	1500×2700	2	塑钢	一层	现场定做
M-2	98J4(一)-59-1CM-88	2400×2400	2	塑钢	一层	现场定做
M-3	98J4(一)-6-1M-37	900×2100	22	木	一～三层	现场定做
M-4	98J4(一)-51-2PM-69	1800×2700	4	塑钢	二～三层	现场定做
M-5	98J4(一)-6-1M-037	750×2100	2	木	二层	现场定做
M-6	98J4(一)-60-1CM-99	2400×2700	2	塑钢	一～三层	现场定做
M-7	98J4(一)-6-1M-32	900×2000	8	木	地下室	现场定做
M-8	98J4(一)-6-1M-02	750×2000	2	木	地下室	现场定做
M-9	98J4(一)-54-2TM₂-57	1500×2100	2	塑钢	阁楼	现场定做
C-1	98J4(一)-39-1TC-76	2100×1800	2	塑钢	一层	现场定做

14.1.2 总平面图

1. 总平面图的概念和作用

将新建工程四周一定范围内的新建、拟建、原有和拆除的建筑物、构筑物连同其周围的地形、地物状况用水平投影的方法和相应图例所绘制的工程图样，即为总平面图。

总平面图是建设工程及其邻近建筑物、构筑物、周边环境等的水平正投影，是表明基地所在范围内总体布置的图样。它主要反映当前工程的平面轮廓形状和层数、与原有建筑物的相对位置、周围环境、地形地貌、道路和绿化的布置等情况。

总平面图是建设工程中新建房屋施工定位、土方施工、设备专业管线平面布置的依据，也是安排在施工时进入现场的材料和构件、配件堆放场地，构件预制的场地及运输道路等施工总平面布置的依据。

2. 总平面图的图示内容

（1）新建建筑物所处的地形、用地范围及建筑物占地界限等。如地形变化较大，应画出相应的等高线。

（2）新建建筑物的位置，总平面图中应详细绘出其定位方式。新建建筑物的定位方式有以下三种。

① 利用新建建筑物和原有建筑物之间的距离定位。

② 利用施工坐标确定新建建筑物的位置。

③ 利用新建建筑物与周围道路之间的距离确定新建建筑物的位置。

（3）相邻原有建筑物、拆除建筑物的位置或范围。

（4）周围的地形、地物状况（如道路、河流、水沟、池塘、土坡等）。应注明新建建筑物首层地面，室外地坪，道路的起点、变坡点、转折点、终点及道路中心线的标高、坡向，建筑物的层数等。

（5）指北针或风向频率玫瑰图。

在总平面中通常画有带指北针的风向频率玫瑰图（风玫瑰），用来表示该地区常年的风向频率和房屋的朝向。明确风向有助于建筑构造的选用及材料的堆场，如有粉尘污染的材料应堆放在下风位。

（6）新建区域的总体布局。如建筑物、道路、绿化规划和管道布置等。总平面图所反映的范围较大时，常用较小的比例绘制。

3. 总平面图的图示方法

（1）绘制方法与图例。总平面图是用正投影的原理绘制的，图形主要是以图例的形式表示，总平面图的图例采用《总图制图标准》规定的图例，表 14-5 给出了部分常用的总平面图图例，画图时应严格执行。如图中采用的图例不是标准中规定的图例，应在总平面图下说明。

（2）图线。图线的宽度 b 应根据图样的复杂程度和比例，按《房屋建筑制图统一标准》中图线的有关规定执行。主要部分选用粗线，其他部分选用中线和细线。如新建建筑物用粗实线表示，原有建筑物用细实线表示。绘制新建管线综合图时，管线采用粗实线。

（3）标高与尺寸。总平面图中的标高应为绝对标高，室外地坪标高符号用涂黑的直角等腰三角形表示。总平面图的坐标、标高、距离以 m 为单位，应至少取至小数点后两位。

（4）总平面图应按上北下南方向绘制。根据场地形状或布局，可向左或右偏转，但不宜超过 $45°$。

（5）指北针和风向频率玫瑰图。风向频率玫瑰图是根据当年平均统计的各个方向吹风次数的百分数，按一定比例绘制的，风向是从外吹向该地区中心。风向频率玫瑰图中离中心最远的点表示全年该风向风吹的天数最多，即主导风向。实线表示全年风向频率，虚线表示按 6 月、7 月、8 月三个月统计的风向频率。

（6）比例。总平面图一般采用 1∶500、1∶1000 或 1∶2000 的比例绘制，因为比例较小，图示内容多按《总图制图标准》中相应的图例要求进行简化绘制，与工程无关的对象可省略不画。

表 14 - 5　总平面图图例

图　例	名　称	图　例	名　称
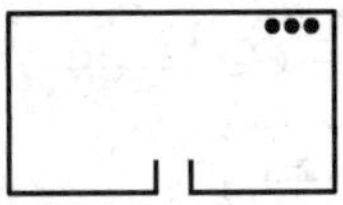	新建建筑物	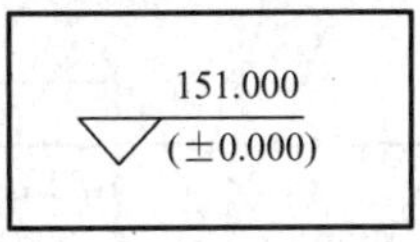 151.000 (±0.000)	室内地坪标高
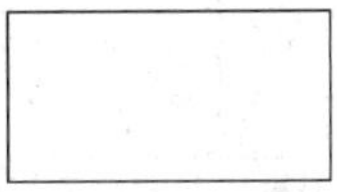	原有建筑物（用细实线表示）		计划扩建的建筑物或预留地（用中粗虚线表示）
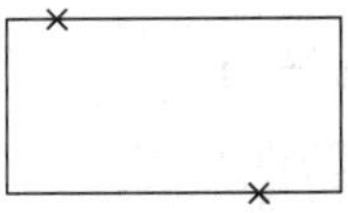	拆除的建筑物（用细实线表示）	 143.000	室外地坪标高
	地下建筑物（用粗虚线表示）	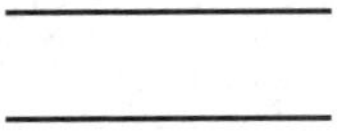	原有道路
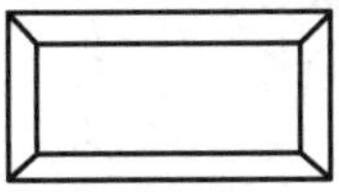	散状材料露天堆场		计划扩建的道路
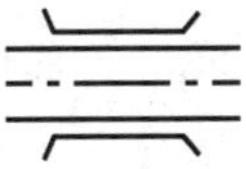	公路桥		填挖边坡

4. 总平面图的识读方法与步骤

（1）阅读标题栏、图名、比例，了解工程名称、性质、类型等。

（2）阅读设计说明，在总平面图中常附有设计说明，一般包括如下内容：有关建设依据和工程概况的说明，如工程规模、主要技术经济指标、用地范围等；确定建筑物位置的有关事项；标高及引测点说明、相对标高与绝对标高的关系；补充图例说明等。

（3）了解新建建筑物的位置、层数、朝向及当地常年主导风向等。新建建筑物平面位置在总平面图上的标定方法有两种：对于小型工程项目，一般以邻近原有永久性建筑物的位置为依据，引出相对位置；对于大型的公共建筑，往往用城市规划网的测量坐标来确定建筑物转折点的位置。

（4）了解新建建筑物的周围环境状况。

（5）了解新建建筑物首层地坪、室外设计地坪的标高和周围地形、等高线等。

（6）了解原有建筑物、构筑物和计划扩建的项目，如道路、绿化等。

【例 14 - 1】 识读图 14 - 1 所示的某小区新建住宅总平面图。

【解】 识读步骤如下。

(1) 了解图名、比例及文字说明。从图 14 - 1 中可以看出,该图为某小区新建住宅的总平面图,比例为 1:1000。

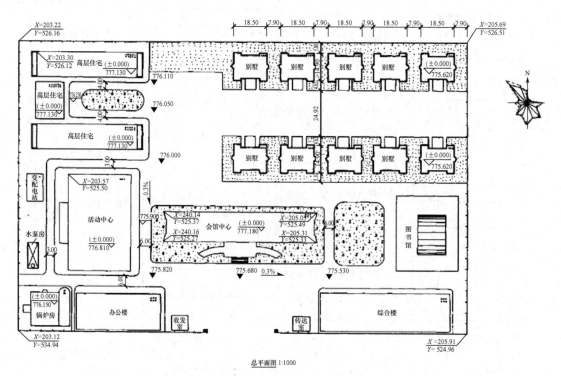

总平面图 1:1000

图 14 - 1 某小区新建住宅总平面图

(2) 熟悉总平面图的各种图例。由于总平面图的绘制比例较小,图中采用了图例来表示物体。

(3) 了解新建房屋的平面位置、标高、层数及外围尺寸等。图中新建 10 幢相同的低层别墅。它的西北角有三幢高层住宅;前向从东至西设有图书馆、会馆中心、活动中心及变配电站、水泵房;紧临大门围墙以北,东向有传达室、综合楼;西向有收发室、办公楼及锅炉房;四周设有砖围墙。

新建别墅的轮廓投影用粗实线画出,其首层主要地面的相对标高为±0.000m,相当于绝对标高为 775.620m;该楼总长和总宽分别为 18.50m 和 14.90m,以北围墙和东围墙为参照进行定位。

(4) 了解新建房屋的朝向和主要风向。从风向频率玫瑰图中可以看到,该地区全年的主导风向为西北风。

(5) 了解绿化、美化的要求和布置情况,以及周围的环境。

(6) 了解道路交通及管线布置情况。

14.2　建筑平面图

14.2.1　建筑平面图概述

　　建筑平面图是将房屋假想用一水平剖切平面，沿门窗洞口在视平面的位置剖切后，移去剖切平面以上的部分，再将剖切平面以下的部分进行投影所得的水平投影图，简称平面图。平面图的形成如图 14-2 所示。平面图主要反映房屋的平面形状、大小和各部分水平方向的组合关系。

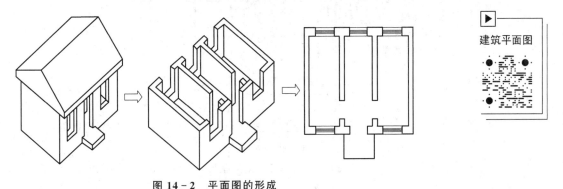

建筑平面图

图 14-2　平面图的形成

　　此外，一般还应绘制屋顶平面图。它是房屋顶部的水平投影图，主要反映屋顶的女儿墙、天窗、水箱间、屋顶检修孔、排烟道等的位置及屋顶的排水情况（包括屋顶排水区域的划分和导流方向，坡度、天沟、排水口、雨水管的布置等）。

14.2.2　平面图的图示内容

　　（1）图线、比例。平面图的比例宜在 1:50、1:100、1:200 三种比例中选择，住宅单元平面宜选用 1:50，组合平面宜选用 1:150 或 1:200。

　　（2）定位轴线及编号。平面图的定位轴线包含横向定位轴线和纵向定位轴线。横向定位轴线的编号应从左至右用阿拉伯数字注写，纵向定位轴线的编号应自下而上用拉丁字母编写。一般平面图四周都应对轴线进行编号。

　　（3）图例。平面图应采用建筑类图例，可参照《总图制图标准》。

　　（4）尺寸标注。平面图中标注的尺寸可分为三类：外部尺寸、内部尺寸、具体构造尺寸。其中，外部尺寸一般在图形中外墙的下方及左方标注三道尺寸：细部尺寸、轴线尺寸、总尺寸（外包尺寸）。

　　一般房屋有几层，就应有几个平面图，在平面图下方应注明相应的图名及采用的比例，如图 14-3～图 14-6 所示。如果上下各楼层的房间数量、大小、布置都一样，则相同的楼层可用一个平面图表示，称为标准层平面图或××—××层平面图。

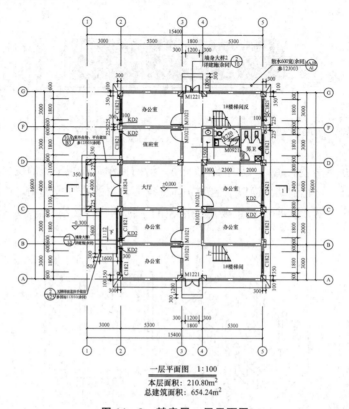

一层平面图　1:100

本层面积：210.80m²
总建筑面积：654.24m²

图 14－3　某房屋一层平面图

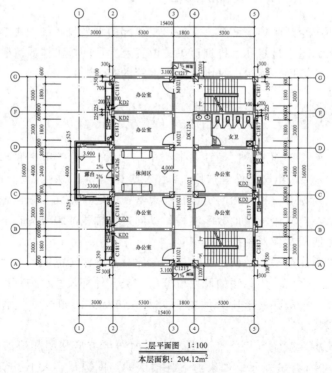

二层平面图　1:100

本层面积：204.12m²

图 14－4　某房屋二层平面图

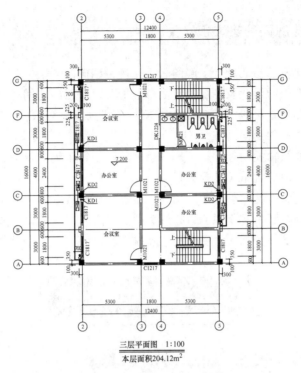

三层平面图　1:100
本层面积204.12m²

图14-5　某房屋三层平面图

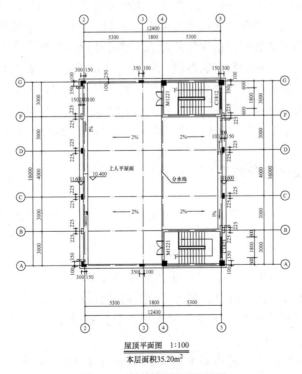

屋顶平面图　1:100
本层面积35.20m²

图14-6　某房屋屋顶平面图

14.2.3　平面图的识读方法和步骤

（1）看图名、比例、指北针，了解图名、比例、朝向。

（2）分析建筑平面的形状及各层的平面布置情况，从图中房间的名称可以了解各房间的使用功能；从内部尺寸可以了解房间的净长、净宽（或面积）；了解楼梯间的布置、楼梯段的踏步级数和楼梯的走向。

（3）读定位轴线及轴线间尺寸，了解各墙体的厚度；了解门窗洞口的位置、代号及门的开启方向；了解门窗的规格尺寸及数量。

（4）了解室外台阶、花池、散水、阳台、雨篷、雨水管等构造的位置及尺寸。

（5）阅读有关的符号及文字说明，查阅索引符号及其对应的详图或标准图集。

（6）从屋顶平面图中分析了解屋面构造及排水情况。

14.3　建筑立面图

14.3.1　建筑立面图概述

建筑立面图

建筑立面图是将房屋的各个侧面向与之平行的投影面做正投影所得的图样，简称立面图。立面图的形成如图 14-7 所示。立面图用来表现房屋立面造型的艺术处理、房屋的外部造型和外墙面的装饰，同时反映外墙面上门窗位置、入口处和阳台的造型、外部台阶等构造及各表面装饰的色彩和用料。

立面图的数量视房屋各立面的复杂程度而定，一般为四个立面图。当有些立面的形状、布置一样时，可以合画成一张立面图。立面图一般采用两端的定位轴线编号来确定，如①～⑩轴立面图等，便于阅读图样时与平面图对照。

14.3.2　立面图的图示内容

（1）投影关系与比例。投影关系应指出具体的立面图，如正立面图、背立面图等，同时应注明立面图具体的比例尺。图 14-8～图 14-10 分别给出的是侧立面图、背立面图和正立面图。

（2）线型使用和定位轴线。房屋的主体外轮廓用粗实线表示，勒脚、门窗洞口、窗台、阳台、雨篷、檐口、柱、台阶、花池等轮廓用中实线表示，门窗扇分格、栏杆、雨水管、墙面分格线、文字说明引出线等用细实线表示，室外地面线用特粗实线（约 1.4b）表示。

立面图中一般只要求绘出房屋外墙两端的定位轴线及编号，定位轴线画进墙内 10～15mm。

（3）图例。立面图中常见的图例有砌块、混凝土、钢筋混凝土、素土、门窗等。

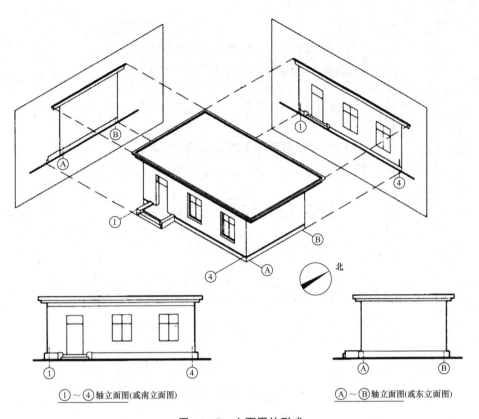

①~④轴立面图(或南立面图)   Ⓐ~Ⓑ轴立面图(或东立面图)

图 14-7 立面图的形成

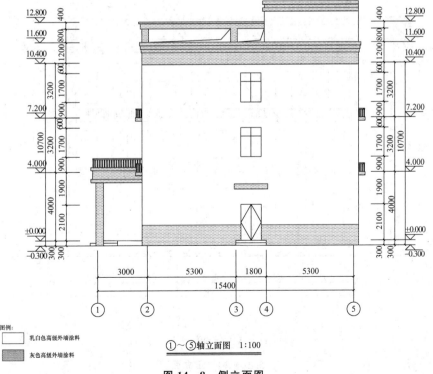

图例:
□ 乳白色高级外墙涂料
▨ 灰色高级外墙涂料

①~⑤轴立面图 1:100

图 14-8 侧立面图

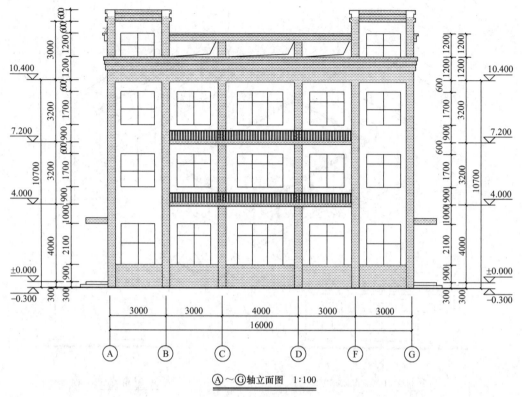

A～G轴立面图 1:100

图 14 - 9 背立面图

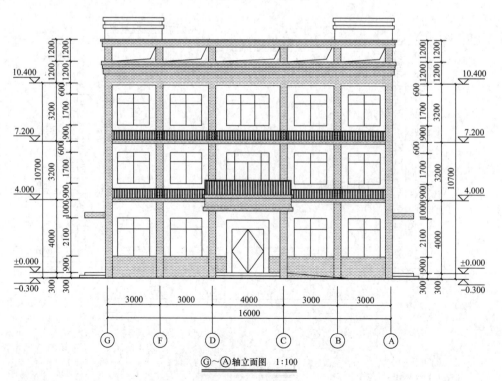

G～A轴立面图 1:100

图 14 - 10 正立面图

（4）尺寸标注。应注明层高和其他具体细部尺寸的标注。

（5）其他内容。在立面图中还需要说明外墙面的装修色彩和工程做法，一般用文字或分类符号表示。根据具体情况标注有关部位详图的索引符号。

14.3.3 立面图的识读方法和步骤

（1）阅读图名和定位轴线的编号，了解某一立面图的投影方向，并对照平面图了解其朝向。

（2）分析和阅读房屋的外轮廓线，了解房屋的立面造型、层数和层高的变化。

（3）了解外墙面上门窗的类型、数量、布置及水平高度的变化。

（4）了解房屋的屋顶构造，雨篷、阳台、台阶、花池及勒脚等细部构造的形式和位置。

（5）阅读标高，了解房屋室内外高差及各层高度尺寸和总高度。

（6）阅读文字说明和符号，了解外墙面装饰的做法、材料、要求及索引的详图。

14.4 建筑剖面图

14.4.1 建筑剖面图概述

建筑剖面图是用一假想的竖直剖切平面，垂直于外墙将房屋剖切后所得的某一方向的正投影图，简称剖面图。剖面图的形成如图 14-11 所示。剖面图主要表示房屋内部在高度方向的结构形式、楼层分层、垂直方向的高度尺寸及各部分的联系等情况，是与平面图、立面图相配合的不可缺少的三大基本图样之一。剖面图的数量视房屋的具体结构和施工的实际需要而定。

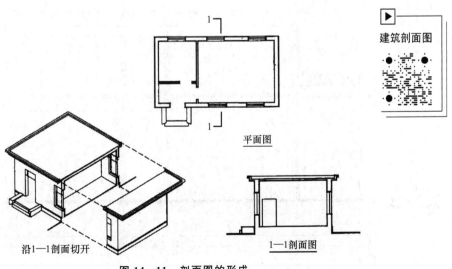

建筑剖面图

平面图

沿1—1剖面切开

1—1剖面图

图 14-11 剖面图的形成

14.4.2 剖面图的图示内容

（1）表达方法。剖面图所表达的内容和投影方向要与平面图（常见于底层平面图）中标注的剖切符号的位置一致。剖切平面剖切到的部分及按投影方向可见的部分都应表示清楚。

（2）图线和比例。剖面图中不应出现虚线，主要轮廓线应用粗实线表示，次要部分用细实线表示。同时在图名右侧注明比例尺大小。

（3）定位轴线。在剖面图中，被剖切到的承重墙、柱均应绘制与平面图相同的定位轴线，并标注轴线编号和轴线间尺寸。

（4）图例。剖面图中常见的图例有砌体砖、钢筋混凝土和门窗等。

（5）尺寸标注。剖面图中应主要标注室内各部位的高度尺寸及标高。

如图 14-12 所示的 1—1 剖面图，给出了具体图名、图线、轴号、比例尺和尺寸标注等。

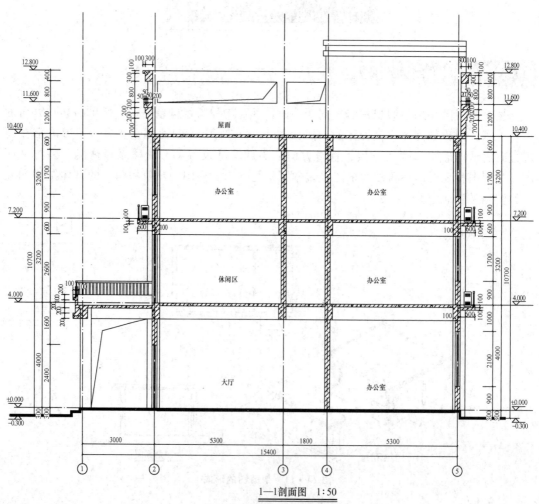

1—1剖面图 1:50

图 14-12 1—1 剖面图

14.4.3　剖面图的识读方法和步骤

（1）阅读图名、轴线编号、绘图比例，并与底层平面图对照，确定剖面图的剖切位置、投影方向。

（2）了解房屋从室外地面到屋顶竖向各部位的构造做法和结构形式，了解墙体与楼地面、梁板、楼梯、屋面等构件之间的相互连接关系和材料做法等。

（3）阅读房屋各水平面的标高及尺寸标注，从而了解房屋的层高和总高、外墙各层门窗洞口和窗间墙的高度、室内门的高度、室内外高差、被剖切到的墙体的轴线间尺寸等。

（4）看图中的文字说明及索引符号，了解有关的细部构造及做法。在剖面图中表示楼地面、屋面的构造时，通常用一引出线并分别按构造层次顺序列出材料及构造做法。同时还要了解详图的引出位置和编号，以便查阅详图。

14.5　建筑详图

建筑详图

建筑详图是建筑细部的施工图。建筑详图以表达细部构造为主，主要有外墙、楼梯、阳台、雨篷、台阶、门窗、厨房、卫生间等详图，其图示方法有局部平面图、局部立面图、局部剖面图或节点详图。详图的表达范围及数量依房屋细部构造的复杂程度而定。

14.5.1　外墙身详图

外墙身详图是将墙体从上至下做剖切，画出放大的局部剖面图，可以表明墙身及其屋檐、屋顶面、楼板、地面、窗台、过梁、勒脚、散水、防潮层等细部构造及其材料、尺寸大小及与墙身的关系等。外墙身详图可根据需要画出若干个，多层房屋中若各层墙身情况一样，可只画底层、顶层和一个中间层。

外墙身详图识读方法和步骤如下。

（1）看图名，查找底层平面图中的局部剖切线，可知该墙身剖面的剖切位置和剖视方向。

（2）看檐口剖面部分，可知该房屋女儿墙（也称包檐）、屋顶层及女儿墙泛水的构造。

（3）看窗顶剖面部分，可知窗顶钢筋混凝土过梁的构造情况。

（4）看窗台剖面部分，可知窗台的材料、构造做法、具体尺寸等相关内容。

（5）看楼板与墙身连接剖面部分，了解楼层地面的构造、楼板与墙的搁置方向等。

（6）看勒脚剖面部分，可知勒脚、散水、防潮层等的做法。

（7）看图中各部位的标高尺寸，可知室外地坪、室内各层地面、顶棚和各层窗口上下尺寸及女儿墙顶的标高尺寸。

外墙身详图的内容具体可参见图 14-13。

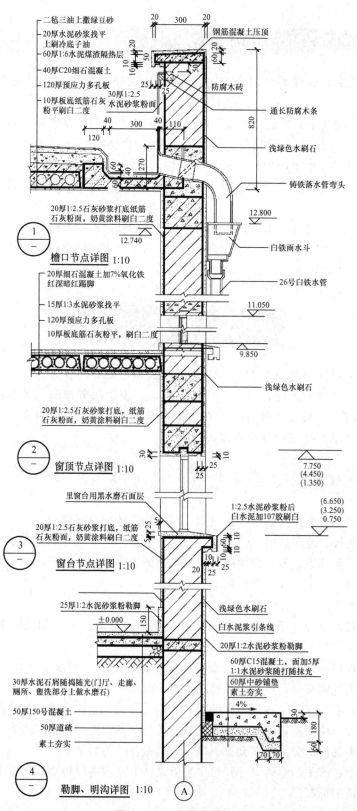

二毡三油上撒绿豆砂
20厚水泥砂浆找平上刷冷底子油
60厚1:6水泥煤渣隔热层
40厚C20细石混凝土
120厚预应力多孔板
10厚板底纸筋石灰粉平刷白二度

钢筋混凝土压顶
防腐木砖
通长防腐木条
浅绿色水刷石
铸铁落水管弯头
白铁雨水斗
26号白铁水管

30厚1:2.5水泥砂浆粉面

20厚1:2.5石灰砂浆打底纸筋石灰粉面，奶黄涂料刷白二度

① 檐口节点详图 1:10

20厚细石混凝土加7%氧化铁红深暗红踢脚
15厚1:3水泥砂浆找平
120厚预应力多孔板
10厚板底筋石灰粉平，刷白二度

浅绿色水刷石

20厚1:2.5石灰砂浆打底，纸筋石灰粉面，奶黄涂料刷白二度

② 窗顶节点详图 1:10

里窗台用黑水磨石面层

20厚1:2.5石灰砂浆打底，纸筋石灰粉面，奶黄涂料刷白二度

1:2.5水泥砂浆粉后白水泥加107胶刷白

③ 窗台节点详图 1:10

25厚1:2水泥砂浆粉勒脚
±0.000

浅绿色水刷石
白水泥浆引条线
20厚1:2水泥砂浆粉勒脚

30厚水泥石屑随捣随光(门厅、走廊、厕所、盥洗部分上做水磨石)
50厚150号混凝土
50厚道碴
素土夯实

60厚C15混凝土，面加5厚1:1水泥砂浆随打随抹光
60厚中砂铺垫
素土夯实
4%

④ 勒脚、明沟详图 1:10

图 14-13 外墙身详图

14.5.2　门窗详图

门窗详图的内容包括以下部分。

（1）立面图：图示上规定画出的门窗外立面图。

（2）节点剖面详图：表示门窗材料的断面形状、用料尺寸、安装位置和门窗与框的连接关系等。

（3）断面图：为清楚地表示窗框、冒头及窗芯等用料的断面形状并能详细标注尺寸，以便于下料加工，需用较大比例将上述窗料的断面分别单独画出，这就是窗的断面图，门的断面图同理可得。

识读门窗详图时，应依次阅读立面图、节点剖面详图、断面图的内容。例如，图14－14所示的窗详图，从窗的立面图上了解窗的组合形式及开启方式；从窗的节点详图和断面图中了解各节点窗框、窗扇的组合情况及各木料的用料断面尺寸和形状。

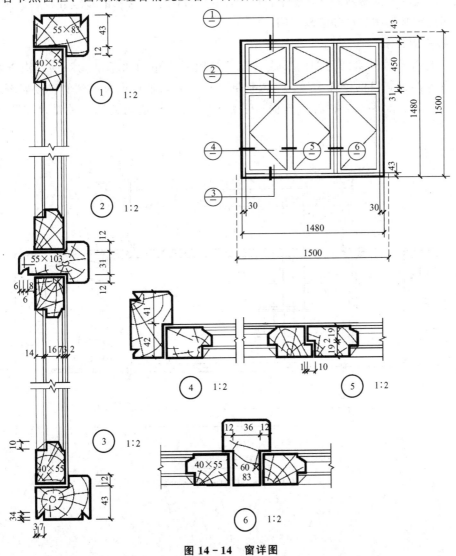

图14－14　窗详图

14.5.3　楼梯详图

房屋中的楼梯主要由楼梯段、休息平台、栏杆和扶手等组成。楼梯详图反映了楼梯的布置形式、结构形式及踏步、栏杆、扶手、防滑条等细部构造的尺寸和装修做法。

楼梯详图一般由楼梯平面图、楼梯剖面图及踏步、栏杆等详图组成。楼梯详图一般分为结构详图与建筑详图，应分别绘制。一般来说，楼梯的钢筋混凝土结构部分应画在结构详图中，而楼梯的建筑构造部分则使用建筑详图来表示。

1. 楼梯平面图

楼梯平面图是运用水平剖面图方法绘制的，其剖切位置设在休息平台略低一点处，剖切后向下做楼梯的水平投影图，如图14-15～图14-17所示。楼梯平面图中应标注的尺寸有：楼梯间的开间与进深尺寸、休息平台尺寸、梯段与楼梯井尺寸、楼梯栏杆与扶手的位置尺寸、楼梯间的楼地面和休息平台面的标高尺寸和上下楼梯的步级数，并标注定位轴线，注明楼梯平面图名称和绘图比例。

2. 楼梯剖面图

楼梯剖面图同房屋剖面图的形成一样，是用一假想的铅垂剖切平面，沿着各层梯段、平台及门窗洞口的位置剖切，向未被剖切梯段方向进行投影得到的正投影图。它能完整地表示出各层梯段、栏杆与地面、平台和楼板等构造间的相互关系，如图14-18所示。

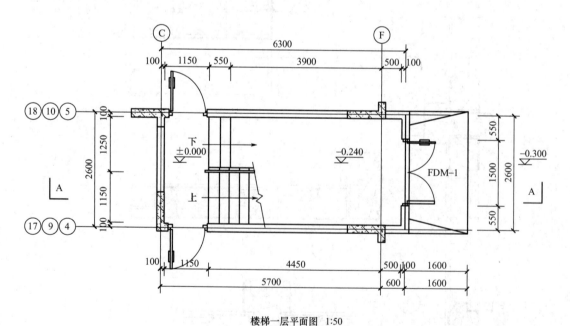

楼梯一层平面图　1:50

图14-15　楼梯一层平面图

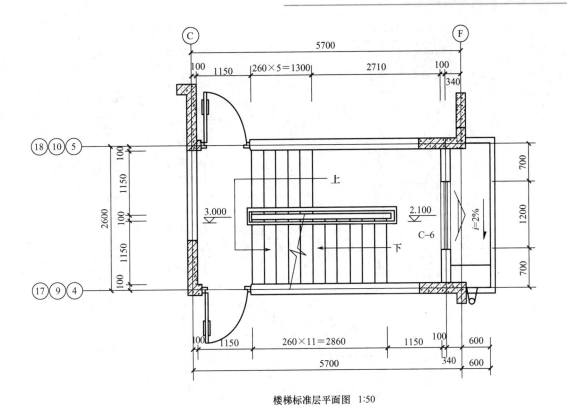

楼梯标准层平面图 1:50

图 14-16 楼梯标准层平面图

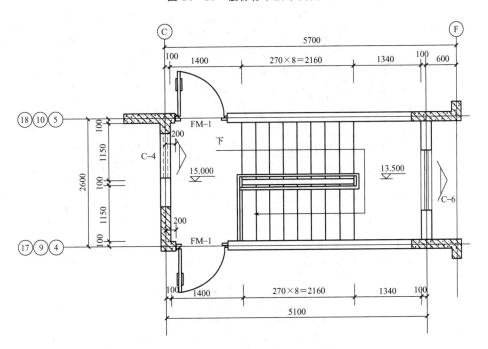

楼梯顶层平面图 1:50

图 14-17 楼梯顶层平面图

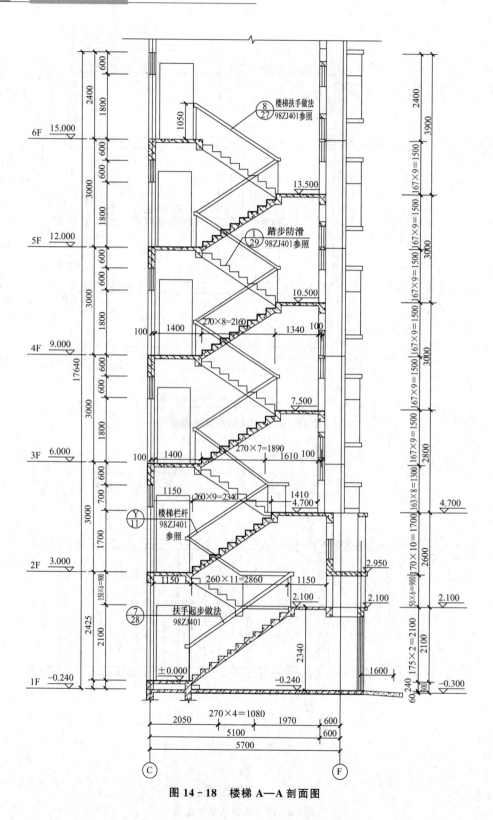

图 14-18 楼梯 A—A 剖面图

本章小结

　　本章对建筑施工图做了具体描述，包括建筑施工图的组成，各图样的形成、用途和特点，所包含的图示内容和图示方法，以及各图样的识读。建筑施工图在整套房屋建筑施工图中处于主导地位，是整套房屋建筑施工图中全局性、基础性的重要组成内容。建筑施工图由一系列图样及必要的表格和文字说明组成。

　　一般工程的建筑施工图首页图即可看作表格和文字说明部分，主要有图纸目录、建筑设计总说明、工程构造做法表和门窗表。图样部分是建筑施工图的主体，由建筑平面图、立面图、剖面图三种基本图样和建筑总平面图、建筑详图组成。应充分理解建筑施工图各图样的成图原理，以建筑平面图、立面图、剖面图三种基本图样为重点学习对象，做到举一反三。施工图的图示内容十分繁杂，在实际工作中应当因工程而异，灵活运用，要注重理解，不必死记硬背，但属于国家制定的制图标准及各图样的图示方法和规定必须牢记。

思考题与实践题

一、思考题

1. 建筑施工图一般包含的内容有哪些？

2. 在总平面图中，常见的图例有哪些？请图示。

3. 楼梯平面图和剖面图是如何形成的？图中一般应注明哪些信息？

4. 请简述建筑剖面图的基本识读步骤。

二、实践题

抄绘图样：由任课教师指定底层平面图、主立面图、剖面图、楼梯详图、墙身节点详图，做抄绘图样练习。比例为1∶100，图幅为A2。

参 考 文 献

山颖，闫玉蕾，2017. 工程制图与识图习题集 ［M］. 东营：中国石油大学出版社 .

王兰美，殷昌贵，2014. 画法几何及工程制图：机械类 ［M］. 3 版 . 北京：机械工业出版社 .

王丽红，2016. 建筑制图与识图 ［M］. 北京：中央广播电视大学出版社 .

向欣，2013. 建筑构造与识图 ［M］. 北京：北京邮电大学出版社 .